STM8 单片机自学笔记(第 2 版)

范红刚　张　洋　杜林娟　编著

U0245546

北京航空航天大学出版社

内容简介

本书以 STM8S208 单片机为核心，结合作者多年教学和指导大学生电子设计竞赛的经验编写而成。

本书与《51 单片机自学笔记》和《AVR 单片机自学笔记》的写作风格相似，亦是以任务为中心，通过设计实例，在应用中讲解 STM8 单片机的使用方法以及需要注意的设置问题等。书中包括 C 语言的基础知识，而且这些内容也是通过单片机实验的形式进行分析的，实用性很强。此外，书中把 STM8 单片机的相关外设都以实验的形式进行了详细分析，并补充了有关 COSMIC 编译器的使用方法的内容。本书是再版书，相比旧版，本书对书中不足进行了修正。

本书既可以作为单片机爱好者的自学用书，也可以作为高等院校相关专业学习参考书。

图书在版编目(CIP)数据

STM8 单片机自学笔记 / 范红刚，张洋，杜林娟编著
. -- 2 版. -- 北京 ：北京航空航天大学出版社，2019.1
ISBN 978 - 7 - 5124 - 2922 - 2

Ⅰ. ①S… Ⅱ. ①范… ②张… ③杜… Ⅲ. ①单片微型计算机 - 基本知识 Ⅳ. ①TP368.1

中国版本图书馆 CIP 数据核字(2019)第 016904 号

STM8 单片机自学笔记(第 2 版)

范红刚　张　洋　杜林娟　编著

责任编辑　董立娟

*

北京航空航天大学出版社出版发行

北京市海淀区学院路 37 号(邮编 100191)　http://www.buaapress.com.cn
发行部电话:(010)82317024　传真:(010)82328026
读者信箱:emsbook@buaacm.com.cn　邮购电话:(010)82316936
涿州市新华印刷有限公司印装　各地书店经销

*

开本:710×1 000　1/16　印张:21　字数:448 千字
2019 年 1 月第 2 版　2019 年 1 月第 1 次印刷　印数:3 000 册
ISBN 978 - 7 - 5124 - 2922 - 2　定价:62.00 元

第2版前言

本书第一版出版后受到读者朋友们的好评,也收到了很多读者的意见反馈,于是对旧版中的不足进行了修正。

关于第2版的前言,我还是想给读者朋友们写点如何学好单片机的内容。

① 一本好书很重要。那什么样的书算是好书?不一定是销售排名靠前的,而是一本适合自己现在水平的书,或者说是能看懂还有点收获的书,不是那些大师或者大神写的"天书"。

② 一个开发板。开发板已经很便宜了,可以考虑买一个功能比较强的,但是价位可能较高。也可以买一个最小系统板,价格很低,自己动手做流水灯或者数码管按键等;有了这些最基本的硬件就可以做很多基础实验了。基础实验完成后也就不太需要开发板了,更多的是要参与到一个实际的项目中,在实战中成长。

③ 下载一些视频,虽然看视频很枯燥,但是比较直观,比看书更容易上手。

④ 万事俱备为什么还是学不好?我觉得有几个原因。第一,自身逻辑思维能力的问题,学习单片机时要有一定的逻辑思维能力。其实每个人都有自己擅长的一方面,比如有些人善于表达、有些人有绘画天赋、有些人有音乐细胞,所以要了解自己是不是适合学习单片机。第二,很多学生学不好 STM8 单片机,尤其是看着官方提供的库函数就晕,其实根源在于 C 语言的基础不好。所以,不是单片机难,是 C 语言不过关。

⑤ 最好有一个学长或者好朋友能和你一起学,这样可以相互谈论,共同进步。有好的书、好的网站、好的资料和同学分享,这样你就有了学伴儿,相互鼓励,相互帮助,共同选题完成设计。这样学习的好处是学得快;而且共同购买元器件,投入成本低;设计进度快,单位时间内学的内容多。也能够锻炼团队协作精神,这样的毕业生也容易受到公司的青睐。

⑥ 一定要有实际项目的参与或者独立调试过程。开发板上调试几个实验和自己独立编写程序是有差别的。实验和实际完成产品有很大差别,强烈建议读者参与实际项目的设计调试。

⑦ 挑选一个自己喜欢、和所学专业结合紧密的设计课题,并花大量的时间专一研究,这样才能学透彻;不要看一个设计做一个,最后哪个都没有做好,都没有研究透。好多学生喜欢做小车,有的人就是简单调试能走,能拐弯就不继续调试了,其实

小车可以做得特别精致、特别快速、特别智能,建议专一做好一个设计再换题研究。

⑧ 坚持! 这很重要,很多人就是三分热血,学几天就放下了,然后再学再放下,这样很难学好,要持续学习一段时间才能学好。没有谁是天生的"高手",所有的人都是从流水灯开始,所以,不要因为流水灯简单而不学,也不要因为某个设计难而惧怕不学。坚持就一定有收获,就会找到感觉,只是有的人的感觉来得早点,有的人的感觉来得晚点。总之,不要着急,坚持就会成为你当时崇拜的那个人的样子。

最后,感谢黑龙江科技大学的赵晓妍和杜林娟老师,她们重新整理编写了本书的多个章节,并将其他章节进行了一次认真细致的校对。

范红刚

黑龙江科技大学

2018 年 11 月 20 日

第1版前言

为什么写这本书

2010 年曾经出现过 AVR 单片机价格一路狂涨的情况（当然，现在的价格回落了），担心因为价格导致很多公司更换芯片，所以想选择一个替代的单片机。当时比较了几个公司的产品，发现 ST 公司的 STM8 单片机性价比较高，所以开始使用这款单片机。后来让学生也跟着换这款单片机，这样当学生毕业时到公司工作就会比较容易上手。由于当时没有 STM8 单片机的书籍，只有官方提供的控制器手册，初学的学生学起来有些困难，所以就想写一本 STM8 单片机的书，但是由于工作等杂事的原因，这本书迟迟没有和读者见面，希望现在出版还能帮助一些初学者。

永远的飞虎 501

谈到这本书，第一个想到的就是 501 工作室（现名思通未来工作室）飞虎队的那些学生，特别怀念我们一起学习工作的日子，一起打篮球，一起打乒乓球，一起为队员庆祝生日，一起面红耳赤的争论问题，一起不分昼夜地为参加全国大学生电子设计竞赛而奋斗，寒假时十几个人一起挤在地板上睡觉，一起包伙吃饭，一起过小年包饺子喝啤酒，一起打台球（输的做俯卧撑），一起吃水果（迟到者买水果）……

俱往矣,如今飞虎队的队员都已经毕业走上了工作岗位,有些学生已经工作满一年,得到了公司的好评。他们虽然不是个个都是技术高手,但是他们的人品、他们的工作态度和他们对自己人生梦想的追求都是值得很多学生学习的。这本书中就凝结了他们辛勤工作的汗水。下面分别介绍一下他们:张洋:右侧第一个。第一眼看上去有点像年轻时的乔布斯吧!张洋是黑龙江科技大学 06 级机械学院的学生,由于个人特别爱好单片机而开始学习电子,并且因为爱好,放弃了毕业时那个待遇丰厚的机械工程师的工作。他是飞虎队的突击队队长,虽然年龄不大,但却是众学生的"洋哥",技术水平较高,自学能力及资料检索能力极强! 关键是专注,执着。

　　姚纪元:前排右二。黑龙江科技大学电技 08 级学生,飞虎队 A 组组长。姚纪元是一个德智体美劳全能型队员,人品好,说到做到,执行力超强,自学能力、逻辑思维能力极强,学校短跑队名将,代表学校参加大学生运动会获得优异成绩,英语 6 级,获得学校的各类奖项,大学生电子竞赛获一等奖。团队精神很强,有很好的领导能力和组织能力。

　　丁金波:后排左一。黑龙江科技大学电技 08 级学生,班长,飞虎队 B 组组长。丁金波身上有一种特质,永不服输,永不言弃,办事果断,执行力强,有主见,敢承担,有闯劲儿,勇于追求梦想。外表瘦弱,但是他还会点武术,出拳速度极快!

　　沈宗宝:后排右一。黑龙江科技大学电技 08 级学生,飞虎队的二哥。人品好,学习认真刻苦,有团队精神,重情义,喜欢音乐和武术,练就了一身让人羡慕的肌肉块儿!

　　魏永超:前排右三。黑龙江科技大学自动化 08 级学生。飞虎队最具团队精神队员,有着超强的融合力,是整个团队中最活跃的人物,性格非常好,情商很高,他可以让整个团队都工作在快乐之中。大家一起包伙吃饭,他吃饭速度最快,饭量偏大!

　　范斌华:后排左三。黑龙江科技大学电技 08 级学生。飞虎队重要成员,办事稳重,思考问题全面,做事认真,诚实守信。时常会有忧郁的表情,但是从不放弃对梦想追求!

　　张伟:前排左一。黑龙江科技大学电技 08 级学生。永远的乐天派,总是在团队遇到困难时,给大家带来一丝轻松愉悦的心情,同时,他也是"舞林高手"。

　　陈书毅:后排左二,黑龙江科技大学自动化 09 级学生。团队中最"重量级"的人物,队员们都称之为"胖子"。他是整个团队中表达能力最强的,当大家争论问题时,或者对表述一个问题有困难时,就想到了"胖子"。

　　宋岩:后排左四,黑龙江科技大学自动化 09 级学生。典型的大帅哥,具有东北人全部的特质,重情义,办事讲究,够义气,思考问题全面深入,篮球场上的一道风景。

　　唐祖国:全队中海拔最低的,大家自己猜猜是哪一个。四川人,超能吃辣椒,但是吃生蒜就不行了。虽然海拔低,但是他的技术是全队中公认的高手,大学期间,连续参加 3 届大学生电子设计竞赛,均未获任何奖项,称为"无冕之王"。

本书特点

每本书都有其特点,当我仔细想如何书写本书的特点时,发现本书的特点可以总结如下几条:

(1) 本书不是对 STM8 单片机官方手册的翻译,是完全按照作者的理解写出来的书。写作方式非常适合中国读者的思维方式。

(2) STM8 单片机的很多知识采用通俗语言描述,并且结合生活实例,便于读者理解,如 SPI 总线的数据传输过程比喻成两个人交换信物。

(3) 本书把 STM8 单片机的相关知识点与往届电子设计大赛相结合,使得本书更具有实用性。

(4) 本书知识点的介绍及软件使用步骤描述详尽,适合零基础的学者。

(5) 本书的程序代码注释非常详尽,适合初学者学习,便于理解程序的设计思想。

(6) 书中大部分程序代码分别采用寄存器和库函数两种方式给出,便于读者比较学习。

致　谢

感谢我的师傅王振龙先生引领我走上单片机之路。

感谢我大学的单片机老师杨庆江先生,让我打下了坚实的单片机基础知识。

感谢黑龙江科技大学的杜林娟老师付出了很多努力,参与编写了第 3 章、第 4 章、第 6 章和第 7 章的大部分内容。

感谢黑龙江科技大学的赵晓妍老师付出了很多努力,参与编写了第 1 章、第 2 章、第 8 章和第 9 章的大部分内容。

感谢飞虎队 501 工作室的全体队员,感谢你们对本书的辛勤付出,感谢和你们一起学习工作时给我带来的一生难忘的美好回忆。

感谢北京航空航天大学出版社的大力支持,这才保证这本书的正常出版。

最后,感谢这些年来一直关心、支持和帮助我的亲人、朋友、同事和学生。

获得书中资源和学习板

为了配合读者朋友学习,开通了以下网上平台,读者可以与我或者其他读者进行学习交流。

(1) 腾讯微博:http://t.qq.com/fanhonggang_501(范红刚)。

(2) 微信公众账号:sitongweilai(思通未来)。

(3) 读者交流论坛网址:http://www.stwledu.com/。

(4) 读者反馈信箱:fhg2002@126.com。

(5) 与本书配套的实验板的唯一指定购买网店:http://amcu.taobao.com/。

范红刚腾讯微博　　sitongweilai微信公众账号　读者交流论坛网址　实验板淘宝店网址

编者

2013 年 12 月

黑龙江科技大学

目 录

第 **1** 章

STM8 单片机

单片机有很多种,如 51 单片机、PIC 单片机、AVR 单片机和 MSP430 单片机等。STM8 单片机又是哪家出的呢?它为什么现在也这么频繁地被提及呢?其实 STM8 单片机是意法半导体公司生产的众多处理器之一,由于其较高的性价比,市场占有率也从该芯片 2009 年面世以来一直攀升。本章主要简介 STM8 单片机的部分特性。

1.1 什么是单片机

单片机是微型计算机的一个分支,是在一块芯片上集成了 CPU、内存(RAM)、程序存储器(ROM)、输入输出接口的微型计算机(称微型计算机毫不过分,很多维修的师傅就直接叫它计算机)。因为它具有计算机的所有基本组成部件,只不过没有台式机强大而已。例如控制和显示电饭锅的温度,笔者相信没人会把一个台式机装上,一是浪费,二是台式机体积和成本太大了,而单片机恰恰为这样的控制而设计,成本低廉体积小巧。目前大部分单片机还集成诸如通信接口、定时器、A/D 等外围设备。而现在最强大的单片机系统甚至可以将声音、图像、网络、复杂的输入/输出系统集成在一块芯片上。

早期的单片机都是 8 位或 4 位的,其中最成功的是 Intel 的 8031,因为简单可靠而性能不错获得了好评。此后在 8031 上发展出了 MCS51 系列单片机系统,基于这一系统的单片机系统直到现在还在广泛使用。随着工业控制领域要求的提高,开始出现了 16 位单片机,但因为性价比不理想并未得到很广泛的应用。20 世纪 90 年代后随着消费电子产品的大发展,单片机技术得到了巨大的提高。随着 INTEL 的 i960 系列,特别是后来 ARM 系列的广泛应用,32 位单片机迅速取代 16 位单片机的高端地位,并且进入主流市场。而传统的 8 位单片机的性能也得到了飞速提高,处理能力比起 20 世纪 80 年代提高了数百倍。目前,高端的 32 位单片机主频已经超过 1 GHz,性能直追 20 世纪 90 年代中期的专用处理器,而普通型号的出厂价格跌落至 1 美元,最高端的型号也只有 10 美元。当代单片机系统已经不只是在裸机环境下开发和使用,大量专用的嵌入式操作系统广泛应用在全系列的单片机上。而在作为掌上电脑、手机和智能家电等核心处理的高端单片机甚至可以直接使用专用的 Windows、Linux 或者其他嵌入式操作系统。

1.2　单片机都能干什么

单片机以其高可靠性(算得快)、高性价比(价格低)、低电压、低功耗等一系列优点,近几年得到了迅猛发展和大范围推广,具体应用举例如图 1-1 所示。单片机广泛应用于工业控制系统(各种控制器等),并且已经深入到工业生产的各个环节以及人民生活的各个层次中,如数据采集系统(温度采集系统)、智能化仪器仪表(电表水表等)、通信设备(无线抄表系统)、商业营销设备(景点解说器)、医疗电子设备(心跳监护仪)、日常消费类产品(电磁炉)、智能玩具(遥控小车)、汽车电子产品等(超生波倒车测距)。事实上单片机是世界上数量最多的计算机。现代人们的家庭中至少有几个到数十个的单片机系统(如全自动豆浆机、电磁炉、带自动定时微波炉等)。汽车上一般配备几十个单片机,复杂的工业控制系统(如矿泉水生产流水线)上甚至可能有数百个单片机在同时工作。单片机的数量不仅远超过 PC 机,甚至比人类的数量还要多(应该说肯定比人多,因为每个人家里都有好几个单片机控制的家电)。

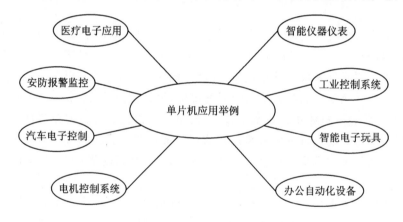

图 1-1　单片机应用举例

1.3　学单片机一定要从 51 单片机开始吗

现在单片机的型号非常多,许多学生曾经问过笔者究竟从哪个型号学起好呢?其实,从哪个型号学都可以,不过 51 单片机的资料比较多,而且其内部"部件"相对较少,比较容易入门,而且就目前中国的芯片使用量来看,51 单片机的用量仍然是非常大的。因此,笔者建议从 51 单片机开始入门学习。当然,如果 C 语言以及电子技术等硬件基础都较好,可以直接学习 STM8 单片机或者其他型号的单片机。

既然您选择了这本书,那么就从 STM8 单片机学起吧!不过学习单片机要准备的工具必须齐全,如软件、实验板、C 语言基础及其他相关工具等。具体需要准备哪些工具请看第 2 章的内容。

1.4　STM8 单片机的家族成员介绍

STM8 单片机是一个大家庭,旗下有 4 员猛将:专攻汽车电子的 STM8A、超低功耗的 STM8L、大儿子 STM8S 和触摸专家 STM8T,每名大将又分别带领小喽啰数名。本书主要讲解 STM8S 系列单片机,因此,本节主要介绍 STM8S 系列分支中的家族成员。

1.4.1　STM8S 单片机的型号列表

STM8S 小喽啰花名册如表 1-1 所列。

表 1-1　STM8S 小喽啰花名册

型　号	Flash /KB	RAM /KB	EEPROM /字节	8 位 定时器	16 位 定时器	ADC 通道	I/O 端口	串行通信接口			
								UART	I²C	SPI	CAN
STM8S003F3	8	1	128	1	2	5	16	1	1	1	0
STM8S003K3	8	1	128	1	2	5	28	1	1	1	0
STM8S005C6	32	2	128	1	3	5	38	1	1	1	0
STM8S005K6	32	2	128	1	3	7	25	1	1	1	0
STM8S103F2	4	1	640	1	2	5	16	1	1	1	0
STM8S103F3	8	1	640	1	2	5	16	1	1	1	0
STM8S103K3	8	1	640	1	2	5	28	1	1	1	0
STM8S105C4	16	2	1 024	1	3	10	38	1	1	1	0
STM8S105C6	32	2	1 024	1	3	10	38	1	1	1	0
STM8S105K4	16	2	1 024	1	3	7	25	1	1	1	0
STM8S105K6	32	2	1 024	1	3	7	25	1	1	1	0
STM8S105S4	16	2	1 024	1	3	9	34	1	1	1	0
STM8S105S6	32	2	1 024	1	3	9	34	1	1	1	0
STM8S207C6	32	6	1 024	1	3	10	38	2	1	1	0
STM8S207C8	64	6	1 536	1	3	10	38	2	1	1	0
STM8S207CB	128	6	2 048	1	3	10	38	2	1	1	0
STM8S207K6	32	6	1 024	1	3	7	25	1	1	1	0
STM8S207K8	64	6	1 024	1	3	7	25	1	1	1	0

型　号	Flash /KB	RAM /KB	EEPROM /字节	8 位 定时器	16 位 定时器	ADC 通道	I/O 端口	串行通信接口			
								UART	I²C	SPI	CAN
STM8S207M8	64	6	2 048	1	3	16	68	2	1	1	0
STM8S207MB	128	6	2 048	1	3	16	68	2	1	1	0
STM8S207R6	32	6	1 024	1	3	16	52	2	1	1	0
STM8S207R8	64	6	1 536	1	3	16	52	2	1	1	0
STM8S207RB	128	6	2 048	1	3	16	52	2	1	1	0
STM8S207S6	32	6	1 024	1	3	9	34	2	1	1	0
STM8S207S8	64	6	1 536	1	3	9	34	2	1	1	0
STM8S207SB	128	6	1 536	1	3	9	34	2	1	1	0
STM8S208C6	32	6	2 048	1	3	10	38	2	1	1	1
STM8S208C8	64	6	2 048	1	3	10	38	2	1	1	1
STM8S208CB	128	6	2 048	1	3	10	38	2	1	1	1
STM8S208M8	64	6	2 048	1	3	16	68	2	1	1	1
STM8S208MB	128	6	2 048	1	3	16	68	2	1	1	1
STM8S208R8	64	6	2 048	1	3	16	52	2	1	1	1
STM8S208RB	128	6	2 048	1	3	16	52	2	1	1	1
STM8S208S6	32	6	1 536	1	3	9	34	2	1	1	1
STM8S903F3	8	1	640	1	2	5	16	1	1	1	0
STM8S903K3	8	1	640	1	2	7	28	1	1	1	0

1.4.2　如何查看 STM8 单片机数据手册

　　芯片到手了,接下来就需要根据"武功秘籍"开始练了。首先需要在 www. st. com/stm8s 网站下载秘籍,进入网页后选择 Resources,其中 Datasheets 中可以下载芯片的数据手册,Reference Manuals 中下载参考手册,如图 1 - 2 所示。

　　与一般芯片的手册不同,STM8S 系列单片机把资料分成了两部分:参考手册和数据手册。其中参考手册中是芯片外设的操作说明,整个 STM8S 系列单片机只有一个参考手册;而数据手册则是具体到某一个"小喽啰"性能如何,共分 208(207)、105、103、007、005、003、903、PLNB1 共 8 个小组,每个小组内的成员性能相当,只是在 Flash、RAM 大小等方面有所差别。

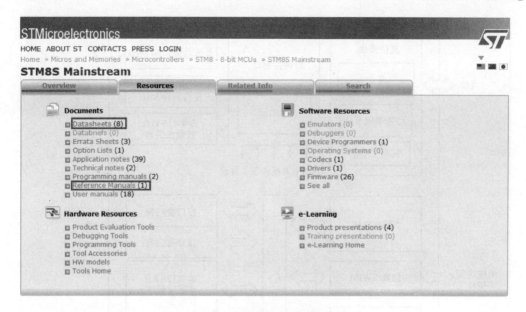

图 1 - 2   在 ST 网站中下载"秘籍"

1.5   本书的主角——STM8S208RB

　　本书以 STM8S208RB 为例来讲解 STM8S 系列单片机的使用，它包含了 STM8S 系列单片机的所有外设功能，并且具有最大的 128 KB Flash、6 KB RAM 和 52 个 I/O 口，在一般的电子制作中已经足够。STM8S20XXX 的系统框图如图 1 - 3 所示。现在市场上 STM8S207 的芯片比较多，性价比也很高，与 STM8S208RB 相比，主要就是缺少 CAN 总线，其他功能及引脚都是兼容的，因此，本书也适合那些使用 STM8S207 芯片开发产品的读者。

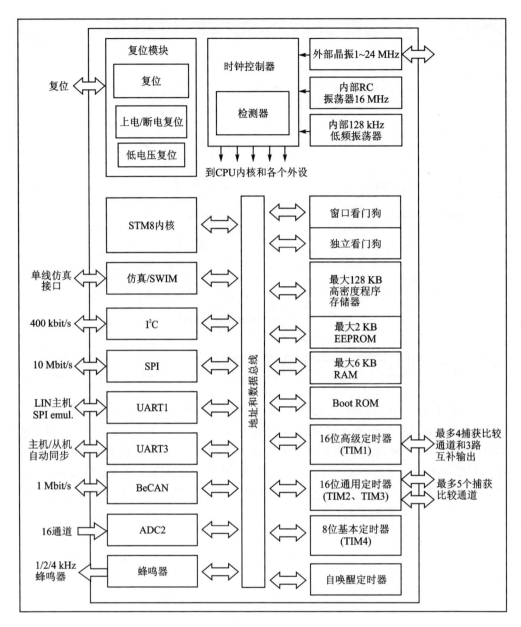

图 1－3　STM8S20XXX 系统框图

第 2 章

学 STM8 单片机都需要准备什么

工欲善其事必先利其器，先不要急于编写程序，在正式开始之前，我们一起了解一下学习 STM8 单片机都需要准备哪些工具？本章主要从 STM8 单片机的软件开发平台的安装和使用、实验开发板及下载调试工具、C 语言基础知识等几个方面介绍如何开始 STM8 单片机的学习，最后通过一个完整的实例系统地了解 STM8 单片机的基本开发流程。

2.1 STM8 单片机程序开发环境

STM8 单片机的软件开发平台主要有 ST Visual Develop 和 IAR for STM8。其中，STVD 是 ST Visual Develop 的缩写，是意法半导体公司免费提供的集编程、仿真、下载于一体的集成开发环境，自带了汇编编译器，并可以很方便地链接外部 C 编译器，如 COSMIC 公司的 CXSTM8。此外，IAR 在国外也有比较多的人使用，但它是收费软件，且价格较为昂贵。本书采用 STVD 集成开发环境与 CXSTM8 编译器软件相结合的方式开发 STM8 单片机 C 语言程序。

2.1.1 STVD 开发环境安装

大家可以从 ST 公司的官方网站上免费下载 STVD 集成开发环境软件，下载网址：www.st.com，当然，读者也可以直接 Google 一下 STVD。软件下载并安装好后会出现两个图标：ST Visual Develop 和 ST Visual Programmer，后者是 ST 提供的代码烧写软件。STVD 软件界面如图 2-1 所示。STVP 软件的启动界面如图 2-2 所示，可以设置所使用的芯片型号、编程工具及其接口等。图 2-3 是 ST Visual Programmer 的软件界面。

2.1.2 CXSTM8 编译器的安装

虽然 ST 公司已经提供了免费的 STVD 给开发者使用，但还是需要使用外部的 C 编译器，这是因为 STVD 中只包含了汇编编译器，也就是它只认识汇编语言，想要它"学外语"，就只能给它开外挂了。

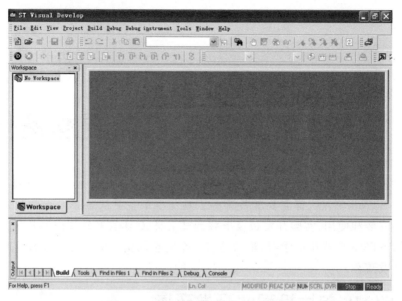

图 2 - 1　ST Visual Develop 软件界面

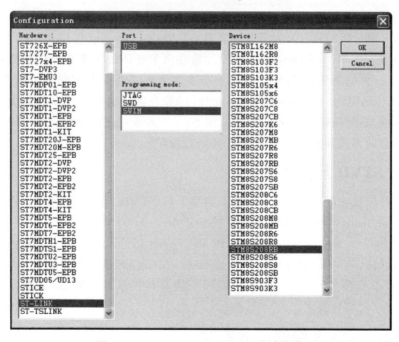

图 2 - 2　ST Visual Programmer 启动界面

　　本书中选择的"外挂"是 COSMIC 公司为 STM8 开发的 C 语言编译器,叫 CX-STM8。COSMIC 只提供了一个 32 KB 代码限制的版本给大家免费使用,如果想开发大于 32 KB 代码的程序,就需要购买正版软件了。可以从 COSMIC 公司官网下载,也可直接 Google 一下 CXSTM8,在相关页面中找到 Cosmic STM8 32K Special

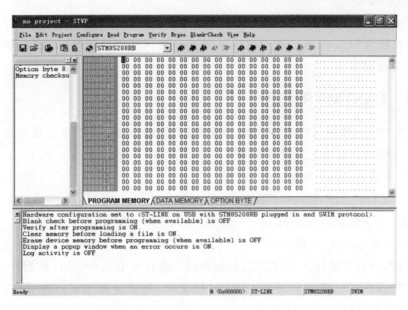

图 2 - 3　ST Visual Programmer 软件界面

Edition Free License 并下载。

　　双击安装包,一直单击 Next 按钮,出现对话框则单击"确定"按钮,无须改动直接单击 Next 按钮,直到出现如图 2 - 4 所示界面。

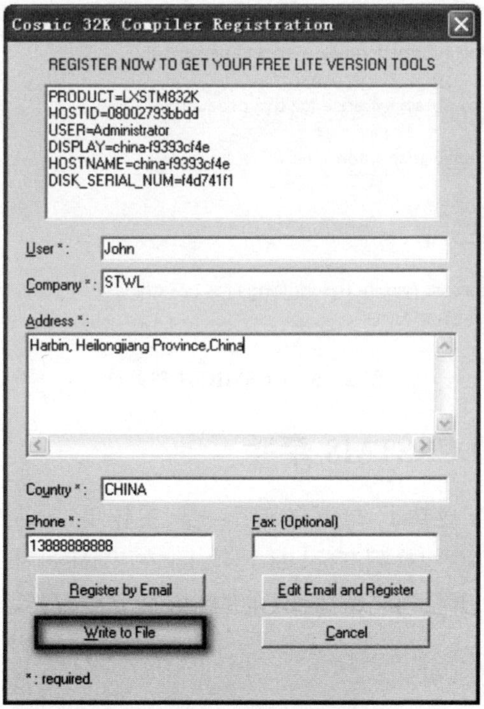

图 2 - 4　CXSTM8 注册界面

填写地址时，注意要注明国家或地区，如 China，书写时用英文，最后单击 Write to File，保存为 license. txt。保存之后单击 Cancel 按钮退出该界面。最后单击 Finish 按钮完成安装。

2.1.3　CXSTM8 的注册

虽然 32 KB 限制版的 CXSTM8 是免费的，但必须通过邮箱来注册一个免费的 License 才能得到这块儿免费的"馅饼"。

收件人地址：stm8_32k@cosmic. fr。

主题：STM8 32K License Request。

内容：之前保存的 license. txt 中的内容。

邮件示例如图 2 - 5 所示。

发送邮件后等待回复，在收到的回复邮件中会有一个 license. lic 的附件，下载后将其放到 COSMIC 安装目录的 License 目录中，默认路径为 C:\Program Files\COSMIC\CXSTM8_32K\License。

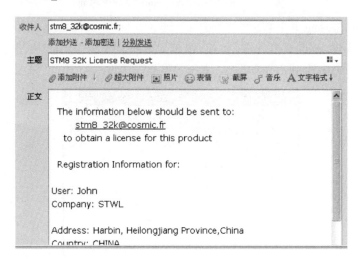

图 2 - 5　COSMIC 注册邮件

2.1.4　STVD 和 CXSTM8 牵手

所有的软件都安装成功了，接下来最后一步：手拉手，向前走。打开 STVD，选择 Tools→Options 菜单项，切换到 Toolset 选项卡，在 Toolset 下拉列表中选择 STM8 Cosmic，在 Root Path 下拉列表中选择 CXSTM8 的安装路径，如图 2 - 6 所示。

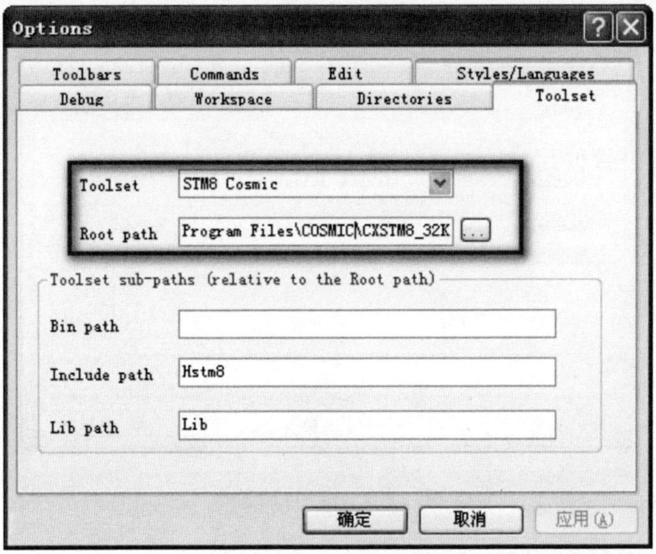

图 2 - 6　STVD 设置 1

　　然后选择 Directories 选项卡,设置头文件包含路径,首先选择 STM8 Cosmic,如图 2 - 7 所示。然后添加路径,默认路径为 C:\Program Files\STMicroelectronics\st_toolset\include(当然,这取决于安装 STVD 软件的路径),如图 2 - 8 所示,最后单击"确定"按钮完成设置。

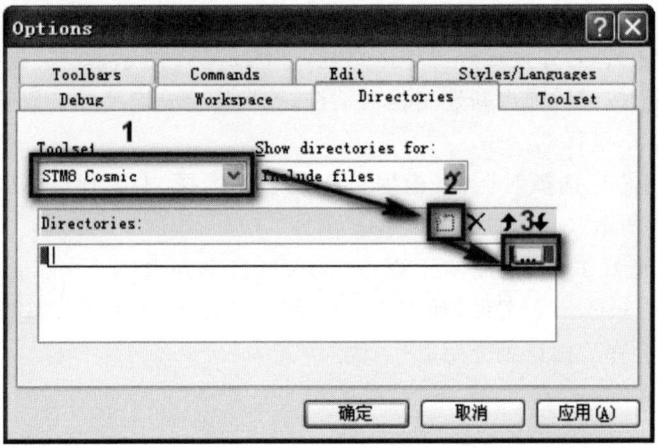

图 2 - 7　STVD 设置 2

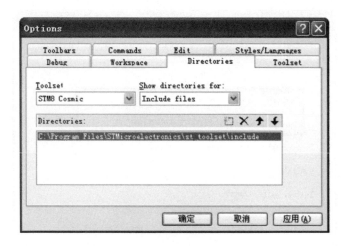

图 2-8　STVD 设置 3

2.1.5　如何创建自己的第一个工程

所有的准备工作都完成了,下面来新建一个工程吧。

STVD 采用 Workspace-Project 的结构来进行管理及项目开发。一个 Workspace 可拥有一个或多个 Project,不同的 Project 之间可共享相同的源文件。所以想要新建工程,首先得有个 Workspace,也就是工作区。

打开 STVD,选择 File→New Workspace 菜单项建立新工作区,如图 2-9 和图 2-10 所示。

输入工作区名称,并设定好工作区路径,如图 2-11 所示。

单击"确定"按钮后弹出新建工程对话框,按照图 2-12 所示的设置填写,注意选择 STM8 Cosmic 编译器。

于是,弹出芯片选择对话框,根据目标板芯片选择,本工程以 STM8S208RB 为例,如图 2-13 所示。

工程终于建好了,在创建的工程中,STVD 自动包含一个 main.c 文件和一个 stm8_interrupt_vector.c 文件,如图 2-14 所示。接下来就可以编写程序代码了。具体应用举例会在后面详细介绍。

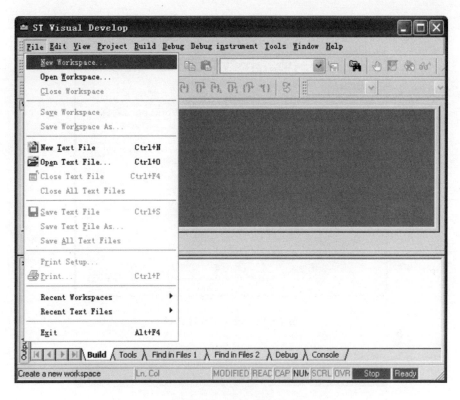

图 2-9　建立工作区 1

图 2-10　建立工作区 2

STM8 单片机自学笔记(第 2 版)

图 2-11　设定工作区路径

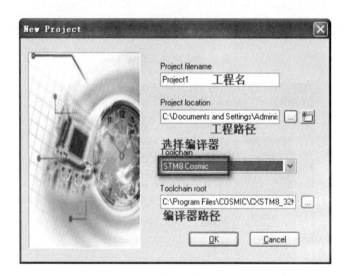

图 2-12　新建工程

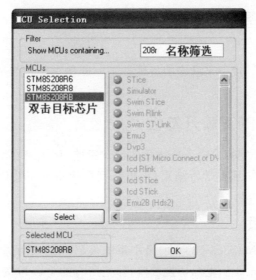

图 2 - 13　芯片选择

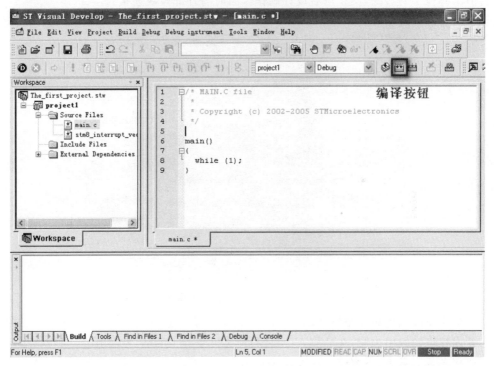

图 2 - 14　建立好的新工程

2.2 实验设备

软件准备就绪了,接下来就该准备硬件了。硬件主要有 3 个部分:实验开发板、下载器和仿真器。

2.2.1 本书中的实验开发板

本书中的实验开发板采用了模块化的设计思路,使大家在学习的过程中对硬件电路的连接更清楚,并且在学习结束后,可以把模块重新组装应用到自己的设计制作中。

1. 最小系统板

图 2-15 为 STM8S208RBT6 的最小系统板,其中包括了串口下载端口、SWIM单线仿真接口、5 V/3.3 V 电源切换端口,并把所有的 I/O 口按照 0~7 的顺序排列后引出到板子的边缘,便于以后设计制作作品时与外部模块连接。

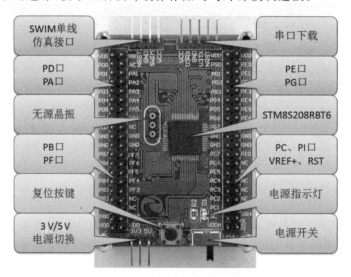

图 2-15　STM8S208RBT6 最小系统板

最小系统板电路原理图如图 2-16 所示。需要注意的是芯片的 6 脚 VCAP 是芯片内核电源的引出脚,在 6 脚 VCAP 和地之间必须接一个去耦电容,而且这个电容要离芯片尽量近,电容值一般选择 680 nF~1 μF 的比较合适。注意,不要使用电解电容,因为电解电容的高频特性较差,不适合用在这个地方。

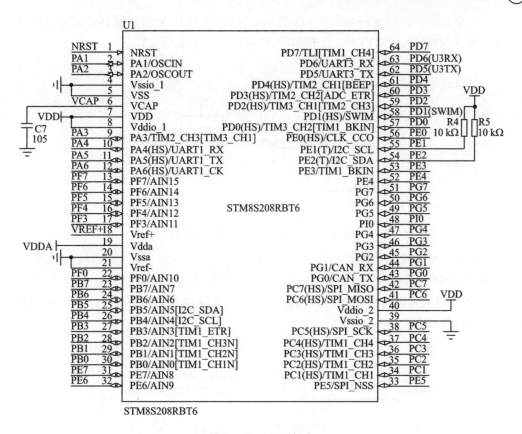

图 2-16 MCU 部分

　　复位与时钟电路如图 2-17 所示。其中复位电路如图 2-17(b)所示。STM8S 的复位引脚 NRST 是一个输入/开漏输出的双向引脚,内部有一个 30~60 kΩ 的弱上拉电阻。NRST 引脚上最小 500 ns 的低电平就会使 MCU 产生复位。同时 NRST 引脚也可利用开漏输出使其他外部设备产生复位。不管是什么原因引起的 MCU 复位都会在 NRST 引脚产生最少 20 μs 的低电平。由于 MCU 本身有内部弱上拉,因此外部的上拉电阻(图 2-17 中 R3)也可以不加。

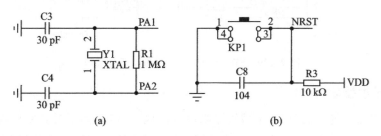

图 2-17　晶振与复位电路

电源滤波与去耦电路如图 2-18 所示。每对 VDD 和 VSS 之间都必须加去耦电容。若 VDD、VDDIO、VDDA 是相邻的，则可使用一个去耦电容。

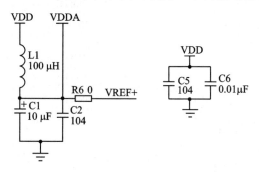

图 2-18　电源滤波与去耦电容电路

供电选择与电源指示灯电路如图 2-19 所示。图中 P1 是一个排针，如果在 12 引脚之间用跳帽短接，则电脑 USB 的电源直接作为最小系统板的供电电源，如果在 23 引脚之间用跳帽短接，则是将计算机的 USB 电源经过 AMS1117 稳压后转变成 3.3 V 后给最小系统板供电。

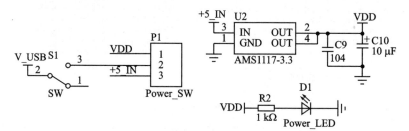

图 2-19　供电选择与电源指示灯

串口下载与 SWIM 仿真接口电路如图 2-20 所示。

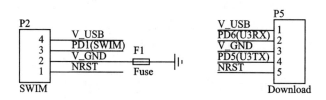

图 2-20　SWIM 仿真接口与串口下载端口

2. 显示模块

有了最小系统，编程序和下载程序都没有问题了，但是为了看到实验现象，还需要一个显示模块。图 2-21 所示的显示模块包含了 LED 小灯、数码管和 12864/1602 液晶接口。

图 2-21 显示模块

数码管和 LED 电路图如图 2-22 所示。

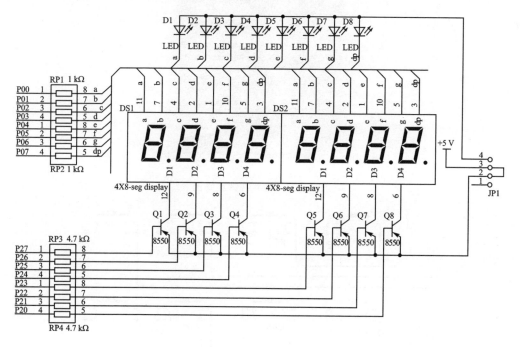

图 2-22 数码管和 LED

12864 和 1602 接口电路图如图 2-23 所示。

3. 按键输入模块

输出显示模块有了,再有一个输入模块即可完成基本实验。图 2-24 所示为 8 个独立按键的输入模块。

独立按键电路图如图 2-25 所示。

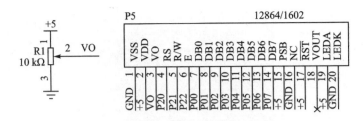

图 2 - 23　液晶接口

图 2 - 24　独立按键实物图

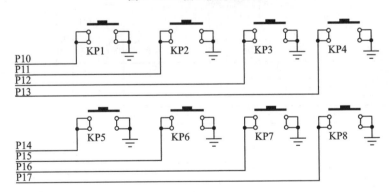

图 2 - 25　独立按键电路图

2.2.2　USB 转串口下载线

因为 STM8S208RBT6 提供了串口下载的方式,即使没有购买"昂贵"的仿真器,也可以通过一个 USB 转串口就可以给单片机下载程序。这里准备了一个采用 PL2303 芯片的 USB 转 TTL 下载器,实物如图 2 - 26 所示。

图 2 - 26 USB 转 TTL 实物图

对应图 2 - 26 实物的电路原理图如图 2 - 27 所示。需要注意的是,如果使用串口给 STM8S208RBT6 下载程序时,需要进行相应的设置(详见 2.4.3 小节)。

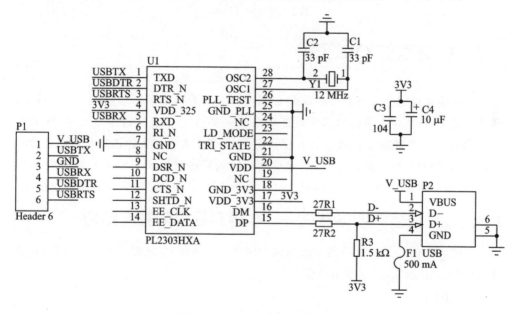

图 2 - 27 USB 转 TTL 电路原理图

2.2.3 ST - Link 仿真器

仿真器在单片机程序开发的过程中起着非常重要的作用,尤其是开发一个较大的项目的时候,利用仿真器可以很容易地找到程序中的 BUG,提高工作效率。

ST - Link 是 ST 公司为 STM8 和 STM32 推出的一款调试、编程器,其实物如图 2 - 28 所示。具体原理图这里就不给出了,需要的朋友可以到淘宝或官方指定商店进行购买。

图 2 – 28　ST – Link

2.3　C 语言你 OK 了吗

学习单片机的一个重要基础就是 C 语言。想必看本书的同学们的 C 语言基础已经不错了,所以在本节的内容中就简单介绍一下有关 C 语言的相关知识,更多有关 C 语言的内容请参考 C 语言的书籍。当然,笔者个人一向不建议只是单纯地看 C 语言,最好和单片机书籍一起看,在编写单片机的程序时发现 C 语言中的哪个知识点不懂,就回过头再看看 C 语言知识,这样边学边用,C 语言的知识就掌握得比较好。

2.3.1　C 语言的四梁八柱——C 语言程序的基本结构

一个完整的 C 语言程序的一般结构如图 2 – 29 所示,大致由 3 个部分组成,分别是:声明、main 函数、其他子函数若干个。

1. 声明

声明这部分内容的作用主要是对下面要使用的一些变量、函数进行事先声明,免得在下面的程序中出现了这些变量和函数时,系统会出现"我不认识这个变量或函数"的错误提示;此外,声明中的另一个非常重要的作用是对指定的其他文件进行包含。那么,"包含"是什么意思呢? 所谓包含其实就是把这个指定的文件中的内容复制到当前的程序中的意思。

2. main 主函数

main 函数是个特殊的函数,称为主函数,在整个程序中只能有一个,并且主函数的名字 main 是不可更改的。主函数可以调用其他子函数,子函数之间也可以相互调用,但是所有子函数都没有权利调用主函数。此外,单片机复位或上电时,一定是从 main 主函数开始执行。

3. 其他子函数

在 C 语言中,整个 C 程序就是由这些函数集合而成。整个程序要完成的大任务被分解成若干个小任务,这些小任务由各个子函数完成。从而形成清晰的模块化结构,这样不但便于阅读和理解,也便于程序的维护。这些子函数的名字是编程人员给起的名字,可以相对随意命名。

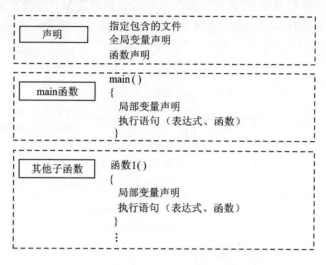

图 2 – 29　C 程序的基本构成

2.3.2　C 语言的基本字符、标识符和关键字

通过上文读者也看到了 C 语言中出现的函数、变量等都会有自己独一无二的名字。那么,这些名字是随便起的吗? 如果要起个名为"小芳"的中文变量可以吗? 这个显然不行。目前,还没有能够支持汉语的计算机语言(有待各位努力啊)。既然不可以随便起名,那么关于 C 程序中出现的字符、变量名以及函数名的命名有什么规则呢? 下面就介绍有关基本字符、标识符和关键字的相关知识。

在 C 语言中使用的基本字符有:

➤ 阿拉伯数字:0、1、2、3、4、5、6、7、8、9;

➤ 大小写拉丁字母:a～z 和 A～Z;

➤ 其他字符:～!%＆＊()_－＋＝[]{};:<>,.? /|\;

➤ 空格符、换行符和制表符:这 3 种符号在 C 语言中称空白符,主要起分割成分和编排格式的作用。

函数名、参数、变量等都有自己的一个名字,这是我们给它们起的名,名字不同所以可以把它们区分开来,这称之为标识符,是用来标识源程序中以上对象的名字。一个标识符由字符串、数字、下画线等组成,第一个字符必须是字母或下画线,通常以下画线开头的是编译系统专用的。

关键字就是系统预留的一些特殊标识符,也可以认为关键字是由系统标注的名字,并且有一定的特殊意义。用户不可以再定义与关键字同名的变量或函数了。

2.3.3 C 语言中的基本数据类型

C 语言中常用的数据类型有整型、字符型、实型等。由这几种基本的数据类型还可以构成复杂的数据类型,图 2 - 30 列出了 C 语言数据类型。需要注意的是,需要用到什么类型的变量时一定要先定义才能使用。如定义一个整型变量:int i。

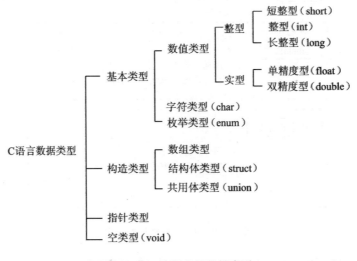

图 2 - 30   C 语言的数据类型

2.3.4 C 语言中的运算符及其优先级

C 语言中常用的运算符整理汇总如表 2 - 1 所列。

表 2 - 1   C 语言中运算符及其优先级汇总表

优先级	类　别	运算符名称	运算符	结合型
1	强制转换 数组 结构、联合	强制类型转换 下标 存取结构或联合成员	（　） ［　］ －＞.	右结合
2	逻辑 字位	逻辑非 按位取反	！ ～	左结合
	增量 减量	增 1 减 1	＋＋ －－	

续表 2-1

优先级	类　别	运算符名称	运算符	结合型
2	指针	取地址 取内容	& *	左结合
	算术 长度计算	单目减 长度计算	— sizeof	
3	算术	乘、除、取模	* / %	
4	算术和 指针运算	加减	+ —	
5	字位	左移 右移	<< >>	
6	关系	大于等于 大于 小于等于 小于	>= > <= <	左结合
7		恒等于 不等于	== !=	
8	字位	按位与	&	
9		按位异或	^	
10		按位或	|	
11	逻辑	逻辑与	&&	
12		逻辑或	|	
13	条件	条件运算	?:	左结合
14	赋值	赋值 复合赋值	= op=	
15	逗号	逗号运算	,	右结合

2.3.5　利益共同体——函数

　　如果把完整的程序比作一篇文章,那么函数就相当于一篇文章的一段,这个函数段笔者称为利益共同体,也可以理解为一个团队,即函数是由一些有着"共同理想"、"共同价值观"的表达式、语句组合而成。正是这些语句、表达式和变量的有机结合才使得函数能够出色的完成一个特定的任务。

　　函数的一般定义形式:

```
类型标识符 函数名(类型 形式参数名,类型 形式参数名…)
  {
    声明部分
    语句
     ⋮
    return  返回值
  }
```

有参函数比无参函数多了一个内容,即形式参数。形式参数可以是各种类型的变量,各参数之间用逗号间隔。在进行函数调用时,主调函数将赋予这些形式参数实际的值。

例如,定义一个函数,用于求两个数中较大的数,可写为:

```
int max(int a, int b)        //定义一个名为 max 的函数,函数返回值
  {                          //为整型,并且有两个形式参数 a 和 b
    if (a>b) return a;       //如果 a>b 成立,则返回 a
    else return b;           //否则返回 b(即如果 a 不大于 b,返回 b)
  }
```

第一行说明 max 函数是一个整型函数,其返回的函数值是一个整数。形参为 a 和 b 均为整型量。a 和 b 的具体值是由主调函数在调用时传送过来的。在{}中的函数体内,除形参外没有使用其他变量,因此只有语句而没有声明部分。在 max 函数体中的 return 语句是把 a(或 b)的值作为函数的值返回给主调函数。

2.3.6 物以类聚说数组

人们常说:"物以类聚,人以群分",也就是说具有相同特点的人或物往往会聚在一起,他们有共同的特点,例如勤劳、善良、朴实等。现实生活中这种现象比较多,可以把具有相同类型特点的数据组合在一起就构成了一种新的数据类型,称为数组。数组中的每个成员都是数组的一份子,都有其在这个家庭中的作用,也都有相同的特点。

一维数组的定义形式:

```
类型说明符 数组名[常量表达式];
```

一个数组要有一个类型说明符,还要说明成员个数。举例如下:

```
unsigned char a[10];
```

二维数组的定义形式:

```
类型说明符 数组名[常量表达式] [常量表达式];
```

例如：

```
unsigned char b[2][7];
```

2.3.7 "指桑骂槐"言指针

有一次笔者让一个学生帮忙取一份文件，笔者在一张纸上写了文件存放的具体地址，他根据地址就帮我把文件取来了。其实，这张纸就相当于一个指针变量，纸上面写的文字就相当于是指针变量里存放的数据，而这个纸上写的文字并不是笔者想要的，笔者想要的是由这个文字所表示的地址处所存放的文件。因此，一般来说指针变量里存储的数据并不是笔者真正想得到的，笔者是想用指针变量里的数据作为新的地址，根据这个地址找到笔者真正想得到的数据。指针变量的定义与一般变量的定义类似，其一般形式如下：

> 数据类型　　*指针变量名

数据类型说明了该指针变量所指向的变量的类型；指针变量名称前要加"＊"表示定义的该变量是指针变量。需要注意的是指针变量中只能存放地址，不能将一个整型量（或任意其他非地址类型的数据）赋给一个指针变量。例如：

```
char  a = 100;
char  * p;
p = a;    //这是绝对不可以的
p = &a;   //这是可以的。"&"是取地址符号,表示将 a 的地址赋值给指针变量 p
```

2.3.8 结构体

数组是一群具有相同特征的数据的集合，而不同类型的数据是不可以放到一个数组中的。而 C 语言中有一个变量类型可以将不同的数据类型数据组合到一起，它就是结构体变量。结构体变量的一般定义形式如下：

```
struct  结构体名
    {
    类型   成员1;
    类型   成员2;
        ⋮
    };
```

例如：

```
struct student
{
  int num;
  char name[5];
  char sex;
  int age;
  float score;
};
struct student stu;
```

上面的举例中先定义了一个结构体变量类型 student,然后又用这个类型定义了一个结构体变量 stu。当使用结构体变量中的成员数据时,要用". "操作符。例如,给结构体变量 stu 中的成员 num 赋值 5,则需要如下这样的写法:

```
stu.num = 5;
```

2.3.9 共用体

见字知意,共用体就是多个变量共同使用一个存储空间,存储空间的大小由最大的那个数据存储时所占空间的大小决定。其定义形式如下:

```
union   共用体类型名
{
  类型 成员名 1;
  类型 成员名 2;
    ⋮
} 共用体变量名;
```

应用举例如下:

```
/*****声明并定义共用体变量***************/
union   led
  {
  uint  i;           //在共用体中定义一个无符号整型变量 i
      uchar lamp[2];   //在共用体中定义一个含有两个无符号字符型数据的一维数组
    }flash;            //定义的共用体类型变量名称为 flash
      flash.i = 0x55aa;         //给共用体 flash 中的整型变量 i 赋初始值 0x55aa
     PORTC = flash.lamp[0];   //把共用体成语数组 lamp 中的第一个数据赋给 PORTC
     PORTC = flash.lamp[1];   //把共用体成语数组 lamp 中的第二个数据赋给 PORTC
```

上面程序片段的主要内容是这样的:定义一个 led 型共用体变量 flash,给 flash 中的整型变量 i 赋值 0x55aa,由于 flash 中的数组 lamp[2]与 i 共用相同的存储空间,所以数组中的元素 lamp[0]中存储了 0x55,而 lamp[1]中存储了 0xaa。

2.3.10 枚举类型取值

枚举类型中的每个"名字"代表一个整数值,在不给枚举类型中的每个名字赋初始值时,默认情况下,第一个名字的取值为 0,第二个名字的取值为 1,依次类推。当给部分名字赋了初始值时,后面的各个名字将在该名字所取的数值的基础上依次递增。例如:

```
enum  clock{xiaoshi,fenzhong,miao} shijian;
```

上例中,声明一个名为 clock 的枚举类型,同时定义了一个该类型的变量 shijian,这个变量只能取"{}"中的 xiaoshi、fenzhong 和 miao 这 3 个数据。上例中,xiaoshi、fenzhong 和 miao 没有赋初始值,所以,xiaoshi、fenzhong 和 miao 默认取值依次是 0、1 和 2。再例如:

```
enum  clock{xiaoshi,fenzhong,miao = 50,haomiao} shijian;
```

此时,xiaoshi 的取值为 0,fenzhong 的取值为 1,miao 的取值为 50,而 haomiao 的值则为 51。结合下面的程序进一步理解枚举类型数据的应用:

```
unsigned char dis[3] = {0x55,0xaa,0xf0};//定义一个数组
enum  clock {xiaoshi,fenzhong,miao}  shijian;//定义一个枚举变量 shijian
PORTC = dis[xiaoshi];        //将数组 dis 中的第 1 个数据 dis[0]复制给 PORTC
PORTC = dis[fenzhong];       //将数组 dis 中的第 2 个数据 dis[1]复制给 PORTC
PORTC = dis[miao];           //将数组 dis 中的第 3 个数据 dis[2]复制给 PORTC
```

上面这段程序实现的功能就是将数组 dis 中的成员一次赋值给 PROTC。只是在本例中数组的下标没有用 0、1、2 表示,而是用 xiaoshi、fenzhong 和 miao 表示的。效果一样,只是看上去更清楚,见字知意。

2.4 古老神灯闪烁实验全过程

程序员的第一个程序一定是 Hello World,嵌入式开发者的第一个程序一定是"闪烁 LED"。接下来就以神灯开始 STM8 学习之旅。

2.4.1 硬件电路介绍

将显示模块和最小系统通过杜邦线连在一起,将 LED 连在单片机的 PG 口上,如图 2-31 所示。

图 2－31　LED 与单片机 PG 口相连

ST－Link 仿真器可以仿真 STM8 和 STM32。当仿真 STM8 时，需要用 STM8 的仿真线(仿真器中自带)，仿真线与 ST－Link 的连接方法如图 2－32 所示。

仿真器第二排最后一个引脚可以提供 3.3 V 供电(最大 200 mA 电流)，因此用一根单独的杜邦线引出。最终的连线方式如图 2－33 所示。

仿真线与 STM8 单片机的连接方式如图 2－34 所示，其中 TVCC 引脚为仿真器对目标板的电压测量脚，并不能给单片机供电，因此把刚才单独引出的杜邦线接在下面的 VCC 引脚上。因为 VCC 供电已经是 3.3 V，不应再经过 AMS1117－3.3 稳压芯片，因此，电源选择处选择 5 V，但实际单片机得到电压为 3.3 V。

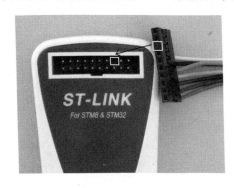

图 2－32　STM8 仿真线与 ST－Link 相连

图 2－33　最终连线效果

图 2 - 34　仿真线与单片机相连

2.4.2　建工程编程序

按照前面介绍的方法先建立一个空工程,然后双击打开自动生成的 main. c 文件,输入如下内容:

```
# include "stm8s208rb.h"
void delay(unsigned int t)
{
    while(t -- );
}
main()
{
    PG_ODR = 0xff;
    PG_DDR = 0xff;
    PG_CR1 = 0xff;
    PG_CR2 = 0x00;
    while (1)
    {
        PG_ODR = 0x00;
        delay(50000);
        PG_ODR = 0xff;
        delay(50000);
    }
}
```

输入完成后单击"编译"按钮,则弹出是否保存的对话框,单击 Yes 或 Yes To All 均可。最终出现"0 error(s), 0 warning(s)"的提示说明编译完成。

2.4.3 将程序下载到 STM8 内

程序编好了,但是还在计算机里,想要看到现象,就需要把编译所产生的机器代码下载到单片机里,下载到单片机中有两种方法:一种是使用仿真器将程序下载进去;另一种是使用 USB 转 TTL 通过串口进行下载。

1. 使用仿真器下载并调试程序

首先,把仿真器连接在计算机上,并通过 Debug instrument 下的 Target Settings 选项选择仿真方式为 SWIM ST-Link,如图 2-35 所示。

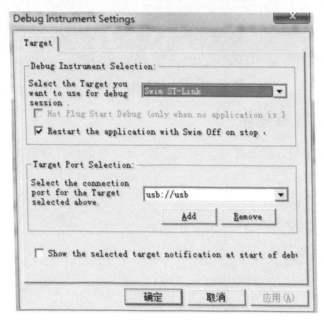

图 2-35 仿真方式选择

然后,单击 ⓞ 按钮,则程序下载到单片机中并等待仿真,仿真按钮会变亮,如图 2-36 所示。

图 2-36 仿真工具条

此时单击"全速运行"按钮,可以看到 LED 开始闪烁。单击"停止仿真"按钮后单片机复位并重新开始运行程序而不受软件控制。图 2-36 中的其他按钮的意义及使用方法请读者自行尝试。

2. 使用串口下载程序

使用串口下载的前提是芯片的 Option Byte 中的 BootLoader Enable 位被使能。具体设置方法:将 USB 转串口插入计算机的 USB 接口,并安装驱动程序,打开设备管理器,找到该串口,查看其串口号,如图 2 - 37 所示为 COM6 端口。

图 2 - 37　设备管理器显示窗口

打开 Flash Loader Demonstrator,设置方式如图 2 - 38 所示,然后单击 Next 按钮。

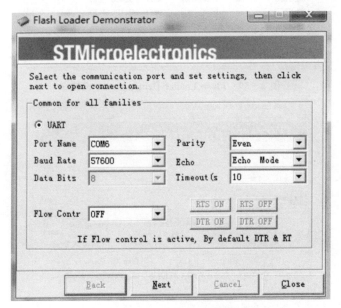

图 2 - 38　Flash Loader Demonstrator 设置 1

接着选择 STM8_128K,如图 2 - 39 所示,然后单击 Next 按钮。

选择 Download to device,并选择编译生成的. s19 文件,如图 2 - 40 和图 2 - 41 所示。

最终单击 Next 按钮,程序就下载到 STM8 中,如图 2 - 42 所示。

到此为止,本章的内容就结束了,有关软件的安装、使用及相关设置方法一定要练习得比较熟练。有关神灯闪烁的具体程序部分,如果不是很明白,这不是问题了,

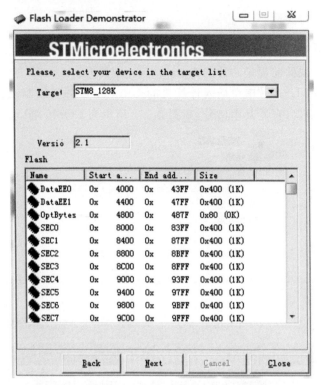

图 2 - 39　**Flash Loader Demonstrator** 设置 2

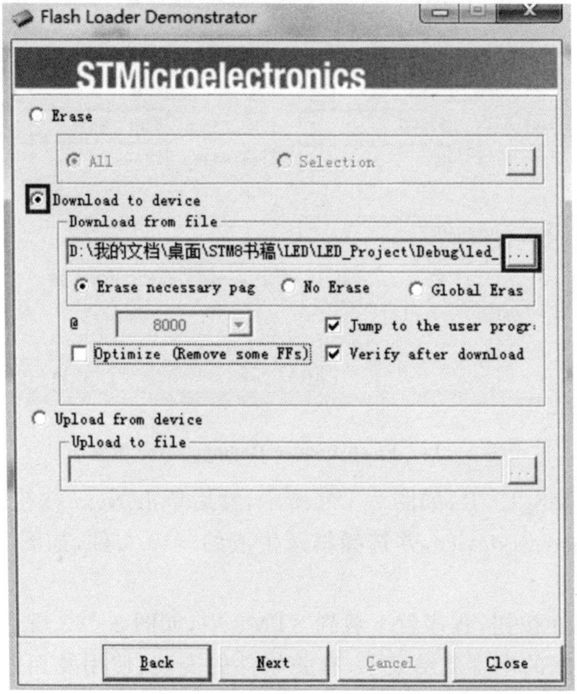

图 2 - 40　**Flash Loader Demonstrator** 设置 3

因为本章只是演示软件的使用,与 I/O 口应用相关的各个寄存器的设置情况将在 I/O 口的使用一章详细介绍。至于 C 语言吗?希望读者多找两本书看看,因为单片机学习的一个瓶颈将与 C 语言的基础有关。在此,就不多言了,还是继续看吧,好戏还在后头呢。

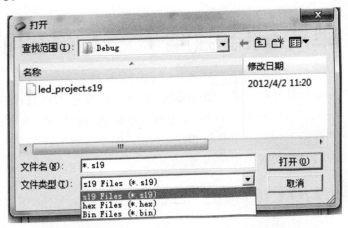

图 2-41   Flash Loader Demonstrator 设置 4

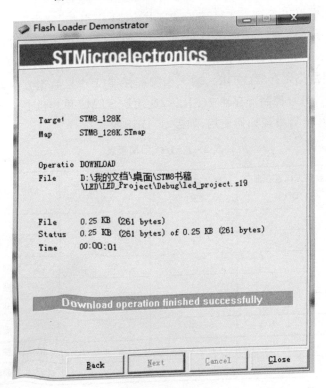

图 2-42   完成下载

第 3 章

STM8 单片机的触角——I/O 口的应用

STM8 单片机与外界打交道主要是靠它的 I/O 口,这些 I/O 口相当于是 STM8 单片机的"耳朵和嘴"。这些 I/O 口可以"监听"外界输入的信号,也可以向外界"表达输出"自己的"芯声"。和 51 单片机相比,STM8 单片机的 I/O 口的"驱动"能力较强,而且控制方式较多,设置使用更方便。

3.1 玩转 I/O 口必备的"五器"

STM8S208RB 单片机的 I/O 口分布情况如图 3-1 所示。

从图 3-1 中可以看到,STM8S208RB 共有 64 个引脚,其中 52 个通用输入/输出口(GPIO),分别是 PA1～PA6、PB0～PB7、PC1～PC7、PD0～PD7、PE0～PE7、PF0、PF3～PF7、PG0～PG7、PI0。其中,每组端口的工作情况都是由 5 个寄存器控制,分别是输出数据寄存器(ODR)、输入引脚寄存器(IDR)、数据方向寄存器(DDR)、控制寄存器 1(CR1)、控制寄存器 2(CR2),这就是 STM8 单片机 I/O 的"五器"。"五器"到手了,现在来看看该如何使用,如表 3-1 所列。

表 3-1 I/O 口配置表

配置模式	数据方向寄存器 DDR	控制寄存器 1 CR1	控制寄存器 2 CR2	配置模式
输入	0	0	0	悬浮输入
	0	1	0	上拉输入
	0	0	1	中断悬浮输入
	0	1	1	中断上拉输入
输出	1	0	0	开漏输出
	1	1	0	推挽输出
	1	x	1	输出(最快速度 10 MHz)
	x	x	x	真正的开漏输出(特定引脚)

由表 3-1 中看出,当 Px_DDRn 为"1",对应的 Pxn 配置为输出;当 Px_DDRn 为

"0"，对应的 Pxn 配置为输入。

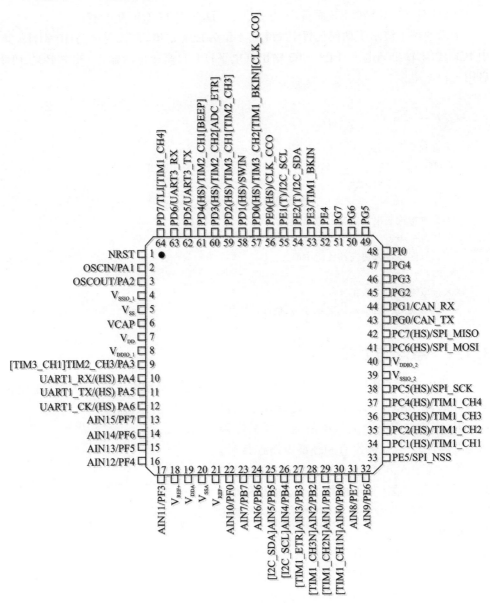

图 3-1　STM8S208RB 引脚分布图

当配置为输入时，若 Px_CR1 为"1"，上拉电阻使能，否则为悬浮输入。而 Px_CR2 为"1"时，开启当前 I/O 口的外部中断功能，为"0"时关闭外部中断功能。若想读取该 I/O 引脚上的数据，只要读取相应的 Px_IDR 寄存器即可。

当配置为输出时，若 Px_CR1 为"1"，Pxn 配置为推挽输出，否则为开漏输出。而 Px_CR2 为"1"时，当前 I/O 口的最大输出速率为 10 MHz，否则最大输出速率为

2 MHz。想要某个 I/O 口输出高电平,则向 Px_ODR 中写入 0xff。

注:针对 STM8S208RB 而言,x 为 A、B、C、D、E、F、G、I;n 为 0~7。

下面的例子演示了如何设置 PB 口低 4 位为推挽输出,最快速度为 10 MHz,其中 PB0、PB1 输出高电平,PB2、PB3 输出低电平;PB 口高 4 位为输入,其中 PB4、PB5 启用上拉电阻。

```
unsigned char i;
...
/* 设置输出高电平 */
PB_ODR =  (1 << 1) | (1 << 0);//PB0 和 PB1 设置为输出高电平
/* 设置端口方向 */
PB_DDR = 0x0f;  //第 4 位设置为输出,高 4 位设置为输入
/* 设置推挽输出和定义上拉电阻 */
PB_CR1 = 0x0f | (1 << 4) | (1 << 5);
/* 设置端口最大速度和关闭中断 */
PB_CR2 = 0x0f;
/* 读取端口输入数据 */
i = PB_IDR & 0xf0;//读取高 4 位,低 4 位屏蔽为"0"
```

3.1.1　悬浮与上拉

上文中提到了悬浮与上拉,如何理解这两个词呢？悬浮输入与上拉输入是两种输入方式,如图 3-2 所示。不同之处在于上拉输入时,引脚内部有个上拉电阻通过开关连接到电源 VDD。当引脚没有和外部电路连接时,设置为上拉输入方式的 I/O 引脚电平是确定的高电平;而悬浮输入则不同,它的电平是不确定的,即使外部的一个很小的输入信号都会使其发生改变。

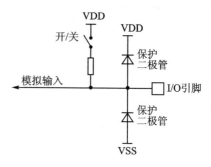

上拉输入的一个典型应用就是外部接按键,当按键未按下时,单片机引脚是确定的高电平,当按键按下时引脚电平被拉为低电平;而悬

图 3-2　悬浮输入与上拉输入

浮输入的典型应用就是 A/D 模数转换,对外部电压信号进行采集。

3.1.2　开漏与推挽

1. 推挽输出

推挽输出电路原理图如图 3-3 所示。通过软件设置"五器",从而控制图 3-3 中的两个 MOS 管的通断,任意时刻两个 MOS 管中有一个导通,另一个关断。当

PMOS 管导通时,NMOS 管关断时,I/O 引脚与电源 VDD 连接,与 Vss 断开,此时 I/O引脚输出高电平;当 NMOS 管导通,而 PMOS 管关断时,I/O 引脚与 VDD 断开,而与 Vss 连接,此时 I/O 引脚输出为低电平。

2. 开漏输出

漏极电路如图 3－4 所示。MOS 管的漏极直接与 I/O 引脚相连,没有与电源连接,此时处于悬空状态,我们称之为漏极开路。通过控制 MOS 管的栅极可以控制该 MOS 管的导通和截止状态。当 MOS 管导通时,单片机的 I/O 引脚相当于与 VSS 连接,此时 I/O 引脚输出低电平;当 MOS 管截止时,单片机的 I/O 引脚与 VSS 断开,此时 I/O 引脚处于悬空状态,电平状态不确定。

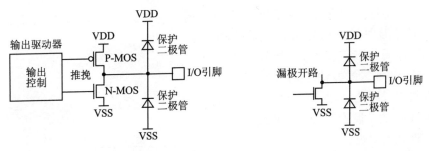

图 3－3　推挽输出　　　　图 3－4　漏极开路原理图

那么如何才能让单片机的 I/O 引脚输出确定的高电平来驱动外围电路呢?方法是在单片机的引脚上(即 MOS 管的漏极上)接一个电阻,连接到电源上,如图 3－5 所示。当 MOS 管导通时,单片机的 I/O 引脚相当于与 VSS 连接,此时 I/O 引脚输出低电平;当 MOS 管截止时,单片机的 I/O 引脚通过上拉电阻与电源连接,此时 I/O 引脚输出确定的高电平。

既然推挽输出能够输出高电平也能输出低电平,为什么还要用开漏输出加上拉电阻的形式来实现输出高低电平呢?这样设计究竟有什么好处呢?其实,开漏输出还是有一些优点的,具体表现有这么几个特点:

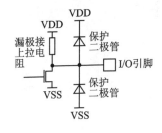

图 3－5　漏极开路输出接上拉电阻

① 利用外部电路的驱动能力,减少单片机内部的驱动。当单片机内部 MOSFET 导通时,驱动电流是从外部的 VCC 流经上拉电阻到负载的,单片机内部仅需很小的栅极驱动电流。

② 当开漏引脚不连接外部的上拉电阻时,只能输出低电平,如果需要输出高电平,则需要接外部上拉电阻,一个优点是通过改变上拉电源的电压,便可以改变传输电平,起到了电平转换的作用。例如加上外部上拉电阻就可以提供 TTL 和 CMOS 电平转换。

STM8 单片机自学笔记(第2版)

③ 开漏结构提供了灵活的输出方式,但是也有其弱点,就是带来上升沿的延时,上拉电阻的阻值决定了逻辑电平转换的沿的速度。阻值越大,速度越低,功耗越小,所以负载电阻的选择要兼顾功耗和速度。因为上升沿是通过外接上拉电阻对负载充电实现的。所以当电阻选择小时延时就小,但功耗大;反之延时大功耗小。所以如果对速度有要求,则建议用下降沿输出。

④ 可以将多个开漏输出的引脚连接到一条线上。通过一只上拉电阻,在不增加任何器件的情况下,形成"与逻辑"关系。这也是 I²C 总线判断总线占用状态的原理。

3.2 LED 孤独地闪着

在点亮小灯之前我们先来了解一下 LED 的一些基础知识,图 3-6 是普通发光二极管的外形图及电路符号,长脚为阳极。其实也可以看二极管里面,大片的一侧是阴极。当然,最可靠的办法是用数字万用表的二极管档进行测量,当发光二级管亮时,红色表笔连接的是二极管的阳极,而黑色表笔连接的二极管的阴极。

STM8 单片机控制一个 LED 发光二级管闪烁实验的电路原理图如图 3-7 所示。PB0 口通过一个 330 Ω 限流电阻连接发光二极管的阴极,当单片机输出低电平时 LED 点亮,而当单片机输出高电平时,发光二级管 LED 熄灭。

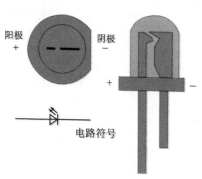

图 3-6 LED 硬件结构及符号

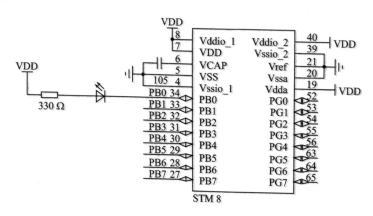

图 3-7 STM8 控制一个 LED 闪烁电路图

程序设计思想比较简单,只需要通过程序设置好相应的 I/O 口的工作方式,然后通过程序控制与 LED 相连接的 I/O 口周而复始地输出高电平和低电平,这样

LED 就闪烁起来了。

程序代码如下：

```
#include "stm8s208r.h"
/****************函数声明****************/
void delay(unsigned int time);
/***************主函数*****************/
void main(void)
{
    PB_DDR |= 0x01;              // 选择输出模式
    PB_CR1 |= 0x01;              // 推挽输出模式
    PB_CR2 |= 0x00;              // 低速输出模式
    while (1)
    {
        PB_ODR &= 0xfe;          // 小灯亮
        delay(50000);            // 调用延时函数
        PB_ODR |= 0x01;          // 小灯灭
        delay(50000);            // 调用延时函数
    }
}
/***********延时子程序********************/
void delay(unsigned int time)
{
    while(time--);               // 在此循环 time 次,实现延时
}
```

这个程序比较简单,就是先把 I/O 口的工作方式等都设置好,然后给小灯一个低电平,小灯就亮,然后延时一会,再给小灯一个高电平,小灯就灭,再延时,如此反复,就会有闪烁的效果。但是问题是为什么给引脚赋值的时候要用"与等于"和"或等于"呢?

首先,"PB_ODR &= 0xfe"等价于"PB_ODR = PB_ODR & 0xfe",只是一种简化的表述方法,而等号后面的"PB_ODR"相当于赋值前 ODR 的值,根据"&"操作的特点,只有 PB0 被清零,其他位保持不变。而如果写成"PB_ODR = 0xfe"则会把其他位都置"1"。"|="也是同理,只是把相应的位置"1",而其他位保持不变。其实这是应用 C 语言实现位操作的一种方法。

3.3　跑马灯是怎么跑的

跑马灯几乎是每本单片机书籍中都会出现的内容,也许大家都愿意"遛马"?其实,主要是跑马灯的实验简单易操作,还有就是实验现象明显,并且可以将很多 C 语

言的基础知识运用到跑马灯实验中。本节就通过跑马灯实验顺便练习 C 语言中有关 switch case 结构及 for 循环和数组等相关知识的应用。

3.3.1　应用 switch - case 语句设计跑马灯

本小节中用 PB 的 8 个 I/O 口来控制跑马灯。跑马灯的电路原理图如图 3 - 8 所示。

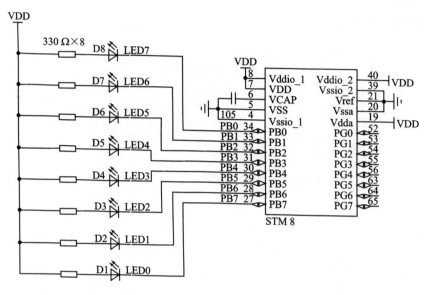

图 3 - 8　跑马灯电路原理图

回顾一下 C 语言中 switch - case 的用法。switch - case 语句的执行情况与图 3 - 9 中的拨动开关相似。i 的值用于选择连接的端口,当 i 的值与某个 case 后面的值相等时,开关就被连接到相应的路上。其实,就是根据 i 的值决定程序执行哪个 case 后面的程序段。

下面应用 switch - case 语句设计一个跑马灯程序,每一个 case 后面都执行一条语句控制指定的 LED 发光二极管点亮。然后调节 i 的值,从而实现跑马灯实验效果。具体程序代码如下:

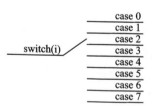

图 3 - 9　switch - case 语句工作原理示意图

```
#include"stm8s208r.h"    //  开始时的头文件包含
/**************函数声明**************/
void delay(unsigned int time);    //声明延时函数
/**************主函数**************/
void main(void)
```

```
{
    unsigned char i = 0;
    PB_ODR = 0XFF;        //设置输出寄存器的输出数值,初始化小灯全灭
    PB_DDR = 0XFF;        //设置 I/O 口 B 为输出
    PB_CR1 = 0XFF;        //设置 I/O 口 B 为推挽方式
    PB_CR2 = 0X00;        //输出最快速度为 2 MHz
    while (1)
    {
        switch (i)        //让小灯从低位到高位依次亮
        {
            case 0: PB_ODR = 0XFE;
                    break;              //跳出 case 0
            case 1: PB_ODR = 0XFD;
                    break;
            case 2: PB_ODR = 0XFB;
                    break;
            case 3: PB_ODR = 0XF7;
                    break;
            case 4: PB_ODR = 0XEF;
                    break;
            case 5: PB_ODR = 0XDF;
                    break;
            case 6: PB_ODR = 0XBF;
                    break;
            case 7: PB_ODR = 0X7F;
                    break;
            default : PB_ODR = 0XFF;
        }
        Delay(40000);        //延时约 20 ms
        i++;                 //让 i 加 1 下次执行程序时进入到 case
        if(i==8)
        {
            i = 0;
        }
    }
}
/************延时子程序*********************/
void delay(unsigned int time)
{
    while (time--);                //让 while 执行 time 次空程序达到延时的目的
}
```

3.3.2　用 for 循环"遛马"

硬件电路图与图 3-8 一样。for 循环几乎是 C 语言中应用最广泛的循环结构，在 C 语言中，使用最为灵活，一般形式如下。

```
for(表达式1;表达式2;表达式3)
{
语句 ;
}
```

for 语句执行过程如下：

```
① 先求解表达式1。
② 求解表达式2,若表达式2的值为真(非0),则执行语句,然后执行下面第③步;
若表达式2的值为假(0),则结束循环,转到第⑤步。
③ 求解表达式3。
④ 转回上面第②步继续执行。
⑤ 表达式2条件不成立,循环结束,执行for语句后面的语句。
```

也可以用下面的形式描述 for 语句：

```
for(循环变量赋初值;循环条件;循环变量增量) 语句
```

循环变量赋初值总是一个赋值语句，用来给循环控制变量赋初值；循环条件是一个关系表达式，决定什么时候退出循环；循环变量增量用于定义循环控制变量每循环一次后按什么方式变化。这 3 个部分之间用";"分开，而不是","。

下面是用 for 循环语句实现的跑马灯程序代码：

```
#include"stm8s208r.h"     //包含stm8头文件
/***************函数声明***************/
void delay(unsigned int time);    //延时函数

/***************主函数***************/
void main(void)
{
    unsigned char i;
    PB_ODR = 0XFE;        //低电平有效,点亮第一个LED
    PB_DDR = 0xff;        //I/O口初始化,将PB口设为输出状态
    PB_CR1 = 0xff;        //PB口(CR1)置1推挽输出
    PB_CR2 = 0X00;        //CR2置0低速模式,初始化完成
```

```
    while (1)
    {
        PB_ODR = 0XFE;          //赋初值配合 for 循环使用
        for(i = 0; i < 8; i++)
        {
            delay(50000);
            PB_ODR << = 1;      //左移一位,点亮下一个 LED
            PB_ODR |= 0x01;     //左移后最低位自动补 0,所以需要将最低位置高
        }
    }
}
/* * * * * * * * * * * *延时子程序 * * * * * * * * * * * * * * * * * * * * * */
void delay(unsigned int time)
{
    while(time -- );
}
```

3.3.3 数组与万能流水灯

硬件电路图与图 3-8 一样。利用数组实现 LED 闪烁比较方便,并且可以做到只修改数组中的数据,而不必修改其他程序代码的情况下任意改变 LED 闪烁的花样。其原理就是不断地将数组中的数据输出到 PB 口改变 LED 的点亮情况,从而实现 LED 的各种闪烁花样。下面是应用数组实现 LED 闪烁的程序:

```
# include "stm8s208r.h"
/* * * * * * * * * * * * *定义一个二维数组 * * * * * * * * * * * * */
/* 装入使小灯花样闪亮的数据                        */
/* * * * * * * * * * * * * * * * * * * * * * * * * * * * * * * * * * */
unsigned char dis[5][8] =
{
{0xfe,0xfd,0xfb,0xf7,0xef,0xdf,0xbf,0x7f},
{0x7f,0xbf,0xdf,0xef,0xf7,0xfb,0xfd,0xfe},
{0x00,0xff,0x00,0xff,0x00,0xff,0x00,0xff},
{0x7f,0x3f,0x1f,0x0f,0x07,0x03,0x01,0x00},
{0x00,0x01,0x03,0x07,0x0f,0x1f,0x3f,0x7f}
};
/* * * * * * * * * * * * * *函数声明 * * * * * * * * * * * * * */
void GPIO_Init(void);                    // GPIO 口的初始化子程序
void display(void);                      // 用 PB 口显示花样小灯子程序
void delay(unsigned int time) ;          // 延时子程序
```

```
/ ***************主函数 ****************/
int main(void)
{
  GPIO_Init();              //端口初始化
  while(1)                  //死循环
    {
     display();             //始终让小灯显示花样
    }
}
/ **************GPIO 口的初始化 *****************/
void GPIO_Init(void)
{
 PB_ODR = 0xff;        //初始使小灯全灭
 PB_DDR = 0xff;            //DDR 为 0 是输入,1 是输出。此处为 PB 的 8 个端口均为输出
 PB_CR1 = 0xff;           //推挽输出模式
 PB_CR2 = 0x00;           //低速输出模式
}
/ ***********小灯花样显示子程序 ***************/
void display(void)
{
    unsigned char i,j;
    for(i = 0; i < 5; i++)               //循环二维数组的行数
    {
        for(j = 0; j < 8; j++)           //循环二维数组每行中的数据
        {
            PB_ODR = dis[i][j];     //把数据给 PB 口使小灯显示
            delay(50000);
        }
    }
}
/ ***********延时子程序 ********************/
void delay(unsigned int time)
{
    while(time--);
}
```

3.4 STM8 控制数码管

我们都已经听说了 STM8 单片机的驱动能力比较强,现在就用数码管来检验一

下 STM8 的"臂力"。

3.4.1 STM8 直接驱动一个数码管

数码管是一种最常见的显示器件,可以显示一个 8 字型的数字,其内部其实是由 8 个发光二极管组成,每个发光二极管称为一个字段,分为 a、b、c、d、e、f、g、dp 共 8 段,其中 dp 为小数点。数码管分共阴极和共阳极两种形式。下面就以共阳极的数码管为例作具体分析。

首先完成一个实验,用 STM8 直接驱动一个数码管,让数码管循环显示数字 0～9。硬件电路设计如图 3－10 所示。

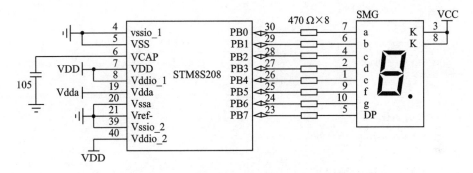

图 3－10　STM8 点亮一个数码管电路图

程序设计的思想是:将 0～9 对应的显示段码存储在数组中,然后依次定时取出并输出到接数码管的单片机 I/O 引脚上,这样在数码管上就会出现 0～9 不断变化的 10 个数字了。具体程序代码如下:

```
# include "stm8s208r.h"
/ * --------    函数声明   ------------*/
void delay(unsigned int delay_time);
void display_SMG(void);
/ * SMG_table    共阳数码管段选编码 * /
unsigned char
SMG_table[10] = {  0xc0,0xf9,0xa4,0xb0,0x99,0x92,0x82,0xf8,0x80,0x90};
/ * 对应显示数字    0,   1,   2,   3,   4,  5,   6,   7,   8,   9  */
main()
{    / * 端口初始化 ------------------------------------------------*/
PB_DDR = 0XFF;  //定义 PB 口为输出,用于控制数码管段选
PB_ODR = 0XFF;  //定义 PB 初始输出为高,数码管初始不亮
PB_CR1 = 0XFF;  //定义推挽输出
PB_CR2 = 0XFF;  //定义快速输出
/ *-----------------------------------------------------------*/
```

```
while (1)
{
        display_SMG(); //用一个数码管显示数字
}
}
/* 数码管显示函数 */
void display_SMG(void)
{
unsigned int i;
/*用一个数码管显示 0～9 */
 for(i = 0; i < 10; i++)
{
    PB_ODR = SMG_table[i];
    delay(50000);
}
}
/* 延时函数 */
void delay(unsigned int delay_time)
{
    while (delay_time != 0)
{
        delay_time--;
    }
}
```

3.4.2 STM8 控制 8 个数码管

实现了用 8 个 I/O 引脚控制一个数码管的显示。那么,如果想控制 8 个数码管,是不是要用 64 个 I/O 口引脚呢? 当然可以,但是这样太浪费单片机的 I/O 引脚资源了,这里采用动态显示方式,利用单片机 16 个引脚和 8 个三极管就能控制 8 个数码管,如图 3 - 11 所示。

利用人眼的"视觉暂留"效应实现 8 个数码管轮流动态显示,原理是用 PB 口控制数码管显示的内容,用 PG 口控制哪个数码管显示。任意时刻只有一个数码管在显示,一个灭了另一个再亮,这样轮回显示。当数码管的亮灭轮换速度达到一定频率时,肉眼无法分辨,认为 8 个数码管同时点亮显示,这就是动态显示原理。这里的三极管起到了两个作用,一是放大作用为每个数码管提供所需电流;二是电子开关作用,控制每个数码管是否能够得到电流。用 PG 口控制 8 个三极管的通断,对应的三极管导通时数码管有电流流过,对应的数码管就能发亮显示。

现在用 8 个数码管显示"20110110",具体程序代码如下:

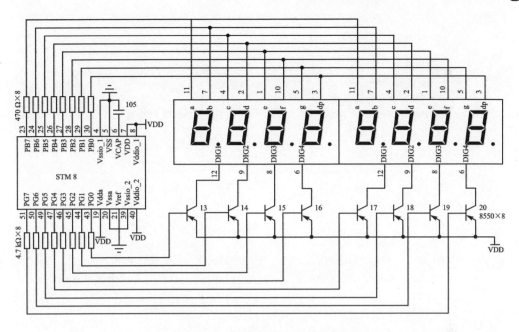

图 3-11   8 个数码管动态显示电路

```
#include "stm8s208r.h"
/* -------    函数声明    -------------*/
void delay(unsigned int delay_time);
void display_SMG(void);
/* SMG_table    共阳数码管段选编码 */
unsigned char SMG_table[10] = {0xc0,0xf9,0xa4,0xb0,0x99,0x92,0x82,0xf8,0x80,0x90};
/* 对应数码管显示数字          0 , 1, 2, 3, 4, 5, 6, 7, 8, 9 */
main()
{    /*端口初始化------------------------------------*/
    PB_DDR = 0XFF; //定义 PB 口为输出,用于控制数码管段选
    PB_ODR = 0XFF; //定义 PB 口初始输出为高,数码管初始不亮
    PB_CR1 = 0XFF; //定义推挽输出
    PB_CR2 = 0XFF; //定义快速输出
    PG_DDR = 0XFF; //定义 PG 口为输出,用于控制数码管位选
    PG_ODR = 0XFF; //定义 PG 口初始输出为高,数码管初始不亮
    PG_CR1 = 0XFF; //定义推挽输出
    PG_CR2 = 0XFF; //定义快速输出
    /*------------------------------------------------*/
    while (1)
    {
        display_SMG();                    //用数码管显示数字
```

```
}
}
/* 数码管显示函数 */
void display_SMG(void)
{    /* 第 8 个数码管显示 2 */
     PB_ODR = SMG_table[2];              //段选,让全部数码管显示 2
     PG_ODR = 0X7F;                      //位选,0111 1111 让第 8 个数码管亮
     delay(500);
     /* 第 7 个数码管显示 0 */
     PB_ODR = SMG_table[0];              //段选,让全部数码管显示 0
     PG_ODR = 0XBF;                      //位选,1011 1111 让第 7 个数码管亮
     delay(500);
     /* 第 6 个数码管显示 1 */
     PB_ODR = SMG_table[1];              //段选,让全部数码管显示 1
     PG_ODR = 0XDF;                      //位选,1101 1111 让第 6 个数码管亮
     delay(500);
     /* 第 5 个数码管显示 1 */
     PB_ODR = SMG_table[1];              //段选,让全部数码管显示 1
     PG_ODR = 0XEF;                      //位选,1110 1111 让第 5 个数码管亮
     delay(500);
     /* 第 4 个数码管显示 0 */
     PB_ODR = SMG_table[0];              //段选,让全部数码管显示 0
     PG_ODR = 0XF7;                      //位选,1111 0111 让第 4 个数码管亮
     delay(500);
     /* 第 3 个数码管显示 1 */
     PB_ODR = SMG_table[1];              //段选,让全部数码管显示 1
     PG_ODR = 0XFB;                      //位选,1111 1011 让第 3 个数码管亮
     delay(500);
     /* 第 2 个数码管显示 1 */
     PB_ODR = SMG_table[1];              //段选,让全部数码管显示 1
     PG_ODR = 0XFD;                      //位选,1111 1101 让第 2 个数码管亮
     delay(500);
     /* 第 1 个数码管显示 0 */
     PB_ODR = SMG_table[0];              //段选,让全部数码管显示 0
     PG_ODR = 0XFE;                      //位选,1111 1110 让第 1 个数码管亮
     delay(500);
}
/* 延时函数 */
void delay(unsigned int delay_time)
{
```

```
    while (delay_time != 0)
    {
        delay_time-- ;
    }
}
```

值得注意的是,上面程序中的延时 delay(500)不应太长,也不宜太短。若延时太长,数码管显示的时候,看起来就是一个一个分别亮的,不能达到同时亮的效果。如果延时太短,数码管显示就会很暗,效果不好,如果非常短,就会使得每一数码管上显示的数字都不清晰,或者会出现叠影现象。

3.5 独立按键的应用

独立按键在单片机中应用非常广泛,用按键输入信息、数码管显示信息,是最简单的一种人机交互方式。

STM8 总共有 4 种输入方式,分别是:上拉输入,中断上拉输入,悬浮输入,中断悬浮输入。有关中断输入方式会在外部中断一章中详细分析,本小节主要分析上拉输入与悬浮输入方式。在检测按键时,为了得到稳定的电平,需要用上拉电阻,可以通过程序设置启用芯片内部的上拉电阻,也可以设置为悬浮输入,然后外部接上拉电阻。表 3-2 为 STM8 的 I/O 引脚输入模式配置表。

表 3-2 输入模式配置表

配置模式	数据方向寄存器 DDR	控制寄存器 1 CR1	控制寄存器 2 CR2	配置模式
输入	0	0	0	悬浮输入
	0	1	0	上拉输入
	0	0	1	中断悬浮输入
	0	1	1	中断上拉输入

3.5.1 启用内部上拉检测按键状态

现在,将单片机 I/O 口设置为上拉输入方式并接一个按键,用按键控制数码管显示数字的变化,当 PE0 所接的独立按键按下时,数码管中显示的数字加 1,显示 0~9 范围的数字。硬件电路如图 3-12 所示。

主程序中主要包括两个子函数,一个是按键检测函数,一个是显示函数。当有按键按下时更新显示的数字,然后在显示函数中显示按键更新后的最新数字,这样实现按键控制数码管显示数据的任务。具体程序代码如下:

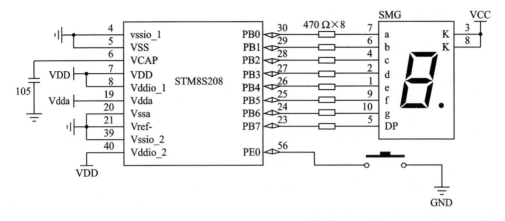

图 3 - 12　启用内部上拉电阻时接独立按键

```
#include "stm8s208r.h"
/*--------    函数声明    ------------*/
void delay(unsigned int delay_time);
void display_SMG(void);
void key_press(void);
/*----------------------------------*/
/* SMG_table    共阳数码管段选编码 */
unsigned char SMG_table[10] = {0xc0,0xf9,0xa4,0xb0,0x99,0x92,0x82,0xf8,0x80,0x90};
/* 对应显示数字          0,  1,  2,  3,  4,  5,  6,  7,  8, 9 */
unsigned char Number; //显示的数字
main()
{
    /*端口初始化--------------------------------------------*/
    PB_DDR = 0XFF;   // 1111 1111  定义 PB 口为输出,用于控制数码管段选
    PB_ODR = 0XFF;   // 1111 1111  定义 PB 初始输出为高,数码管初始不亮
    PB_CR1 = 0XFF;   // 1111 1111  定义推挽输出
    PB_CR2 = 0XFF;   // 1111 1111  定义快速输出
    PE_DDR &= 0XFE;  // 1111 1110  定义 PE0 口为输入,检测按键输入
    PE_CR1 |= 0X01;  // 0000 0001  定义为上拉输入,芯片内部启用上拉电阻
    PE_CR2 &= 0XFE;  // 1111 1110  定义不使能中断
    /*------------------------------------------------------*/
    while (1)
    {
    key_press();    //用查询法判断按键是否按下
    display_SMG(); //用数码管显示 Number 值
    }
}
```

```
/* 按键处理函数 */
void key_press()
{
    /* 判断按键是否按下 */
    if((PE_IDR & 0x01) == 0)
    {
        delay(13000);                    //延时 10～20 ms 去除抖动
        if((PE_IDR & 0x01) == 0) //再次判断按键是否按下,若按下,Number+1
        {
            if(Number < 9)
                Number++;
            else
                Number = 0;
        }
    }
}
/* 数码管显示函数 */
void display_SMG(void)
{
    /*用一个数码管显示 Number */
    PB_ODR = SMG_table[Number];
}
/* 延时函数 */
void delay(unsigned int delay_time)
{
    while (delay_time != 0)
    {
        delay_time--;
    }
}
```

　　这个程序就是在之前用一个数码管显示数字的基础上加了独立按键检测函数。注意端口初始化中 PE0 口的配置,PE_DDR &= 0XFE,设置 PE0 为输入方式,PE_CR1 |= 0X01,设置 PE0 为启用上拉电阻,PE_CR2 &= 0XFE,设置 PE0 为不使用中断。当没有按键按下时,PE0 口检测到高电平,if((PE_IDR & 0x01) == 0)不成立;若按键按下时,PE0 口检测到低电平,条件成立,执行相应操作(即显示数字加1)。在 key_press()函数里,做两次 if 判断和延时 10～20 ms 的目的是去除按键抖动的作用。

3.5.2 浮空输入＋外部上拉检测按键状态

上一小节中将 I/O 口配置为上拉输入方式,现在来试一下浮空输入方式。将前面用上拉方式接独立按键的程序稍加修改即可。其实,只需在端口初始化时,将 PE 的端口的配置方式改一下即可。修改后的程序如下:

```
/*端口初始化---------------------------------------------*/
    PB_DDR = 0XFF;   //1111 1111 定义 PB 口为输出,用于控制数码管段选
    PB_ODR = 0XFF;   //1111 1111 定义 PB 口初始输出为高,数码管初始不亮
    PB_CR1 = 0XFF;   //1111 1111 定义推挽输出
    PB_CR2 = 0XFF;   //1111 1111 定义快速输出
    PE_DDR &= 0XFE;  //1111 1110 定义 PE 口为输入,检测按键输入
    PE_CR1 &= 0XFE;  //1111 1110 定义为浮空输入,需要外部接上拉电阻
    PE_CR2 &= 0XFE;  //1111 1110 定义不使能中断
/*-----------------------------------------------------*/
```

更改了程序,将接有按键的 PE0 引脚配置为浮空方式并且外部没有接上拉电阻的情况下,重新编译并下载程序到单片机中,发现独立按键非常不稳定,不能正确反应按键的状态。这时候只需要外加上拉电阻使 PE0 得到稳定的电平就解决了。修改后的电路如图 3-13 所示。在原先浮空输入的基础上,PE0 引脚接了 10 kΩ 的上拉电阻。当没有按键按下时,PE0 引脚因为有上拉而得到稳定的高电平;当按键按下时,PE0 和 GND 相连得到稳定的低电平。通过外加上拉电阻,将原本浮空、不确定电平的引脚变成了确定的高电平或者低电平,保证了按键的可靠性和稳定性。

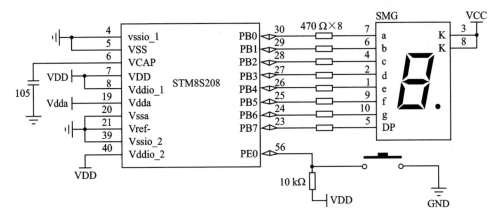

图 3-13 悬浮输入外部加上拉电阻

经过"上拉输入"和"浮空输入"的对比实验,可以加深对浮空输入和上拉输入的理解。

3.6 使用固件库点亮神灯

通过对 I/O 口的"五器"的初始化,将相应的 I/O 引脚设置为合适的工作方式,从而方便地控制了 LED 发光二级管、数码管和按键。但是,目前一直使用的方法都是直接操作 I/O 寄存器。这样的方法虽然直接但是并不方便,尤其是当程序比较复杂,控制的单片机外设较多时比较麻烦。

"世界因懒人而变化!"人们因为不想走路而发明了汽车,不想洗衣服而发明了洗衣机,不想上楼梯而发明了电梯,不想直接操作寄存器而制作了固件库。ST 公司为用户提供了一个固件库,应用固件库操作 STM8 的外设会更方便。因此,本节将介绍采用固件库控制神灯 LED。

3.6.1 什么是固件库

每初始化一个 I/O 口就需要操作相应的 DDR、CR1、CR2 寄存器,使用的时候就需要操作 ODR、IDR 寄存器,有没有办法简化一些呢? 有,那就是编写一个函数,每次想用 I/O 口的时候就调用这些函数,当这样的函数编写得多了,组合起来就成了固件库。固件库一般由芯片生产厂商提供。接下来就看看意法半导体为 STM8 单片机做的固件库。

首先可以从 ST 的官方网站中免费获取最新版本的固件库,本书中使用的是 STM8S/A Standard Peripherals Library V2.0.0 版本。从网站上得到 stm8_stdpe-riph_lib2.0.0.zip 文件后,解压,其中 stm8s-a_stdperiph_lib_um.chm 是固件库的帮助文件;Release_Notes.html 是版本信息;Utilities 文件夹中包含了 STM8/128-EVAL evaluation board(ST 公司的评估板)的驱动,Project 文件夹中包含的是各功能模块的例子和工程例子,Libraries 文件夹中包含的就是今后要经常用到的库了。

3.6.2 建立第一个包含库的工程

① 按常规方法建立空工程。

② 将 Libraries 中的 STM8S_StdPeriph_Driver 文件夹复制到新建立的工程文件夹中,复制 Project\Template 文件夹中的 main.c、stm8s_conf.h、stm8s_it.c、stm8s_it.h 和 Project\Template\STVD\Cosmic 文件夹中的 stm8_interrupt_vector.c 到工程文件夹中。

③ 在 Source Files 上右击,选择 Add Files to Folder,添加 stm8s_it.c、STM8S_StdPeriph_Driver\src 中的 stm8s_gpio.c,如图 3-14 所示。

④ 在 Include Files 上右击,选择 Add Files to Folder,添加 stm8s_it.h 和 STM8S_StdPeriph_Driver\inc 中的 stm8s.h。最终的工程结构如图 3-15 所示。

⑤ 双击打开 stm8s.h,将第 33 行的 #define STM8S208 去掉注释。

完成上述步骤后单击编译或快捷键 F7,出现"0 error(s), 0 warning(s)"就成功了。

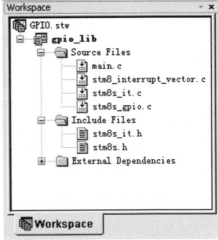

图 3-14　添加新文件　　　　　　图 3-15　工程结构

3.6.3　神灯再亮引出的固件库中的那些知识

工程建立好了,让我们重新点亮神灯吧。双击打开 main.c,下面就开始编写主程序。

```c
# include "stm8s.h"
void delay(unsigned int time);
void main(void)
{
    /* 设置 PB0 为推挽高速输出,初始值为高电平 */
    GPIO_Init(GPIOB, GPIO_PIN_0, GPIO_MODE_OUT_PP_HIGH_FAST);
    while(1)
    {
        /* 置低 PB0,点亮 LED */
        GPIO_WriteLow(GPIOB, GPIO_PIN_0);
        delay(50000);
        /* 置高 PB0,熄灭 LED */
        GPIO_WriteHigh(GPIOB, GPIO_PIN_0);
        delay(50000);
    }
}
//延时函数
```

```
void delay(unsigned int time)
{
    while(time--);
}
//程序参数纠错
#ifdef USE_FULL_ASSERT
void assert_failed(u8 * file, u32 line)
{
  while (1)
  {
  }
}
#endif
```

超子:这个程序好像跟之前的程序一点儿都不一样啊? 连第一句包含的头文件都不一样,之前的是 stm8s208r.h,而现在却成了 stm8s.h。

阿范:我们先得弄明白为什么要包含这些头文件。我们都知道,给单片机编程的时候可以使用低级的汇编语言,也可以使用高级的 C 语言,每款单片机都有自己的一套汇编语言,而 C 语言却是有国际标准的。那么不同的单片机如何用同一种语言编程呢,这就是头文件的功劳了。例如操作 51 单片机的时候,语句 P1 = 0xff,C 语言中并没有关键字 P1,之所以不报错就是因为在 reg52.h 中定义了这个 P1,其实就是单片机 P1 口所对应的寄存器在 RAM 中的地址。回头看看 stm8s208r.h,它和 reg52.h 的作用完全相同,像之前操作 PB 口的时候使用的 PB_DDR 这个寄存器就是在这里定义的。

那 stm8s.h 又是怎么回事呢? 事实上,编程的时候并不是必须包含 reg52.h、stm8s208r.h 这样的头文件,这些其实是软件厂商为方便用户而做的,自己定义这些寄存器,也是可以的(当然,很少人这么做)。这个 stm8s.h 其实是意法半导体为自己的固件库而定义的头文件,里面定义了所有的寄存器地址和一些常用的宏。所以,当包含的是 stm8s.h 头文件的时候,就不能再使用 PB_DDR 这样的关键字了,会提示语句未定义。

宗宝:那像 GPIO_Init 这个函数,怎么能知道它就是初始化 I/O 口的函数,还有它后面的 3 个参数,而且最后一个参数还那么长,都得背下来吗?

阿范:从网站上下载的压缩包里面有个文件 stm8s-a_stdperiph_lib_um.chm,它就是固件库的帮助文件,打开来看看,如图 3-16 所示。

在左侧的目录中找到 Modules→STM8S_StdPeriph_Driver→GPIO_Public_Functions→Functions,这里展示出了操作 I/O 口的所有函数,而这些函数就包含在我们之前添加进来的 stm8s_gpio.c 中。以 GPIO_Init 函数为例,看看如何使用它。打开 GPIO_Init 后,出现了关于这个函数的信息:

```
void GPIO_Init  ( GPIO_TypeDef *  GPIOx,
   GPIO_Pin_TypeDef  GPIO_Pin,
   GPIO_Mode_TypeDef  GPIO_Mode
   )


Initializes the GPIOx according to the specified parameters.


Parameters:
   GPIOx   : Select the GPIO peripheral number (x = A to I).
   GPIO_Pin   : This parameter contains the pin number, it can be any value of the GPIO_
Pin_TypeDef enumeration.
   GPIO_Mode   : This parameter can be a value of the GPIO_Mode_TypeDef enumeration.


Return values:
   None


Definition at line 65 of file stm8s_gpio.c.
```

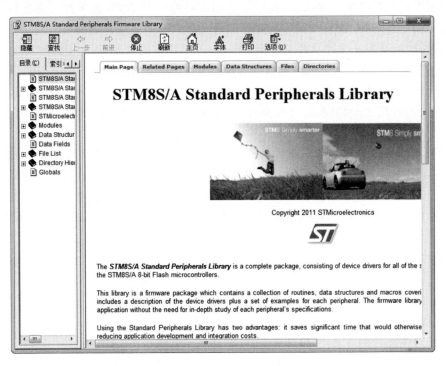

图 3-16　STM8 固件库

　　这里首先说明了这个函数的作用是根据指定的参数初始化 I/O 口,然后说明了
3 个参数的作用:

➤ GPIOx：选择要初始化的端口，其中 x 为 A～I；

➤ GPIO_Pin：选择要初始化 I/O 口的引脚；

➤ GPIO_Mode：端口的工作方式，如输入、输出、中断等。

斌华：参数作用知道了，那为什么第 2 个参数要写成 GPIO_PIN_0，第 3 个参数更是那么长一串内容呢？

阿范：知道了参数的内容，我们来看看这些参数都有哪些可选值。首先看它们的类型，并不是简单的 unsigned char、unsigned int 等常用数据类型，而是一些没见过的类型如：GPIO_TypeDef、GPIO_Pin_TypeDef 和 GPIO_Mode_TypeDef。这些都是用 tpyedef 定义的新数据类型，一般都是结构体或者枚举类型。我们可以直接单击相应变量类型的超链接，看看这种类型都可取哪些值。

在 stm8s.h 中定义的 GPIO_TypeDef 类型如下：

```
typedef struct GPIO_struct
{
    _IO uint8_t ODR; /*! < Output Data Register */
    _IO uint8_t IDR; /*! < Input Data Register */
    _IO uint8_t DDR; /*! < Data Direction Register */
    _IO uint8_t CR1; /*! < Configuration Register 1 */
    _IO uint8_t CR2; /*! < Configuration Register 2 */
}
GPIO_TypeDef;
```

GPIO_TypeDef 类型是一个结构体类型。其中结构体中包含了 5 个成员变量。每个成员变量前的 __IO 是个宏，等价于 volatile，表示该变量内容是可变的，不受编译器优化。而 uint8_t 则是定义每个成员变量的数据类型，表示无符号 8 位字符型。

在 stm8s_gpio.h 中定义的 GPIO_Mode_TypeDef 类型如下：

```
typedef enum
{
    GPIO_MODE_IN_FL_NO_IT      = (uint8_t)0x00,  /*! < Input floating, no exter-
nal interrupt */
    GPIO_MODE_IN_PU_NO_IT      = (uint8_t)0x40,  /*! < Input pull - up, no exter-
nal interrupt */
    GPIO_MODE_IN_FL_IT         = (uint8_t)0x20,  /*! < Input floating, external
interrupt */
    GPIO_MODE_IN_PU_IT         = (uint8_t)0x60,  /*! < Input pull - up, external
interrupt */
    GPIO_MODE_OUT_OD_LOW_FAST  = (uint8_t)0xA0,  /*! < Output open - drain, low
level, 10 MHz */
```

```
    GPIO_MODE_OUT_PP_LOW_FAST    = (uint8_t)0xE0,  /*! < Output push-pull, low
level, 10 MHz */
    GPIO_MODE_OUT_OD_LOW_SLOW    = (uint8_t)0x80,  /*! < Output open-drain, low
level, 2 MHz */
    GPIO_MODE_OUT_PP_LOW_SLOW    = (uint8_t)0xC0,  /*! < Output push-pull, low
level, 2 MHz */
    GPIO_MODE_OUT_OD_HIZ_FAST    = (uint8_t)0xB0,  /*! < Output open-drain, high-
impedance level,10 MHz */
    GPIO_MODE_OUT_PP_HIGH_FAST   = (uint8_t)0xF0,  /*! < Output push-pull, high
level, 10 MHz */
    GPIO_MODE_OUT_OD_HIZ_SLOW    = (uint8_t)0x90,  /*! < Output open-drain, high-
impedance level, 2 MHz */
    GPIO_MODE_OUT_PP_HIGH_SLOW  = (uint8_t)0xD0   /*! < Output push-pull, high
level, 2 MHz */
    }GPIO_Mode_TypeDef;
```

这是一个枚举类型,每个枚举类型成员都有自己的值,如 GPIO_MODE_IN_FL
_NO_IT 的值就是 0x00。当需要设置 I/O 口的工作方式时就可以直接用 GPIO_
MODE_IN_FL_NO_IT 对相应的寄存器赋值了,这样就可以根据字面意思清楚地知
道 I/O 口所设置的工作方式,即浮空无中断输入方式,而如果是用 0x00 对 I/O 口寄
存器进行赋值的话,就没有用 GPIO_MODE_IN_FL_NO_IT 这么清晰了。

在 stm8s_gpio.h 中定义的 GPIO_Pin_TypeDef 类型如下:

```
    typedef enum
    {
    GPIO_PIN_0    = ((uint8_t)0x01),  /*! < Pin 0 selected */
    GPIO_PIN_1    = ((uint8_t)0x02),  /*! < Pin 1 selected */
    GPIO_PIN_2    = ((uint8_t)0x04),  /*! < Pin 2 selected */
    GPIO_PIN_3    = ((uint8_t)0x08),   /*! < Pin 3 selected */
    GPIO_PIN_4    = ((uint8_t)0x10),  /*! < Pin 4 selected */
    GPIO_PIN_5    = ((uint8_t)0x20),  /*! < Pin 5 selected */
    GPIO_PIN_6    = ((uint8_t)0x40),  /*! < Pin 6 selected */
    GPIO_PIN_7    = ((uint8_t)0x80),  /*! < Pin 7 selected */
    GPIO_PIN_LNIB = ((uint8_t)0x0F),  /*! < Low nibble pins selected */
    GPIO_PIN_HNIB = ((uint8_t)0xF0),  /*! < High nibble pins selected */
    GPIO_PIN_ALL  = ((uint8_t)0xFF)   /*! < All pins selected */
    }GPIO_Pin_TypeDef;
```

GPIO_Pin_TypeDef 也是枚举类型,可以很清楚地知道是哪个引脚,见文知意。

小伟:函数基本上会调用了,但是我想知道函数是怎么写的,可以看到吗?

阿范:多看别人的程序是非常好的,可以借鉴别人的思路。ST 公司的固件库都

是开放的,可以打开看其中的内容,其实这些函数就在之前包含进工程的 stm8s_gpio.c 中,但是查看起来不是很方便。帮助文件里的 Definition at line 65 of file stm8s_gpio.c.这句话的 65 和 stm8s_gpio.c 都是超链接,直接单击 65 就可以直接到达 GPIO_Init 这个函数的具体内容了。

小伟:第一句就看起来很奇怪啊。

阿范:其实这几句还比较重要,它和 main.c 中的"程序参数纠错"部分密不可分,先来看看这句。

```
assert_param(IS_GPIO_MODE_OK(GPIO_Mode));
```

由内而外的分析,首先 GPIO_Mode 是传递过来的参数,IS_GPIO_MODE_OK 可以单击超链接进去,发现它是个宏定义。

```
#define IS_GPIO_MODE_OK(MODE) \
 (((MODE) == GPIO_MODE_IN_FL_NO_IT)      || \
  ((MODE) == GPIO_MODE_IN_PU_NO_IT)      || \
  ((MODE) == GPIO_MODE_IN_FL_IT)         || \
  ((MODE) == GPIO_MODE_IN_PU_IT)         || \
  ((MODE) == GPIO_MODE_OUT_OD_LOW_FAST)  || \
  ((MODE) == GPIO_MODE_OUT_PP_LOW_FAST)  || \
  ((MODE) == GPIO_MODE_OUT_OD_LOW_SLOW)  || \
  ((MODE) == GPIO_MODE_OUT_PP_LOW_SLOW)  || \
  ((MODE) == GPIO_MODE_OUT_OD_HIZ_FAST)  || \
  ((MODE) == GPIO_MODE_OUT_PP_HIGH_FAST) || \
  ((MODE) == GPIO_MODE_OUT_OD_HIZ_SLOW)  || \
  ((MODE) == GPIO_MODE_OUT_PP_HIGH_SLOW))
```

其实就是判断传递过来的参数是不是 GPIO_Mode_TypeDef 类型中的某一种,两个等号是判断是否相等,而所有判断"或"起来,也就是只要是其中之一与所传过来的参数匹配了就可以。

单击超链接 assert_param,可以看到它也是个宏定义,包含在 stm8s_conf.h 文件中:

```
#define USE_FULL_ASSERT   (1)
#ifdef  USE_FULL_ASSERT
#define assert_param(expr) ((expr) ? (void)0 : assert_failed((uint8_t *)__FILE__,
__LINE__))
  void assert_failed(uint8_t* file, uint32_t line);
#else
#define assert_param(expr) ((void)0)
#endif /* USE_FULL_ASSERT */
```

第一句定义了一个宏 USE_FULL_ASSERT；

第二句判断是否定义了 USE_FULL_ASSERT 宏，如果定义了，则把"((expr)？(void)0 : assert_failed((uint8_t *)__FILE__, __LINE__))"定义为 assert_param (expr)，并声明了一个函数 assert_failed；

如果没定义这个宏，则把((void)0)定义为 assert_param(expr)。

定义这个宏，下面看看有什么作用。首先看到"? :"说明这是个三元运算符，如果(expr)真，则执行(void)0(也就是什么也不执行)，如果假，则执行 assert_failed ((uint8_t *)__FILE__, __LINE__)。其中__FILE__、__LINE__是 ANSI C 标准中的预定义宏，表示当前文件和当前行。(expr)就是 IS_GPIO_MODE_OK，如果参数没错，那传过来的就是真，也就是什么也不执行，如果参数出错，那么就会调用 assert_failed 函数。

assert_failed 函数的定义就在 main.c 文件的下方。其中只是个 while(1)死循环，当然，也可以在函数中加入这样的语句：

```
printf("Wrong parameters value: file % s on line % d\r\n", file, line);
```

通过该语句就能发现到底是哪个文件的哪行出现了问题，前提是已经初始化了 printf 的相关文件。

当然，也可以直接把♯define USE_FULL_ASSERT (1)注释掉，这样就可以屏蔽函数参数纠错部分了。

胖子：为什么使用 GPIOx→CR2，而不是 GPIOx_CR2 呢？

阿范：还记得之前那个关于头文件的问题吗，其实还是和头文件有关系。因为 stm8s.h 中并没有定义 GPIOx_CR2 这样的内容，所以不能这么用，而"→"运算符就需要回顾一下结构体指针的相关知识了。

GPIOx 是函数传递过来的参数，根据 GPIO_TypeDef * GPIOx 可以看出，它是一个指针，指向的数据类型是 GPIO_TypeDef，而 GPIO_TypeDef 则是一个结构体。

```
typedef struct GPIO_struct
{
  __IO uint8_t ODR; /*! < Output Data Register */
  __IO uint8_t IDR; /*! < Input Data Register */
  __IO uint8_t DDR; /*! < Data Direction Register */
  __IO uint8_t CR1; /*! < Configuration Register 1 */
  __IO uint8_t CR2; /*! < Configuration Register 2 */
}
GPIO_TypeDef;
```

结构体中共有 5 个成员，ODR、IDR、DDR、CR1、CR2。

这里要区分开结构体变量和结构体指针,GPIO_TypeDef A 定义了一个结构体变量 A,A.ODR 就表示 A 结构体中成员 ODR 的内容;GPIO_TypeDef * B 则定义了一个结构体指针,那么 B.ODR 表示的是 B 中 ODR 成员的地址,如果想得到其中的内容,则使用语句 * B.ODR,而 * B.ODR 则等价于 B→ODR。

因此,如果不想使用库里面的函数,而想直接操作相应寄存器的时候,也可以使用 GPIOA→DDR = 0xff 这样的方法。

总之,应用 ST 公司提供的固件库可以带来编写程序的便利,但是对用户的 C 语言基础也提出了要求。如果 C 语言基础不好的读者请借着研究使用库的机会提高一下 C 语言水平吧,这也是笔者为什么说学单片机会遇到一个瓶颈,而这个瓶颈就是 C 语言基础不牢所致。

第4章

时钟控制器

晶振对于单片机就像心脏对于人类一样重要,没有了晶振提供的脉冲信号,再厉害的单片机也无用武之地。只是单片机比人类的"心多",它可以在几个"心"间进行切换使用。

4.1 STM8 的 3 颗"心脏"

STM8 单片机有 3 个可选的时钟源:外部晶振/外部时钟、内部高速 RC 振荡器和内部低速 RC 振荡器。如果把外部晶振和外部时钟分开来算,那么总共就是 4 种时钟源:

> 1~24 MHz 高速外部晶体振荡器(HSE,High Speed External crystal);
> 最大 24 MHz 高速外部时钟信号(HSE user – ext);
> 16 MHz 高速内部 RC 振荡器(HSI, High Speed Internal RC oscillator);
> 128 kHz 低速内部 RC 振荡器(LSI,Low Speed Internal RC)。

这些时钟源由时钟控制器来管理,时钟控制器就像一个多路开关,用于选择哪个时钟源可以进入单片机内作为主时钟源,如图 4 - 1 所示。

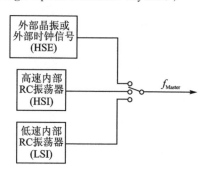

图 4 - 1 时钟选择

4.1.1 外部晶体/陶瓷谐振器和外部时钟信号

外部晶体/陶瓷谐振器和外部时钟信号(HSE)的不同点在于,外部晶体/陶瓷谐振器是通过晶体谐振器、两个负载电容和单片机内部的电路相配合而产生时钟信号;而外部时钟则是一个质量好且稳定的信号直接为单片机提供时钟。一般工作在外部晶体/陶瓷谐振器模式时使用无源晶振,而外部时钟信号则使用有源晶振。

如表 4 - 1 所列,外部晶体/陶瓷谐振器和外部时钟信号两种模式的连接示意图。

表 4 - 1   HSE 时钟源

类 型	硬件配置
外部 晶体/陶瓷 谐振器	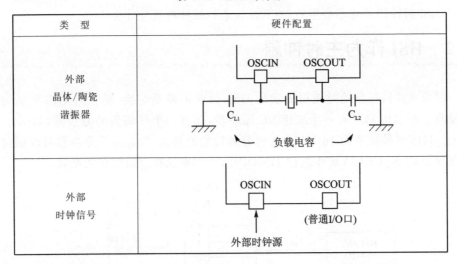
外部 时钟信号	

4.1.2   高速内部 RC 振荡器(HSI)

HSI 信号由内部 16 MHz RC 振荡器与一个可编程分频器(分频因子从 1～8)产生。分频因子由寄存器 CLK_CKDIVR 的设置决定。

需要注意的是:启动时,主时钟源默认为 HSI RC 时钟的 8 分频,即 $f_{HSI}/8$, 2 MHz。

这也是为什么我们在之前做小灯实验的时候不需要接外部晶振,而单片机却能照常工作的原因。而之所以使用 $f_{HSI}/8$ 作为启动时的时钟源,其原因是 HSI 的稳定时间短,而 8 分频可保证系统在较差的 VDD 条件下安全启动。缺点则是其精度即使经过校准也仍然比外部晶体振荡器低。

内部时钟寄存器 CLK_ICKR 中的标志位 HSIRDY 用以指示 HSI 是否稳定。启动时,HSI 时钟信号将不会生效直至此标志位被硬件置位。

HSI 可通过设置内部时钟寄存器 CLK_ICKR 中的 HSIEN 位打开或关闭。

4.1.3   低速内部 RC 振荡器(LSI)

128 kHz 的内部 RC 振荡器 LSI 产生的时钟是一个低功耗、低成本的可选主时钟源,也可在停机(Halt)模式下作为维持独立看门狗和自动唤醒单元(AWU)运行的低功耗时钟源。

LSI 可通过设置内部时钟寄存器 CLK_ICKR 中的 LSIEN 位打开或关闭。

内部时钟寄存器 CLK_ICKR 中的标志位 LSIRDY 用以指示 LSI 是否稳定。启动时,LSI 时钟信号将不会生效,直到此标志位被硬件置位才会生效。

4.2　HSI 作为主时钟源

因为单片机在启动时使用的就是 HSI,因此不需要切换,复位后 HIS 默认为主时钟源。而 HIS 除了有一个高速 RC 振荡器,还有一个可编程的分频器,如图 4 - 2 所示。HIS 时钟频率为 16 MHz,经过分频后的时钟为 f_{MASTER}。分频器可以通过设置寄存器 CLK_CKDIVR 中的位 HSIDIV[1:0]来选择合适的分频系数。

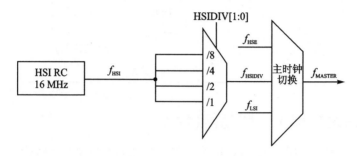

图 4 - 2　HSI 作为主时钟源

4.2.1　HSI 分频寄存器

主时钟分频器(CLK_CKDIVR)如下:

7	6	5	4	3	2	1	0
	保留		HSIDIV[1:0]		CPUDIV[2:0]		
			rw	rw	rw	rw	rw

主时钟分频器(CLK_CKDIVR)复位值:0x18,即 HSIDIV[1:0]这两位复位值是 11,所以单片机复位时选择 HIS 时钟时就进行了 8 分频,所以 f_{MASTER} 是 2 MHz 频率的信号。其他分频情况如下:

➤ HSIDIV[1:0]:HSI 高速内部时钟预分频器由软件写入,用于指定 HSI 分频因子。

00:$f_{HSI} = f_{HSI}RC$ 输出;　　　　　　10:$f_{HSI} = f_{HSI}RC$ 输出/4;

01:$f_{HSI} = f_{HSI}RC$ 输出/2;　　　　　11:$f_{HSI} = f_{HSI}RC$ 输出/8。

➤ CPUDIV[2:0]:CPU 时钟预分频器。

HSIDIV[1:0]我们知道了,那 CPUDIV[2:0]又是什么分频呢,我们看图 4 - 3。从图 4 - 3 可以看到,CPU 时钟(f_{CPU})由主时钟(f_{MASTER})分频而来,f_{CPU} 为 CPU 和窗口看门狗提供时钟。

CPU 时钟预分频器的分频因子由时钟分频寄存器(CLK_CKDIVR)中的位 CPUDIV[2:0]的设置决定。共 8 个分频因子可供选择,具体如下:

$$000: f_{CPU} = f_{MASTER};$$
$$001: f_{CPU} = f_{MASTER}/2;$$
$$010: f_{CPU} = f_{MASTER}/4;$$
$$011: f_{CPU} = f_{MASTER}/8;$$

$$100: f_{CPU} = f_{MASTER}/16;$$
$$101: f_{CPU} = f_{MASTER}/32;$$
$$110: f_{CPU} = f_{MASTER}/64;$$
$$111: f_{CPU} = f_{MASTER}/128。$$

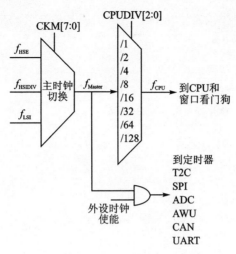

图 4-3　CPUDIV

4.2.2　"心律不齐"的 LED

接下来通过修改分频因子来修改单片机工作的时钟速率。通过一个 LED 发光二级管的闪烁频率的变化来体会 LED"心率不齐"的感觉。硬件电路比较简单,只是在 PG0 引脚接一个 LED 发光二极管,具体电路这里就不给出了。本节中仍然采用寄存器和库函数两种方式实现这个程序的设计任务。

1. 寄存器方式程序代码

main.c 中的程序如下:

```
# include <stm8s208rb.h>
_Bool LED @PG_ODR:0;
void Delay(unsigned int t);
main()
{
  unsigned char i;
  PG_DDR | = 0x01;
  PG_CR1 | = 0x01;
  PG_CR2 | = 0x01;
  while (1)
```

```
    {
        /* HSI 不分频,单片机工作在 16 MHz */
        CLK_CKDIVR = 0x00;
        for(i = 0; i < 5; i++)
        {
            LED = 0;
            Delay(50000);
            LED = 1;
            Delay(50000);
        }
        /* HSI 8 分频,单片机工作在 2 MHz */
        CLK_CKDIVR = 0x18;
        for(i = 0; i < 5; i++)
        {
            LED = 0;
            Delay(50000);
            LED = 1;
            Delay(50000);
        }
    }
}
void Delay(unsigned int t)
{
    while(t--);
}
```

上面的这段程序在工作时可以看到 LED 小灯的闪烁频率确实周期性地发生了变化,这是因为,在程序的主循环中交替地设置寄存器 CLK_CKDIVR 修改了分频因子。

2. 库函数方式程序代码

由于程序涉及 I/O 口的操作和系统时钟函数的操作,因此在工程中要包含 stm8s_gpio. c 和 stm8s_clk. c 这两个文件。

main. c 中的程序主要是进行初始化设置,然后在主循环中修改分频因子并调用 LED 闪烁程序。具体程序代码如下:

```
# include "stm8s. h"
void Delay(unsigned int t);
void main(void)
{
```

```
u8 i;
/* 初始化 PG0,驱动 LED */
GPIO_Init(GPIOG, GPIO_PIN_0, GPIO_MODE_OUT_PP_HIGH_SLOW);
while (1)
{
    /* HSI 不分频,单片机工作在 16 MHz */
    CLK_HSIPrescalerConfig(CLK_PRESCALER_HSIDIV1);
    for(i = 0; i < 10; i++)
    {
        GPIO_WriteReverse(GPIOG, GPIO_PIN_0);
        Delay(50000);
    }
    /* HSI 8 分频,单片机工作在 2 MHz */
    CLK_HSIPrescalerConfig(CLK_PRESCALER_HSIDIV8);
    for(i = 0; i < 10; i++)
    {
        GPIO_WriteReverse(GPIOG, GPIO_PIN_0);
        Delay(50000);
    }
}
}
void Delay(unsigned int t)
{
    while(t--);
}
#ifdef USE_FULL_ASSERT
void assert_failed(u8 * file, u32 line)
{
    while (1)
    {
    }
}
#endif
```

4.3 HSE 作为主时钟源

因为系统复位后时钟控制器自动使用 HSI 的 8 分频作为主时钟源,因此,想要使用外部晶振的时候就需要进行时钟切换。时钟切换分为两种方式:自动切换和手动切换。

4.3.1 自动切换时钟源

自动切换功能可以让用户使用最少的指令完成时钟源的切换。应用软件可继续其他操作而不用考虑切换事件所占的确切时间。

1. 自动切换步骤

自动切换时钟源的具体步骤为：

① 设置切换控制寄存器(CLK_SWCR)中的位 SWEN,使能切换机制。

② 向主时钟切换寄存器(CLK_SWR)写入一个 8 位的值,用以选择目标时钟源。寄存器 CLK_SWCR 中的 SWBSY 被硬件置位,目标源振荡器启动,原时钟源依然被用于驱动内核和外设。一旦目标时钟源稳定,寄存器 CLK_SWR 中的值将被复制到主时钟状态寄存器(CLK_CMSR)中去。此时,SWBSY 位被清除,新时钟源替代旧时钟源。寄存器 CLK_SWCR 中的标志位 SWIF 被置位,如果 SWIEN 为 1,则会产生一个中断。

切换流程如图 4-4 所示。

2. 相关寄存器

(1) 主时钟状态寄存器(CLK_CMSR)

该寄存器由硬件置位或清除。用以指示当前所选的主时钟源。如果该寄存器中的值为无效值,则产生 MCU 复位。主时钟状态寄存器(CLK_CMSR)如下:

7	6	5	4	3	2	1	0
			CKM[7:0]				
r	r	r	r	r	r	r	r

主时钟状态寄存器(CLK_CMSR)的复位值是 0xE1,表示系统选择 HIS 为主时钟源,设置其他值时的具体意义如下:

➤ 0xE1:当前 HSI 为主时钟源(复位值);

➤ 0xD2:当前 LSI 为主时钟源(仅当 LSI_EN 选项位为 1 时);

➤ 0xB4:当前 HSE 为主时钟源。

(2) 主时钟切换寄存器(CLK_SWR)

主时钟切换寄存器(CLK_SWR)由软件写入,用以选择主时钟源。当时钟切换正在进行(SWBSY=1)时,该寄存器的内容将被写保护。如果寄存器 CLK_CSSR 的位 AUX=1,则该寄存器将被置位复位值(0xE1)。如果选择了快速 Halt 唤醒模式(寄存器 CLK_ICKR 的位 FHW=1),从停机(Halt)/活跃停机(Active Halt)唤醒时,该寄存器将被硬件设置为 0xE1。

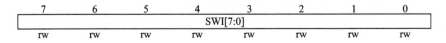

7	6	5	4	3	2	1	0
			SWI[7:0]				
rw	rw	rw	rw	rw	rw	rw	rw

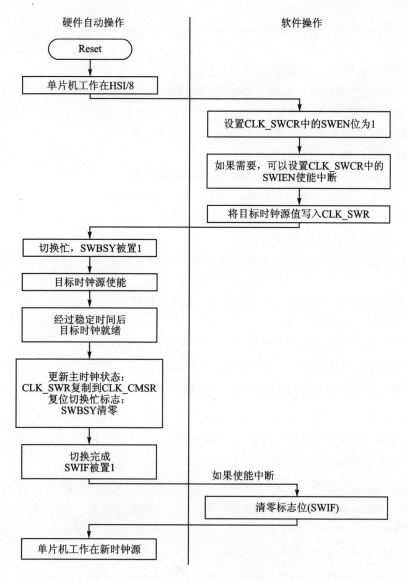

图 4-4　自动切换流程图

主时钟切换寄存器（CLK_SWR）可以通过软件写入的值有 3 种，其意义分别如下：

➤ 0xE1：配置 HSI 为主时钟源（复位值）。

➤ 0xD2：配置 LSI 为主时钟源（仅当 LSI_EN 选项位为 1 时）。

➤ 0xB4：配置 HSE 为主时钟源。

(3) 切换控制寄存器（CLK_SWCR）

切换控制寄存器（CLK_SWCR）用于控制时钟切换，各位定义如下所示：

7	6	5	4	3	2	1	0
		保留		SWIF	SWIEN	SWEN	SWBSY
				rc_w0	rw	rw	rw

① SWIF:时钟切换中断标志位。

由硬件置位,软件写 0 清除。该位的含义取决于 SWEN 位的状态。

➤ 手动切换模式下(SWEN=0):

0:目标时钟源未准备就绪; 1:目标时钟源已经准备就绪。

➤ 自动切换模式下(SWEN=1):

0:无时钟切换事件发生; 1:有时钟切换事件发生。

② SWIEN:时钟切换中断使能。由软件置位或清除。

0:时钟切换中断禁用; 1:时钟切换中断使能。

③ SWEN:切换启动/停止。

由软件置位或清除。向该位写 1 将切换主时钟至寄存器 CLK_SWR 指定的时钟源。

0:禁止时钟切换的执行; 1:使能时钟切换的执行。

④ SWBSY:切换忙。

由硬件置位或清除。可由软件清除以复位时钟切换过程。

0:无时钟切换在进行; 1:时钟切换正在进行。

3. 寄存器方式实现自动切换时钟源

接下来使用程序实现系统选择的时钟源在 HSE 和 HIS 之间来回切换,通过观察 LED 小灯闪烁的变化情况,并结合下面的程序理解时钟切换的设置方法。

main.c 中的程序代码如下:

```
#include <stm8s208rb.h>
_Bool LED @PG_ODR:0;      //表示给 PG0 引脚取个别名 LED
void Delay(unsigned int t);
main()
{
  unsigned char i;
  LED = 1;
  PG_DDR = 0x01;
  PG_CR1 = 0x01;
  PG_CR2 = 0x01;
  while(1)
  {
    /* 判断当前时钟,如果不是 HSE 则切换为 HSE */
    if(CLK_CMSR != 0xB4)
    {
```

```
    /* SWEN 置 1,使能切换 */
    CLK_SWCR |= 0x02;
    /* 目标时钟源,0xB4 指 HSE */
    CLK_SWR = 0xB4;
    /* 等待,直到切换成功,SWIF 被置位 */
    while((CLK_SWCR & 0x08) == 0);
    /* 清除标志位 */
    CLK_SWCR = 0;
  }
  for(i = 0; i < 5; i++)
  {
    LED = 0;
    Delay(60000);
    LED = 1;
    Delay(60000);
  }
  /* 判断当前时钟,如果不是 HSI 则切换为 HSI */
  if(CLK_CMSR != 0xE1)
  {
    /* SWEN 置 1,使能切换 */
    CLK_SWCR |= 0x02;
    /* 目标时钟源,0xE1 指 HSI */
    CLK_SWR = 0xE1;
    /* 等待,直到切换成功,SWIF 被置位 */
    while((CLK_SWCR & 0x08) == 0);
    /* 清除标志位 */
    CLK_SWCR = 0;
  }
  for(i = 0; i < 5; i++)
  {
    LED = 0;
    Delay(60000);
    LED = 1;
    Delay(60000);
  }
 }
}
void Delay(unsigned int t)
{
  while(t--);
}
```

4. 库函数方式实现自动切换时钟源

接下来使用库函数方式编写程序,重新完成时钟切换的功能。因为,工程中需要应用与 I/O 口相关的函数和与时钟相关的函数,所以工程中需要包含 stm8s_gpio.c 和 stm8s_clk.c 这两个文件。

main.c 中的程序代码如下:

```
#include "stm8s.h"
void Delay(unsigned int t);
void main(void)
{
  u8 i;
  /* 初始化 PG0,驱动 LED */
  GPIO_Init(GPIOG, GPIO_PIN_0, GPIO_MODE_OUT_PP_HIGH_SLOW);
  while (1)
  {
    /* 判断当前时钟源,如果不是 HSE 则开始切换 */
    if(CLK_GetSYSCLKSource() != CLK_SOURCE_HSE)
    {
      /* 使能自动切换,未成功则等待 */
      while(CLK_ClockSwitchConfig(CLK_SWITCHMODE_AUTO,
                                  CLK_SOURCE_HSE,
                                  DISABLE,
                                  CLK_CURRENTCLOCKSTATE_ENABLE)
            == ERROR);
    }
    for(i = 0; i < 10; i++)
    {
      GPIO_WriteReverse(GPIOG, GPIO_PIN_0);
      Delay(50000);
    }
    if(CLK_GetSYSCLKSource() != CLK_SOURCE_HSI)
    {
      while(CLK_ClockSwitchConfig(CLK_SWITCHMODE_AUTO,
                                  CLK_SOURCE_HSI,
                                  DISABLE,
                                  CLK_CURRENTCLOCKSTATE_ENABLE)
            == ERROR);
    }
    for(i = 0; i < 10; i++)
    {
```

```
        GPIO_WriteReverse(GPIOG, GPIO_PIN_0);
        Delay(50000);
      }
   }
}
void Delay(unsigned int t)
{
   while(t-- );
}
#ifdef USE_FULL_ASSERT
void assert_failed(u8 * file, u32 line)
{
   while (1)
   {
   }
}
#endif
```

4.3.2　手动切换时钟源

与自动切换时钟源不同,手动切换时钟源不能够实现立即切换,但允许用户精确地控制切换事件发生的时间,如图 4-5 所示。

从图 4-5 可以看出,与自动切换最主要的不同就是置位 SWEN 的时间不同,自动切换是在切换开始前第一步就将其置 1,而手动切换则是在目标时钟准备就绪后才将其置 1 来完成切换。

1. 手动切换步骤

① 向主时钟切换寄存器(CLK_SWR)写入一个 8 位的值,用以选择目标时钟源。寄存器 CLK_SWCR 中的 SWBSY 被硬件置位,目标源振荡器启动,原时钟源依然被用于驱动内核和外设。

② 用户软件需等待至目标时钟源稳定。寄存器 CLK_SWCR 中的标志位 SWIF 用以指示目标时钟源是否已稳定。如果目标时钟源已经稳定,并且 SWIEN 为 1,则会产生一个中断。

③ 最后由用户软件在所选的时间点,设置寄存器 CLK_SWCR 中的位 SWEN,执行切换。

无论是手动切换还是自动切换,如果原时钟源仍然在被其他模块使用(如 LSI 在被独立看门狗使用),则原时钟源将不会被自动关闭。配置内部时钟寄存器 CLK_ICKR 和外部时钟寄存器 CLK_ECKR 中的相应位,可关闭原时钟源。

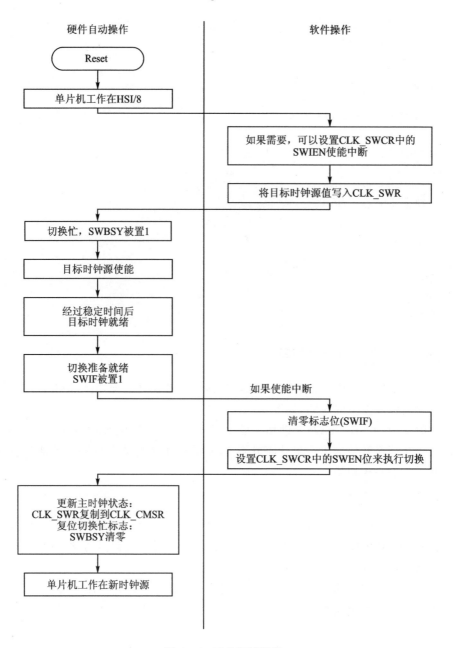

图 4 - 5　手动切换流程

如果由于某种原因时钟切换没有成功,软件可通过清除标志位 SWBSY 以复位当前的切换操作,使寄存器 CLK_SWR 恢复原值(原时钟源)。

2. 寄存器方式实现手动切换时钟源

现在通过设置相应的寄存器的方式手动切换时钟源为 HSE,本例中采用中断方式,当目标时钟振荡稳定后,切换条件成熟了,就产生中断,在中断中使能切换控制位,完成切换工作。

main.c 中的程序代码如下:

```c
# include <stm8s208rb.h>
_Bool LED @PG_ODR:0;              //表示给 PG0 引脚取个别名 LED
void Delay(unsigned int t);
main()
{
  /* 使能时钟切换中断 */
  CLK_SWCR |= 0x04;
  /* 切换到 HSE */
  CLK_SWR = 0xB4;
  LED = 1;
  PG_DDR = 0x01;
  PG_CR1 = 0x01;
  PG_CR2 = 0x00;
  _asm("rim");
  while (1)
  {
    LED ^= (_Bool)1;   //LED 位取反,实现小灯闪烁
    Delay(50000);
  }
}
void Delay(unsigned int t)
{
  while(t--);
}
@far @interrupt void CLK_SW_IRQ(void)
{
  /* 清除中断标志位 */
  CLK_SWCR &= ~0x08;
  /* 完成切换 */
  CLK_SWCR |= 0x02;
}
```

stm8_interrupt_vector.c 中的程序代码如下:

```
...
extern @far @interrupt void CLK_SW_IRQ(void);
...
{0x82, CLK_SW_IRQ}, /* irq2   */
...
```

3. 库函数方式实现手动切换时钟源

现在,重新用库函数编写程序实现手动切换时钟源的任务。库函数方式需要在程序工程中包含 stm8s_gpio.c 和 stm8s_clk.c 这两个文件。

main.c 中的代码如下:

```
#include "stm8s.h"
void Delay(unsigned int t);
void main(void)
{
   /* 初始化 PG0,驱动 LED */
   GPIO_Init(GPIOG, GPIO_PIN_0, GPIO_MODE_OUT_PP_HIGH_SLOW);
   /* 手动切换,目标时钟源为 HSE,开启中断,当前时钟不关闭 */
   CLK_ClockSwitchConfig(CLK_SWITCHMODE_MANUAL,
                         CLK_SOURCE_HSE,
                         ENABLE,
                         CLK_CURRENTCLOCKSTATE_ENABLE);
   rim();
   while (1)
   {
      GPIO_WriteReverse(GPIOG, GPIO_PIN_0);
      Delay(50000);
   }
}
void Delay(unsigned int t)
{
   while(t--);
}
#ifdef USE_FULL_ASSERT
void assert_failed(u8 * file, u32 line)
{
   while (1)
   {
   }
```

```
}
#endif
```

stm8s_it.c 中的代码如下：

```
...
INTERRUPT_HANDLER(CLK_IRQHandler, 2)
{
  /* 清除中断标志位 */
  CLK_ClearITPendingBit(CLK_IT_SWIF);
  /* 完成切换 */
  CLK_ClockSwitchCmd(ENABLE);
}
...
```

4.4 LSI 作为主时钟源

128 kHz 的 LSI RC 时钟是一个低功耗、低成本的时钟源，也可在停机（Halt）模式下作为维持独立看门狗和自动唤醒单元（AWU）运行的低功耗时钟源。

内部时钟寄存器 CLK_ICKR 中的标志位 LSIRDY 用以指示 LSI 是否稳定。启动时，LSI 时钟信号不会生效，只有当此标志位被硬件置位时，LSI 时钟才会生效。

注意：当选项字节位 LSI_EN 为 0 时，LSI 不能做为主时钟。

1. 修改 Option Byte 使能 LSI 作为主时钟源

选择 LSI 作为主时钟源时，可以通过修改 Option Byte 的配置来使能 LSI 时钟，如图 4-6 所示，将 LSI_EN 位设置为 LSI Clock available as CPU clock source。

修改好 LSI_EN 选项字节后，然后将时钟切换到 LSI 的方法就与上一节中将时钟切换至 HSE 的方法相同了，这里就不详细分析了。

2. 寄存器方式选择时钟源为 HSI 或 LSI

上面提到通过修改 Option Byte 后才可以启动 LSI 时钟，当然，也可以通过设置相关寄存器实现主时钟源在 HIS 和 LSI 之间切换，需要注意的是在设置切换到 LSI 时要置位 LSI_EN 来使能切换，为了设置这一位，需要解除选项字节写保护，并且还要使能 OPT 写操作。在设置好 LSI_EN 这一位后，还要恢复选项字节写保护。具体的参考 main.c 程序中初始化这部分代码。程序代码如下：

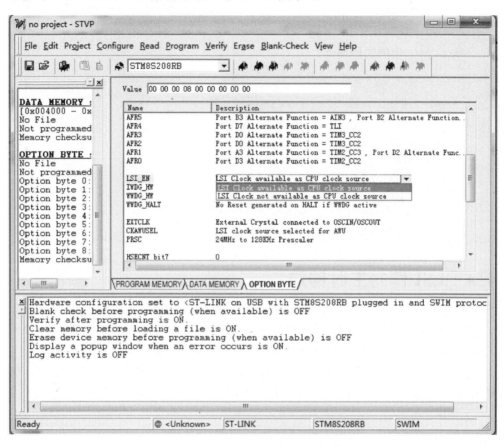

图 4-6　修改 LSI_EN 位

```
#include <stm8s208rb.h>
_Bool LED @PG_ODR:0;
void Delay(unsigned int t);
main()
{
  unsigned char i;
  /* 判断 LSI_EN 位是否为 1,不是 1 则将其置 1 */
  if( * (unsigned char * )0x4805 != 0x08)
  {
    /* 解除选项字节写保护 */
    FLASH_DUKR = 0xAE;
    FLASH_DUKR = 0x56;
    /* 等待解除成功 */
```

```
    while(! (FLASH_IAPSR & 0x08));
    /* 使能 OPT 写操作 */
    FLASH_CR2 = 0x80;
    FLASH_NCR2 = 0x7f;
    /* 置位 LSI_EN */
    *(unsigned char *)0x4805 = 0x08;
    *(unsigned char *)0x4806 = 0xf7;
    /* 恢复选项字节写保护 */
    FLASH_IAPSR &= ~0x08;
}
LED = 1;
PG_DDR = 0x01;
PG_CR1 = 0x01;
PG_CR2 = 0x01;
while (1)
{
    /* 判断当前时钟,如果不是 LSI 则切换为 LSI */
    if(CLK_CMSR != 0xD2)
    {
        /* SWEN 置 1,使能切换 */
        CLK_SWCR |= 0x02;
        /* 目标时钟源,0xB4 指 HSE */
        CLK_SWR = 0xD2;
        /* 等待,直到切换成功,SWIF 被置位 */
        while((CLK_SWCR & 0x08) == 0);
        /* 清除标志位 */
        CLK_SWCR = 0;
    }
    for(i = 0; i < 5; i++)
    {
        LED = 0;
        Delay(10000);
        LED = 1;
        Delay(10000);
    }
    /* 判断当前时钟,如果不是 HSI 则切换为 HSI */
    if(CLK_CMSR != 0xE1)
    {
        /* SWEN 置 1,使能切换 */
        CLK_SWCR |= 0x02;
        /* 目标时钟源,0xE1 指 HSI */
```

```
            CLK_SWR = 0xE1;
            /* 等待,直到切换成功,SWIF 被置位 */
            while((CLK_SWCR & 0x08) == 0);
            /* 清除标志位 */
            CLK_SWCR = 0;
        }
        for(i = 0; i < 5; i++)
        {
            LED = 0;
            Delay(10000);
            LED = 1;
            Delay(10000);
        }
    }
}
void Delay(unsigned int t)
{
    while(t--);
}
```

4.5 打造不死之身——时钟安全系统(CSS)

时钟安全系统用于监控 HSE 时钟源是否失效。当 f_{MASTER} 使用 HSE 作为时钟源时,如果 HSE 时钟由于谐振器损坏、断开或其他原因而失效,时钟控制器将激活安全恢复机制,将 f_{MASTER} 自动切换到辅助时钟源 HSI/8。系统将一直使用辅助时钟源,直至 MCU 被复位。

设置时钟安全系统寄存器 CLK_CSSR 中的 CSSEN 位,可以使能时钟安全系统。为安全起见,CSS 一旦使能就不能被关闭,直到下一次复位。

1. 设置步骤

要使 CSS 检测到 HSE 石英晶体失效,需要满足以下条件:

➤ 外部时钟寄存器 CLK_ECKR 中的位 HSEEN=1。当使用 HSE 作为主时钟源时,该位是由硬件置 1 的,所以一定满足。

➤ HSE 振荡器被设置为石英晶体,即选项字节 OPT4 中的 EXT_CLK 位为 0。该位默认即为 0,当为 1 时表示使用外部时钟信号。

➤ CSS 功能打开,即设置时钟安全系统寄存器 CLK_CSSR 中的 CSSEN=1。

满足这 3 项条件后,"不死之身"就打造完成了。那么当 HSE 失效时,单片机又是如何原地满血满魔复活的呢?CSS 将执行以下操作:

> 寄存器 CLK_CSSR 中的 CSSD 位被置位,如果 CSSIEN 为 1,则同时产生一个中断。

> CLK_CMSR,CLK_SWR,及 CLK_CKDIVR 中的 HSIDIV[1：0]位被置为复位值(CLK_CMSR = CLK_SWR = E1h)。即自动配置 HSI/8 成为系统主时钟。

> 内部时钟寄存器 CLK_ICKR 中的 HSIEN 被置位(HIS 时钟使能)。

> 外部时钟寄存器 CLK_ECKR 中的 HSEEN 被清除(HSE 时钟关闭)。

> AXU 位被置位,用以指示辅助时钟源 HSI/8 被强制使用。

用户可通过软件清除 CSSD 位,但 AXU 位只能由复位清除。

2. 寄存器方式程序代码

现在编写一段程序,验证时钟安全系统的"安全性",当单片机配置为外部晶振并稳定工作时,观察 LED 发光二极管的闪烁情况,然后突然将晶振取下,再观察 LED 是否依然在闪烁,从而验证系统安全时钟在外部晶振出现异常时能够自动切换时钟。main.c 中的程序代码如下:

```
# include <stm8s208rb.h>
_Bool LED @PG_ODR:0;
void Delay(unsigned int t);
main()
{
    /* 切换主时钟源为 HSE */
  CLK_SWCR | = 0x02;
  CLK_SWR = 0xB4;
  while((CLK_SWCR & 0x08) == 0);
  CLK_SWCR = 0;
  /* 打开时钟安全系统 CSS */
  CLK_CSSR = 0x01;
  LED = 1;
  PG_DDR = 0x01;
  PG_CR1 = 0x01;
  PG_CR2 = 0x01;
  while (1)
  {
    LED = 0;
    Delay(50000);
    LED = 1;
    Delay(50000);
  }
```

```
}
void Delay(unsigned int t)
{
  while(t--);
}
```

在程序执行过程中拔掉晶振,则会看到 LED 闪烁速度明显减慢,这是因为切换前晶振的振荡频率与自动切换后的 HSI/8 的频率不同所致。所以,这个实验现象验证了时钟安全系统确实在紧急情况下启动了,保证程序还能够正常执行。但是,需要注意的是即使把拔下来的晶振再次安装上,也并不能使 LED 闪烁速度恢复原来的速度,这也验证了一旦时钟安全系统启动工作后,必须重新复位单片机才能再次选择外部晶振 HSE 时钟源。

3. 库函数方式程序代码

现在使用库函数重新编写程序,验证系统安全时钟在外部时钟源发生故障时自动启动内部 HSI 时钟。main.c 中的程序代码如下:

```
# include "stm8s.h"
void Delay(unsigned int t);
void main(void)
{
  /* 切换时钟至 HSE */
  while(CLK_ClockSwitchConfig(CLK_SWITCHMODE_AUTO,
                             CLK_SOURCE_HSE,
                             DISABLE,
                             CLK_CURRENTCLOCKSTATE_ENABLE)
       == ERROR);
  /* 打开时钟安全系统 CSS */
  CLK_ClockSecuritySystemEnable();
  /* 初始化 PG0,驱动 LED */
  GPIO_Init(GPIOG, GPIO_PIN_0, GPIO_MODE_OUT_PP_HIGH_SLOW);
  while (1)
  {
    GPIO_WriteReverse(GPIOG, GPIO_PIN_0);
    Delay(50000);
  }
}
void Delay(unsigned int t)
{
  while(t--);
```

```
}
# ifdef USE_FULL_ASSERT
void assert_failed(u8 * file, u32 line)
{
    while (1)
    {
    }
}
# endif
```

4.6 可配置时钟输出功能

可配置的时钟输出功能（CCO）使用户可在外部引脚 CCO 上输出指定的时钟。用户可选择下面 6 种时钟信号之一作为 CCO 时钟：f_{HSE}、f_{LSI}、f_{HSI}、f_{MASTER}、f_{HSIDIV}、f_{CPU}，其中 f_{CPU} 可以分频后作为 CCO 引脚的时钟信号输出。具体如图 4-7 所示。

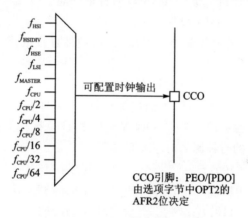

图 4-7 可配置时钟输出 CCO

图 4-7 为所有可选时钟输出，通过配置时钟输出寄存器 CLK_CCOR 中的 CCOSEL[3：0]选择输出的时钟。

用户需为指定的 I/O 引脚（PE0 或 PD0）选择期望输出的时钟。此 I/O 必须通过配置寄存器 Px_CR1 对应的位为 1 来设置为上拉输入或推挽输出模式。

一旦寄存器 CLK_CCOR 的位 CCOEN＝1，CCO 引脚就开始输出所选定的时钟信号。如果 CCOBSY 为 1，则表明可配置时钟输出系统正在工作。只要 CCOBSY

为 1,CCOSEL 位就会被写保护。

程序实现也非常简单,如果想输出 LSI 时钟,则执行下面的代码:

```
CLK_CCOR = 0x03;
```

库函数代码为:

```
CLK_CCOConfig(CLK_OUTPUT_LSI);
```

可配置时钟寄存器(CLK_CCOR):
复位值:0x00

7	6	5	4	3	2	1	0
保留	CCOBSY	CCORDY	\multicolumn{4}{c}{CCOSEL[3:0]}				CCOEN
	r	r	rw	rw	rw	rw	rw

> CCOBSY:可配置时钟输出忙。由硬件置位或清除。用于指示所选的 CCO 时钟源正处于切换状态或稳定状态。当 CCOBSY 为 1 时,CCOSEL 位被写保护。CCOBSY 保持为 1,直至 CCO 时钟被使能。

0:CCO 时钟空闲; 1:CCO 时钟忙。

> CCORDY:可配置时钟输出准备就绪,由硬件置位或清除,用于指示 CCO 时钟的状态。

0:CCO 时钟可用; 1:CCO 时钟不可用。

> CCOSEL[3:0]:可配置时钟输出源选择,由软件写入,用于选择 CLK_CCO 引脚上的输出时钟源。当 CCOBSY=1 时,该位被写保护。CCOSEL[3:0] 配置值与选择的时钟源的对应关系如下:

$0000: f_{HSIDIV}$	$0100: f_{CPU}$	$1000: f_{CPU}/16$	$1100: f_{MASTER}$
$0001: f_{LSI}$	$0101: f_{CPU}/2$	$1001: f_{CPU}/32$	$1101: f_{CPU}$
$0010: f_{HSE}$	$0110: f_{CPU}/4$	$1010: f_{CPU}/64$	$1110: f_{CPU}$
$0011:$Reserved	$0111: f_{CPU}/8$	$1011: f_{HSI}$	$1111: f_{CPU}$

> CCOEN:可配置时钟输出使能,由软件置位或清除。

0:禁止 CCO 时钟输出; 1:使能 CCO 时钟输出。

第**5**章

STM8 片外告急——外部中断的应用

想必大家都看过一些大型历史剧吧,一般的剧情都是这样设计的,开始就有个太监宣读全国各地送到宫里的 800 里加急奏折,某地发水了、某地又起兵造反了等。当然,这个时候如果有点儿正事儿的皇帝肯定会"放下"日常的饮酒寻欢等日常事情,"即刻"根据各个奏折中内容的轻重缓急一一处理了。那么,本章的内容与历史剧中的"急报"有何关系呢? 欲知详情,请听下面详细分解。

5.1 中断的意义及程序执行的过程

中断在单片机中的应用非常广泛,主要用来处理紧急的程序。例如,当一个供电电源设备出现过压、过流或者三相电缺相等故障时,需要 CPU 立即做出反应,通过处理中断程序使设备立即启动保护或停止工作,具体的程序执行顺序如图 5 - 1 所示。

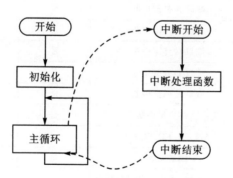

图 5 - 1 中断函数执行流程图

当一个中断请求必须被响应时,当前正在执行的指令被执行完以后,程序会转到相应的中断服务子函数中执行中断处理函数,当中断服务子函数程序执行完以后,再次返回到曾经被中断的地方继续执行原程序段。具体的处理过程可以参考意法半导体公司的官方数据手册中的描述。

5.2　STM8S208RB 有哪些中断源

　　STM8 中断控制器可以处理的中断源有 2 类:不可屏蔽的中断和可屏蔽中断。顾名思义,不可屏蔽中断就是屏蔽不了的中断,即关不掉的中断,通俗地说,这类中断只要发生,CPU 必须无条件去处理;可屏蔽中断是可以通过软件设置相关寄存器来开启或关闭的中断,当关闭后,即使这类中断发生时,CPU 也不会处理,因为屏蔽了,CPU 就收不到了(800 里加急奏折被太监给拦住了,根本就报不到皇上那去)。那么,STM8S208RB 这款单片机都有哪些中断源呢? 具体参考表 5-1 所列。在本章只介绍可屏蔽的外部中断的使用方法(端口 A、B、C、D、E 的外部中断,其他中断将在后面的相应章节分析。STM8 单片机中断源及其映射情况如表 5-1 所列。

表 5-1　中断映射表

中断向量号	中断源	描　　述	从停机模式唤醒功能	从活跃停机模式唤醒功能	向量地址
	RESET	复位	是	是	8000h
	TRAP	软件中断			8004h
0	TL1	外部最高级中断			8008h
1	AWU	自动唤醒 HALT 模式中断		是	800Ch
2	CLK	时钟控制器			8010h
3	EXTI0	端口 A 外部中断	是	是	8014h
4	EXTI1	端口 B 外部中断	是	是	8018h
5	EXTI2	端口 C 外部中断	是	是	801Ch
6	EXTI3	端口 D 外部中断	是	是	8020h
7	EXTI4	端口 E 外部中断	是	是	8024h
8	CAN	CAN RX 中断	是	是	8028h
9	CAN	CAN TX/ER/SC 中断			802Ch
10	SPI	发送完成	是	是	8030h
11	TM1	更新/上溢出/下溢出/触发/刹车			8034h
12	TM1	捕获/比较			8038h
13	TM2	更新/上溢出			803Ch
14	TM2	捕获/比较			8040h
15	TM3	更新/上溢出			8044h
16	TM3	捕获/比较			8048h
17	UART1	发送完成			804Ch
18	UART1	接收寄存器满			8050h

中断向量号	中断源	描　述	从停机模式唤醒功能	从活跃停机模式唤醒功能	向量地址
19	I²C	I²C 中断	是	是	8054h
20	UART2/3	发送完成			8058h
21	UART2/3	接收寄存器满			805Ch
22	ADC	转换结束			8060h
23	TIM4	更新/上溢出			8064h
24	FLASH	编程结束/禁止编程			8068h
保留					806Ch～807Ch

5.2.1　无法阻挡的家伙——不可屏蔽中断

不可屏蔽的中断有：RESET，TLI 和 TRAP。

TRAP 是不可屏蔽的软件中断，一般这个中断是通过程序有意产生的，当执行汇编指令 TRAP 时就响应该软件中断。通常在程序运算引起的各种错误时有意产生一次软件中断进行处理。

TLI 是最高等级的硬件中断。对于 STM8S208 芯片，TLI 中断信号是从 PD7 引脚（64 脚）输入的，因此，PD7 的中断服务程序的入口并不是 PD 口的 EXTI3。需要注意的是在 TLI 中断服务子程序中禁止使用 TRAP 指令。

RESET 复位中断是 STM8 最高优先级中断，能够引起 RESET 复位中断的事件主要有 9 个，它们分别是：

➢ NRST 引脚产生的外部复位（至少 500 ns 的低电平）。

➢ 上电复位（POR）。

➢ 掉电复位（BOR）。

➢ 独立看门狗复位。

➢ 窗口看门狗复位。

➢ 软件复位。

➢ SWIM 复位。

➢ 非法操作码复位。

➢ EMS 复位：当一些关键的寄存器被破坏或错误加载时产生的复位。

在此，先不必详细分析这些复位信号的意义，只需知道有这些复位即可。所有上述复位源最终都会在芯片 1 脚 NRST 上产生一个低电平复位信号，从而使芯片复位。

5.2.2 任人宰割的特使——可屏蔽中断

汇编指令 SIM 的作用是禁止中断,也就是关闭总中断,此时,除了 5.2.1 小节中介绍的 3 个不可屏蔽中断外,其他的中断都是被禁用的。可屏蔽中断有:外部中断和内嵌的外设中断。开启的方法是汇编指令 RIM。

1. 内嵌的外设中断

内嵌的外设中断有模数转换器(ADC)、TIM、SPI、USART、I^2C、CAN 等资源。有关外设中断会在后续相关章节中详细介绍。

2. 外部中断

STM8S 为外部中断事件分配了 5 个中断向量:

➢ PortA 口的 5 个引脚:PA[6:2]。
➢ PortB 口的 8 个引脚:PB[7:0]。
➢ PortC 口的 7 个引脚:PC[7:1]。
➢ PortD 口的 7 个引脚:PD[6:0]。
➢ PortE 口的 8 个引脚:PE[7:0]。

注意:PD7 是最高优先级的中断源(TLI)。

外部中断就是从单片机引脚输入到单片机的中断触发信号,根据设置寄存器的方式不同,触发信号可能是低电平、下降沿、上升沿,可通过外部中断控制寄存器 1(EXTI_CR1)和外部中断控制寄存器 2(EXTI_CR2)进行配置。

需要注意的是:如果想使能外部中断,除了开启总中断外,还需将相应的 I/O 口设置为中断输入方式。

5.3 谁可以中断谁

STM8 提供了两种管理中断的模式,分别是嵌套模式和非嵌套模式。如何能够更好地理解这两种方式呢?那就先是从生活中寻找答案吧。

5.3.1 人人平等——非嵌套模式

非嵌套模式在官方给的中文版的手册(2009 年 1 月第 4 版)中翻译的是同时发生中断模式。那么,怎么理解这种中断模式呢?还是先给大家讲个故事吧,笔者大侄子的幼儿园里有 3 个幼儿教师,老师规定在幼儿园里玩玩具的时候,任何一个小朋友都不可以"抢"玩具玩儿,除非那个小朋友玩够了、主动放下玩具,其他小朋友才可以玩。当然了,当小朋友该上文化课时,这 3 个老师中的任何一个都可以随时中断那个小朋友玩玩具,等课上完了还可以继续玩。需要说明的是,在这个幼儿园里,无论孩子的爸爸是不是李刚,也无论孩子的个儿大、个儿小都不可以抢其他小朋友玩玩具,在这儿特民主,人人平等,不论年龄、种族、性别的"硬件"差别。但是,一旦这个小朋友说:"老师,我不想玩了",那接下来谁能得到这个玩具呢? 当然是一个自身有优势的个头儿大的、身体强壮有力的那个小朋友能得到玩玩具的机会。

书归正传,下面继续说非嵌套模式。在这种中断模式下,所有中断源的软件中断级别都是3级,3级中断就是无软件中断级别,任何一个中断源都不可以中断其他中断函数来抢CPU使用权(RESET、TRAP、TLI除外),但是一旦当前正执行的中断执行完毕后下一个得到CPU处理机会的一定是那个排队等候中硬件中断级别最高的那一个。具体每个中断源的硬件中断级别可以参考中断映射表5-1所列,表中中断向量序号小的级别高,没有填写中断向量序号的RESET、TRAP、TLI那3个是"幼儿园老师",级别最高,可以在任何时候中断任何中断。如图5-2所示,中断IT1的硬件中断级别高于IT2,但是一旦IT2已经处于执行状态了,IT1也没辙,只好等待IT2执行完,但是不幸的是,在IT1好不容易获得了执行权后,半路杀出个TRAP不可屏蔽软件中断,从IT1手中活活地把CPU的使用权给夺了去,用完之后,IT1才得以继续执行,当IT1执行完以后,CPU的使用权就落到了IT0手中,尽管TI4、IT3是在IT0前排队等待的,但是这也没有办法,谁让TI4、IT3的硬件中断级别没有IT0高呢。再就是图5-2中MAIN部分,注意观察,MAIN函数的上方有一个RIM,这是一条汇编指令,表示开总中断的意思,可使用命令_asm("rim"),这是CXSTM8编译环境下在C中调用汇编指令的方法。

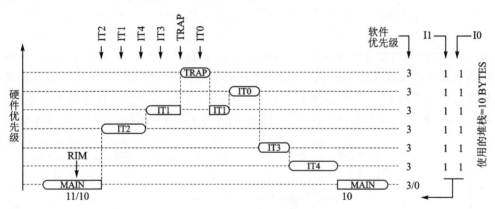

图 5-2 非嵌套中断模式管理示意图

5.3.2 软实力与硬实力谁更硬——嵌套中断模式

继续讲述老百姓的故事。上文说到笔者大侄子的幼儿园,可是后来那个幼儿园所在地被规划成世界上最美的公园后就被和谐拆迁了,于是乎笔者大侄子就转学到了另一家幼儿园。这家新幼儿园的培养方式与原幼儿园可大不一样啊。这家幼儿园的培养理念是让孩子学会适应自然,适应社会,物竞天择,适者生存。在这里谁能玩到玩具呢? 这要看两方面的条件:第一、每个孩子自身的自然硬件条件,如身高、体重、性别等;第二、每个孩子的软件条件,如他老爸是谁、干什么的、他家有多少钱等。而且这第二个条件还比第一个重要。就这么说吧,当一个孩子玩玩具的时候,另一个小个儿公子(他老爸可能叫李刚)就可以上前抢这个个头儿比较大的孩子的玩具,这就叫凭他家族的软实力"硬抢"玩具,当公子玩腻了玩具后就说:"我玩够了,你们谁想玩",这时玩具可不一定能落到刚才被抢的那个小朋友手中,要看除了公子以外的来自于工薪阶层的那些软件条件相同的孩子中谁的硬件基础更好了、谁个头儿大谁就能够得到玩具。

　　似乎扯得远了点儿,还是回到 STM8 的嵌套管理模式吧。请看图 5-3,在 MAIN 主函数中通过汇编指令 RIM 开启总中断,之后首先打破平静的是 IT2 并从 MAIN 手中夺取了 CPU 的使用权,但是好景不长,一个软实力更强的 IT1 从天而降(请注意图 5-3 中右边,IT1 的软件中断级别号是 2,号码越大的软件级别越高,至于怎么设置,后文会详细分析),并从 IT2 手中抢到了 CPU 的使用权,但不幸的是 IT1 的中断服务函数没有执行多久,IT1 的 CPU 使用权就被一个小个子的 IT4 给夺了去,尽管 IT4 的硬件优先级比 IT1 低,但是 IT4 的软件优先级别是 3(首先看软件级别,如果软件级别一样,再看硬件级别)。螳螂捕蝉,黄雀在后啊,不料 IT4 刚到手的 CPU 使用权被一个无法阻拦的不可屏蔽软件中断 TRAP 给夺了去,虽然在 TRAP 执行期间又出现了一个硬件级别高于 IT4 的 IT0,但是考虑到此时的 IT0 与 IT4 的软件优先级相同,都是 3 号中断,所以,比较讲究的 TRAP 在用完 CPU 后还是将 CPU 使用权归还给了 IT4,IT4 执行完后本想将 CPU 使用权归还给 IT1,但是此时的 IT0 已经等候多时了,并且 IT0 的软件中断级别是 3,而 IT1 的软件中断级别是 2,所以 CPU 的使用权没有落到 IT1 上,而是转到了 IT0 的手中,再接下来 CPU 控制权落到软件中断级别为 3 的 IT3,之后 CPU 的使用权终于回到了硬件级别虽高但是软件级别为 2 的 IT1 中,再后来 CPU 的使用权才回到了软件级别较低的 IT2 手中。最后,MAIN 函数像个慈母一样,等所有孩子(中断)都用完膳后,MAIN 函数才会使

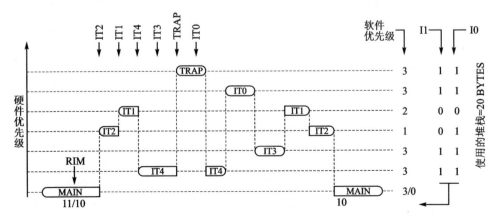

图 5-3　中断嵌套模式管理示意图

用 CPU 资源。但是,如果狠心的 MIAN 一开始就不开饭(MAIN 函数中不运行
RIM),那么,所有中断都没有执行的机会(除了不可屏蔽中断 TRAP)。

5.4 细说外部中断"4 器"

本章的前 3 节已经让大家云里雾里地看了不少理论,但是究竟这些中断的软件
级别如何设置,什么样的中断触发信号可以获得 CPU 的使用权呢? 接下来一一介
绍与外部中断有关的 4 个寄存器中每一位的意义及设置方法。顺便再补充一句,这
些寄存器是不需要背的,只要理解,用的时候会查并能正确设置即可。

5.4.1 CPU 条件寄存器 CCR

CPU 条件寄存器 CCR 寄存器如下所示:

7	6	5	4	3	2	1	0
V	–	I1	H	I0	N	Z	C
r	r	rw	r	rw	r	r	r

条件寄存器 CCR 中的 I1 和 I0 两位是软件中断优先级位,这两位中数据组合的
含义如表 5-2 所列。

在表 5-2 中,级别 0 的优先级最低,只有主函数 main()可通过汇编指令 RIM 设
置为该级别,其他中断设置该级别无效;级别 3 的优先级最高,一旦某个中断被设置
为级别 3 并得到了 CPU 的使用权后,其他中断就不可以中断这个中断了。当然,
RESET、TRAP、TLI 这 3 个不可屏蔽中断除外。当单片机上电复位时,主函数 main
()的默认中断级别为 3,所以此时其他普通中断都无法中断主函数,也就相当于总中
断处于关闭状态,要在主函数的初始化中通过执行汇编指令(_asm("rim");)将主函
数的级别设置为级别 0,此时其他中断就有机会被执行了。需要补充说明的是其他
各个中断的级别是在各自的软件优先级控制寄存器 ITC_SPRx 中设置的,这将在
5.4.2 小节中介绍。

表 5-2 软件中断优先级控制位

I1	I0	优先级	级 别
1	0	级别 0(只有主程序可设置该级别)	低 ↓ 高
0	1	级别 1	
0	0	级别 2	
1	1	级别 3(最高级别,只有不可屏蔽中断可以中断该级别的中断)	

5.4.2 软件优先级寄存器 ITC_SPRx

软件优先级寄存器 ITC_SPRx 中的"x"是 1~8 中的一个数字,即有 8 个寄存

器。这些寄存器用于设置表 5 - 2 中所列中断的优先级,对于 STM8S208RB 芯片的外部引脚中断用的是寄存器 ITC_SPR1 和 ITC_SPR2。具体外部哪个端口用寄存器的哪位设置优先级如表 5 - 3 所列。

表 5 - 3　外部中断优先级设置

ITC_SPR1	7	6	5	4	3	2	1	0
被设置端口	A 端口						TLI(硬件强制置 1)	
ITC_SPR2	7	6	5	4	3	2	1	0
被设置端口	E 端口		D 端口		C 端口		B 端口	

例如设置 B 端口的优先级为 3 级,设置 C 口的中断优先级为 1 级,则需要给 ITC_SPR2 进行如下设置:

```
ITC_SPR2 = 0X07;
```

具体为什么给 ITC_SPR2 赋值"0X07"的意义请结合表 5 - 3 和表 5 - 2 理解。

5.4.3　外部中断控制寄存器 EXTI_CR1 与 EXTI_CR2

外部中断控制寄存器(EXTI_CR1、EXTI_CR2)如以下 2 个表所列:
EXTI_CR1 寄存器:

7	6	5	4	3	2	1	0
D端口		C端口		B端口		A端口	
r	r	rw	r	rw	r	r	r

EXTI_CR2 寄存器:

7	6	5	4	3	2	1	0
保留					TLI	E端口	
r	r	r	r	r	rw	r	r

寄存器中,每两位控制一个端口的中断触发方式,其中 EXTI_CR2 中的高 5 位保留,第 2 位控制 TLI 的中断触发方式。设置方法如表 5 - 4 所列。

表 5 - 4　外部中断触发方式设置

寄存器相应位	中断触发方式
00	下降沿和低电平触发
01	仅上升沿触发
10	仅下降沿触发
11	上升沿和下降沿触发

EXTI_CR2 中第 2 位为"0"时,TLI 为下降沿触发,否则为上升沿触发。该位只有在 PD7 关闭中断时才可写入,也就是说先设置触发方式,再开 PD7 中断,若想改变

中断方式,也必须先关闭 PD7 口的中断,再改变触发方式,然后再打开中断。

而其他端口的外部中断,也必须先设置中断触发方式,再开总中断,因为只有 CC 寄存器的 I1 和 I0 都为 1 时,这些位才可被写入。

> 总结一下写中断的步骤:
>
> 设置触发方式→设置中断优先级→设置 I/O 口引脚配置(所有用到的引脚,包括普通 I/O 口和中断触发引脚)→开总中断

举例说明打开 TLI 中断,并设置为上升沿触发。

```
...
PD_CR2 &= ~(1 << 7);          //关 PD7 中断,否则无法写入 EXTI_CR2 寄存器
EXTI_CR2 = 0x04;              //设置 TLI 为上升沿触发
PD_DDR &= ~(1 << 7);          //PD7 设置为输入
PD_CR1 |= (1 << 7);           //启用 PD7 上拉电阻
PD_CR2 |= (1 << 7);           //开 PD7 中断,无需开总中断
...
```

设置 PB0 为仅下降沿触发,PE2 为仅上升沿触发。

```
...
_asm("sim");                  //关总中断
EXTI_CR2 = 0x01;              //设置 PE 口为仅上升沿触发
EXTI_CR1 = 0x80;              //设置 PB 口为仅下降沿触发
PB_DDR &= ~(1 << 0);          //PB0 设置为输入
PB_CR1 |= (1 << 0);           //启用 PB0 上拉电阻
PB_CR2 |= (1 << 0);           //开 PB0 中断,无需开总中断
PE_DDR &= ~(1 << 2);          //PE2 设置为输入
PE_CR1 |= (1 << 2);           //启用 PE2 上拉电阻
PE_CR2 |= (1 << 2);           //开 PE2 中断,无需开总中断
_asm("rim");                  //开总中断
...
```

5.5 外部中断应用之独立按键

下面设计一个用独立按键控制小灯亮灭状态变化的程序,从而进一步详细分析中断函数是怎么编写的。这里使用两种方式:寄存器方式和库函数方式。

5.5.1 直接设置寄存器方式

本小节通过一个实验练习外部中断的使用方法,实现的功能是用一个按键控制8个 LED 发光二级管的亮灭状态。电路原理图如图 5-4 所示。电路图比较简单,只是在一个 I/O 口上接一个按键,按键的另一端接地即可。此时 I/O 口设置为中断上拉输入方式,按键没有按下时 I/O 口为高电平,当按键按下时 I/O 口电平被拉低,这样就产生了电平变化,从而产生了边沿信号,根据自己设置的中断方式的不同而触发中断进入中断服务程序。

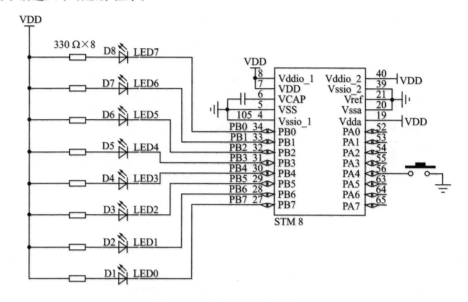

图 5-4 独立按键电路原理图

写中断服务程序,需要对 stm8_interrupt_vector.c 进行修改,该文件是建立工程时默认添加的。先来看 main.c 中的程序:

```
# include "stm8s208r.h"              //必须包含的头文件
/****************函数声明****************/
void delay(unsigned int time);
/****************主函数****************/
main()
{
    EXTI_CR1 = 0xf2;        //设置端口 A 的中断触发方式为仅下降沿触发
    PA_DDR &= 0xef;         //设置 PA4 脚为输入模式,当做中断触发引脚连接按键
    PB_DDR = 0xff;          //设置端口 B 的所有引脚均为输出,控制小灯
    PA_CR1 |= 0x10;         //设置 PA4 为中断上拉输入方式
    PA_CR2 |= 0x10;
```

```
    PB_CR1 |= 0xff;                //设置端口 B 为推挽输出模式
    PB_CR2 &= 0x00;
    _asm("rim");                   //这是一条汇编语句,功能是打开总的中断使能
    PB_ODR = 0x0f;                 //让小灯的高 4 位亮
    while (1);                     //因为用中断程序控制小灯所以死循环内空跑
}
/*************中断服务程序******************/
@far @interrupt void EXTI_PORTA_IRQHandler (void)
{
    if((PA_IDR & 0x10) == 0)              //判断是否是 PA4 触发产生的中断
    {
        delay(50);                        //延时去抖
        if((PA_IDR & 0x10) == 0)          //判断是否依然是低,若是则说明不是抖动
        {
            while((PA_IDR & 0x10) == 0);//等待松开
            PB_ODR = ~PB_ODR;             //取反让小灯高低 4 位交替亮灭
        }
    }
}
/***************延时子程序******************/
void delay(unsigned int time)
{
    while(time--);
}
```

接着是 stm8_interrupt_vector.c 中的程序,首先添加一句:

```
@far @interrupt extern void EXTI_PORTA_IRQHandler (void);
```

然后修改

```
{0x82, NonHandledInterrupt}, /* irq3   */
```

为

```
{0x82, EXTI_PORTA_IRQHandler}, /* irq3   */
```

最终的"stm8_interrupt_vector.c"(省略部分代码)如下:

```
...
@far @interrupt void EXTI_PORTA_IRQHandler (void);
```

```
struct interrupt_vector const _vectab[] = {
    {0x82, (interrupt_handler_t)_stext}, /* reset */
    {0x82, NonHandledInterrupt}, /* trap   */
    {0x82, NonHandledInterrupt}, /* irq0   */
    {0x82, NonHandledInterrupt}, /* irq1   */
    {0x82, NonHandledInterrupt}, /* irq2   */
    {0x82, EXTI_PORTA_IRQHandler}, /* irq3   */
    ...
```

小唐:这是 C 语言吗,怎么没见过这个@far 和@interrupt 啊。

阿范:这两个关键字其实是 CXSTM8 编译器规定的两个关键字,其中@interrupt 表示此函数是中断服务函数。而与@far 一起的,还有它的两个兄弟@near 和@tiny,这是 STM8 指定寻址长度的方法。

> @tiny:使用 1 个字节表示地址,寻址指针为 1 字节,寻址范围为 0x00~0xFF。

> @near:使用 2 个字节表示地址,寻址指针为 2 字节,寻址范围 0x0000~0xFFFF。

> @far:使用 3 个字节表示地址,寻址指针为 3 字节,寻址地址范围 0x000000~0xFFFFFF。

这里的@far 表示这个中断服务程序的寻址范围是 0x000000~0xFFFFFF,也就是说这个中断服务程序可以放在 flash 的任意位置了。

金波:还是有点晕,可不可以把这个中断程序的编写流程再捋一遍呢?

阿范:这里的确稍显复杂。先来看 stm8_interrupt_vector.c 这个文件吧(注意打开软件对照着来),这里其实存放的是 STM8S208RB 单片机的中断向量,中断向量其实就是中断程序的入口地址。文件中主要定义了一个数组_vectab,这个数组中的每个元素都是一个结构体变量,而每个结构体中有两个成员,第一个成员是个无符号字符型的变量,在数组中都是 0x82,这是 ST 公司的一个未公布的命令,只是没有助记符,不用深究,第二个成员是一个函数指针。再来仔细看看第二个成员,它的类型是 interrupt_handler_t,而这种类型是通过 typedef 定义的一种新类型,它定义出来的是一个指向 3 字节寻址的函数的指针,这里需要你细细琢磨一下。

结构体的下面定义了一个函数,根据"@far @interrupt"关键字可以看出,它也是一个中断服务程序,函数的名字叫 NonHandledInterrupt,函数的内容只有一句 return,而我们知道,函数名字本身就可以认为是一个指向该函数的指针,所以是函数指针类型,而我们注意到_vectab 数组的第二个成员默认就是 NonHandledInterrupt。也就是说,所有中断的服务程序默认都指向这个只有一句 return 的函数。

再来看看_vectab 这个数组,它还有一个 const 限定词,表示成员都是常量,而根据 CXSTM8 编译器的规定,常量会定义在 flash 中,并从 flash 的 0x8000 开始存储(地址可在编译器中修改,这里不做详细说明),不需要像 51 似的加 code 关键字才定义到 flash 中。

这里搞明白这个中断向量的文件之后,再来看看如何使用它。

我们添加的那句(@far @interrupt extern void EXTI_PORTA_IRQHandler (void);)是一个函数声明,用 extern 关键字修饰表示它是一个外部函数(此处的 extern 可以省略),而函数的定义则是在 main. c 中,是一个中断服务程序,名字是 EXTI_PORTA_IRQHandler。然后把注释为 irq3 的那行中的 NonHandledInterrupt 修改成了 EXTI_PORTA_IRQHandler,为什么是 irq3 这行呢? 我们需要回头看看表 5-1,其实_vectab 中定义的中断向量和表 5-1 中的中断映射是一一对应的,也就是_vectab 数组中的第一个元素就对应了复位的中断入口,第二个元素就对应了软件中断的入口,依次类推,而注释中的 irqx 就对应了表 5-1 中的中断向量号,从表 5-1 中我们看到 PORTA 的中断向量号是 3,所以就把注释为 irq3 这行中的函数指针改成自己中断服务程序的函数指针(中断函数名),这样触发中断后就可以进入自己写的中断服务程序里了。

5.5.2 库函数方式

电路如图 5-4 所列,实现的功能同上小节。这次使用更方便的固件库来完成这个中断程序。

首先新建一个包含库的工程,工程建立好后,需要修改两个文件:一个是在 main. c 中写主程序;另一个是在 stm8s_it. c 中写中断服务程序。

main. c 中的程序如下:

```
#include "stm8s. h"
void main(void)
{
    //本函数为 I/O 口初始化函数,原型在 gpio. c 文件里
    //设置选择 PB 口,全部 PB 口,最快 10 MHz 推挽输出,用于点亮小灯
    GPIO_Init(GPIOB,GPIO_PIN_ALL,GPIO_MODE_OUT_PP_LOW_FAST);
    //设置 PA 为下降沿触发方式,函数原型在 stm8s_exti. c 中
    EXTI_SetExtIntSensitivity(EXTI_PORT_GPIOA,EXTI_SENSITIVITY_FALL_ONLY);
    //PA4 设置为中断上拉输入,用于中断触发脚接独立按键
    GPIO_Init(GPIOA,GPIO_PIN_4,GPIO_MODE_IN_PU_IT);
    //本语句在 stm8s. h 中有宏定义 ,使能中断作用
    rim();
    //写数据给 PB 口使小灯高 4 位亮
    GPIO_Write(GPIOB,0X0F);
    while (1);
```

```
    }

//延时程序
void delay(unsigned int time)
{
    while(time--);
}

//函数参数纠错
#ifdef USE_FULL_ASSERT
void assert_failed(u8 * file, u32 line)
{
  while (1)
  {
  }
}
#endif
```

stm8s_it.c 中的程序：
在文件最上面，添加外部函数声明。

```
extern void delay(unsigned int time);
```

然后修改函数

```
INTERRUPT_HANDLER(EXTI_PORTA_IRQHandler, 3)
{
  /* In order to detect unexpected events during development,
     it is recommended to set a breakpoint on the following instruction.
  */
}
```

为

```
INTERRUPT_HANDLER(EXTI_PORTA_IRQHandler, 3)
{
  /* In order to detect unexpected events during development,
     it is recommended to set a breakpoint on the following instruction.
  */
    //读取 PA4 脚的状态，函数原型在 stm8s_gpio.c 中
    if(GPIO_ReadInputPin(GPIOA, GPIO_PIN_4) == 0)
    {
```

```
        //去抖延时
        delay(50);
        //如果还是低,说明不是抖动
        if(GPIO_ReadInputPin(GPIOA, GPIO_PIN_4) == 0)
        {
            //等待按键松开
            while(GPIO_ReadInputPin(GPIOA, GPIO_PIN_4) == 0);
            //取反 PB 口,改变 LED 状态
            GPIO_WriteReverse(GPIOB, GPIO_PIN_ALL);
        }
    }
}
```

宋岩:为什么 delay 函数要在 stm8s_it.c 中用"extern void delay(unsigned int time);"声明呢?

阿范:首先弄明白函数的定义和声明,C 语言中函数是多处声明,一处定义的,就像你人只有一个,却可以在很多地方签名一样,定义就相当于本体,而声明只是个名字。其实区别定义和声明的最简单的办法就是看函数是否有内容,如果只有一个名字,那就是声明,否则就是定义。

本设计中的 delay 函数是在 main.c 中定义的,但是却想在 stm8s_it.c 中调用,假设不声明的话编译器就会提示找不到函数原型,因此必须在使用这个函数之前告诉编译器,已经在别的文件里定义这个函数了。

5.6 中断嵌套

我们已经掌握了一个 I/O 口的外部中断的应用,接下来看看当发生多个中断时单片机是如何处理的? 这里分两种情况来学习:非嵌套模式和嵌套模式。

5.6.1 非嵌套模式

非嵌套模式也就是说所有中断的中断优先级是一样的,谁也不可以中断谁,但这里有个例外,就是 3 个不可屏蔽中断——TLI、TRAP 和 RESET,它们在任何情况下都可以中断别的中断。下面以 PB、PD 和 TLI 这 3 个中断来具体学习。

1. 电路原理图

电路原理图如图 5-5 所示。PB6、PD6、PD7 分别接了 3 个按键,PG 口接 8 个 LED 小灯。其中 PD7 为 TLI 中断,属于不可屏蔽中断,优先级也最高。当按下按键 S1 时产生中断,在中断程序中控制 PG 口输出 0X0F;当按下按键 S2 时产生中断,在中断程序中控制 PG 口输出 0XF0;当按下按键 S3 时产生中断,在中断程序中控制

PG 口输出 0XAA。通过改变 PG 口输出的数据,从而控制 8 个 LED 发光二级管的点亮方式。通过实验现象可以进一步了解中断嵌套的相关知识。

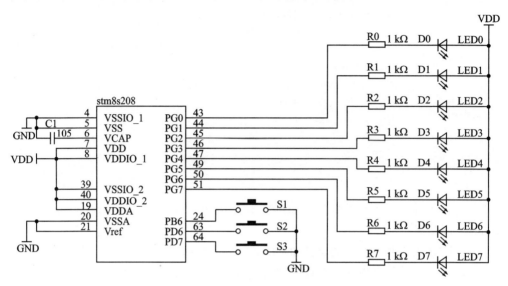

图 5-5 按键模拟外部中断信号控制 LED

2. 程序代码

main. c 中的程序:

```c
# include "stm8s208rb.h"
void delay(unsigned int t);
main()
{
    /* 8 个 LED */
    PG_ODR = 0xff;
    PG_DDR = 0xff;
    PG_CR1 = 0xff;
    PG_CR2 = 0x00;

    /* PD6 中断 */
    PD_DDR &= ~(1 << 7);
    PD_CR1 |= (1 << 7);
    /* 仅下降沿触发 */
    EXTI_CR2 |= 0x04;
    PD_CR2 |= (1 << 7);

    /* PD7 中断 */
```

```c
    PD_DDR &= ~(1 << 6);
    PD_CR1 |= (1 << 6);
    /* 仅下降沿触发 */
    EXTI_CR1 |= (2 << 6);
    PD_CR2 |= (1 << 6);

    /* PB6 中断 */
    PB_DDR &= ~(1 << 6);
    PB_CR1 |= (1 << 6);
    /* 仅下降沿触发 */
    EXTI_CR1 |= (2 << 2);
    PB_CR2 |= (1 << 6);

    /* 开总中断 */
    _asm("rim");
    while (1)
    {
        PG_ODR = 0x00;
    }
}
void delay(unsigned int t)
{
    unsigned int i;
    while(t--)    for(i = 0; i < 5000; i++);
}
@far @interrupt void PB_IRQ(void)
{
    if((PB_IDR & (1 << 6)) == 0)
    {
        PG_ODR = 0x0F;
        delay(50);
        PG_ODR = 0x0F;
        delay(50);
        _asm("sim");
    }
}
@far @interrupt void PD_IRQ(void)
{
    if((PD_IDR & (1 << 6)) == 0)
    {
```

```
        PG_ODR = 0xF0;
        delay(50);
        PG_ODR = 0xF0;
        delay(50);
    }
}
@far @interrupt void TLI_IRQ(void)
{
        PG_ODR = 0xAA;
        delay(10);
}
```

stm8_interrupt_vector. c 中的程序：

```
...
extern @far @interrupt void PB_IRQ(void);
extern @far @interrupt void PD_IRQ(void);
extern @far @interrupt void TLI_IRQ(void);
struct interrupt_vector const _vectab[] = {
    {0x82, (interrupt_handler_t)_stext}, /* reset */
    {0x82, NonHandledInterrupt}, /* trap   */
    {0x82, TLI_IRQ}, /* irq0   */
    {0x82, NonHandledInterrupt}, /* irq1   */
    {0x82, NonHandledInterrupt}, /* irq2   */
    {0x82, NonHandledInterrupt}, /* irq3   */
    {0x82, PB_IRQ}, /* irq4   */
    {0x82, NonHandledInterrupt}, /* irq5   */
    {0x82, PD_IRQ}, /* irq6   */
...
```

3. 程序流程

硬件接好后，首先，分别单独按下 PB6、PD6、PD7 口所接的按键，测试每个中断程序是否正常响应执行。通过观察实验现象，发现每个中断都能够正常响应并执行相应的中断函数，这说明所有中断都正常工作。

然后顺次连续按下 PB6、PD6、PD7 所接的按键，观察小灯亮灭的情况，现象是这样的：LED 全亮→按下 PB6 按键，LED 前 4 个亮，后 4 个灭→按下 PD6，LED 无变化→按下 PD7，LED 交替亮→大约 2 s(TLI 中的 500 ms 加 PB6 中剩余的延时时间)→变回前 4 个亮，后 4 个灭→大约 2 s→LED 全亮。程序的执行流程如图 5-6 所示，PD6 的中断函数程序并未被响应执行。

当顺次连续按下 PD6、PB6、PD7 的按键时，现象类似，此时，PB 口的中断未被响

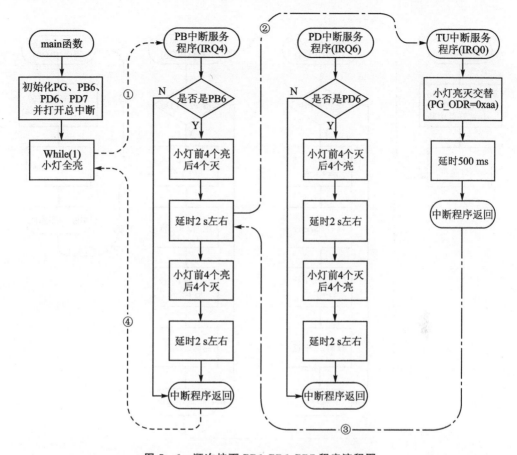

图 5-6 顺次按下 PB6、PD6、PD7 程序流程图

应执行。程序的执行情况如图 5-7 所示。

从上面两次实验现象来看,PB6 和 PD6 互相之间无法被对方中断,这是因为它们的软件优先级默认都为最高级 3 级,因为程序初始化时设置为非嵌套模式,所以相同软件中断级别的中断就不可以相互中断了。因此,出现上文实验中的现象是正常的。

5.6.2 中断嵌套模式

在真正编程序的时候,一般需要按照事情的轻重缓急将中断分级,让优先级高的先被响应,执行完优先级高的然后再执行优先级低的,这种方式叫做中断嵌套。

电路原理图如图 5-5 所示。只是程序初始化设置部分需要修改,具体程序代码如下:

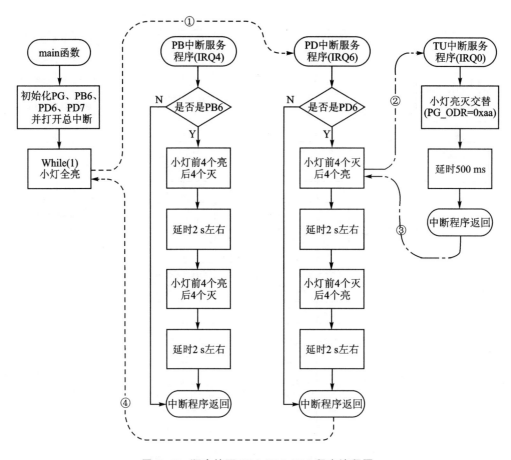

图 5－7　顺次按下 PD6、PB6、PD7 程序流程图

1. 程序代码

```c
# include "stm8s208rb.h"
void delay(unsigned int t);
main()
{
    /* 8 个 LED */
    PG_ODR = 0xff;
    PG_DDR = 0xff;
    PG_CR1 = 0xff;
    PG_CR2 = 0x00;

    /* PD6 中断 */
    PD_DDR &= ~(1 << 7);
```

```
    PD_CR1 |= (1 << 7);
    /* 仅下降沿触发 */
    EXTI_CR2 |= 0x04;
    PD_CR2 |= (1 << 7);

    /* PD7 中断 */
    PD_DDR &= ~(1 << 6);
    PD_CR1 |= (1 << 6);
    /* 仅下降沿触发 */
    EXTI_CR1 |= (2 << 6);
    PD_CR2 |= (1 << 6);

    /* PB 软件优先级设置为 1 级 */
    ITC_SPR2 &= ~(1 << 1);
    /* PB6 中断 */
    PB_DDR &= ~(1 << 6);
    PB_CR1 |= (1 << 6);
    /* 仅下降沿触发 */
    EXTI_CR1 |= (2 << 2);
    PB_CR2 |= (1 << 6);

    /* 开总中断 */
    _asm("rim");
    while (1)
    {
        PG_ODR = 0x00;
    }
}
void delay(unsigned int t)
{
    unsigned int i;
    while(t--)    for(i = 0; i < 5000; i++);
}
@far @interrupt void PB_IRQ(void)
{
    if((PB_IDR & (1 << 6)) == 0)
    {
        PG_ODR = 0x0F;
        delay(50);
        PG_ODR = 0x0F;
```

```
            delay(50);
            _asm("sim");
        }
    }
@far @interrupt void PD_IRQ(void)
{
    if((PD_IDR & (1 << 6)) == 0)
    {
        PG_ODR = 0xF0;
        delay(50);
        PG_ODR = 0xF0;
        delay(50);
    }
}
@far @interrupt void TLI_IRQ(void)
{
        PG_ODR = 0xAA;
        delay(10);
}
```

stm8_interrupt_vector.c 中的代码与 5.6.1 小节中的相同。

2. 程序流程

顺次连续按下 PB6、PD6、PD7 所接的按键，通过实验现象，发现程序是按照流程图 5-8 所示的执行顺序进行执行的，即 PD6 口的按键产生的中断程序把 PB6 口的按键产生的中断给中断了。这说明 main.c 中加入的程序起作用了，加入的代码如下：

```
/* PB 软件优先级设置为 1 级 */
    ITC_SPR2 &= ~(1 << 1);
```

通过上面的代码将 PB6 口的按键产生的中断软件级别调为 1 级，而 PD6 口的软件优先级未修改，默认为 3 级，3 级比 1 级优先级高。所以，当执行 PB6 中断服务程序时按下 PD6 时，PB6 的中断程序会被停止，转到 PD6 中断服务程序中，只有当 PD6 对应的中断程序执行完才会回到 PB6 中断程序中继续执行。

5.6.3 为什么在中断中关"总中断"失灵

根据前面的介绍，STM8 开关总中断使用的是汇编指令 RIM 和 SIM，但是它们真的就是开关总中断吗，现在用事实来说话。

直接在 5.6.1 小节的程序上进行修改，在每个中断服务程序最后都加上"关闭总

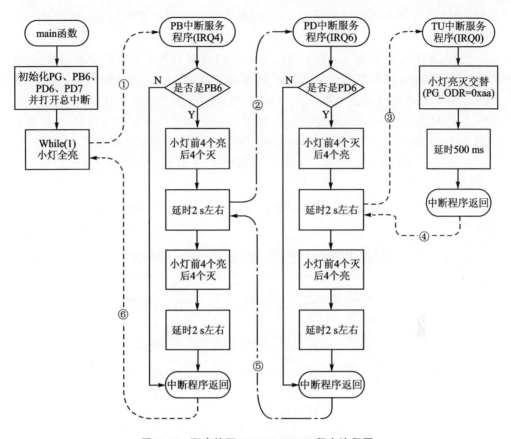

图 5-8 顺次按下 PB6、PD6、PD7 程序流程图

中断"的语句。

```
_asm("SIM");
```

当按下 PB6 时,按照想法,程序运行完 PB 口的中断服务程序后会关闭总中断,这时如果再按下 PD6 应该不会再进入 PD 口的中断,可是事与愿违,总中断并未被关闭。

再来结合程序看看跟中断优先级有关的 I1 和 I0 寄存器。在 5.4.1 和 5.4.2 中具体介绍了这两位的作用。

其实 CPU CCR 寄存器中的 I1 和 I0 位表明的是当前所执行程序的中断级别,例如程序在主程序中运行时,这两位表明的是主程序的中断级别。当单片机响应了一个中断,单片机会先把当前的 CCR 寄存器的值保存下来,然后从 ITC_SPRx 中把响应的这个中断的 I1_x 和 I0_x 位加载到 CPU CCR 寄存器中,当执行 IRET(中断返回)指令后,再把之前的 CCR 的值复制回去。因此,在中断服务程序中用"_asm("SIM")"根本就不能实现关闭总中断,而只是在中断服务程序运行期间修改了当前的 CPU CCR 寄存器,但是当程序从中断服务程序返回时会把进入中断前保存起来的原 CPU CCR 寄存器的值恢复为原值,因此在中断中修改 CPU CCR 的值没有任何意义。

那么,为什么在 main()函数中用汇编指令 RIM 就相当于是开总中断,而用汇编指令 SIM 就相当于是关总中断了呢?其实是这样的,main()函数的默认级别是 3 级,这样其他中断就无法中断 main()函数,所以相当于是关闭了总中断,而应用汇编指令 RIM 是改变 main()函数的级别,即将 main()函数的级别调为最低,这样其他函数才可以中断 main()函数,从实验现象上看就相当于是开总中断了。

下面结合程序仿真来看看 CCR 寄存器的变化,从而进一步理解优先级的概念及程序的运行机理。

① 先执行 View→Core Registers,调出 CCR 寄存器查看窗口,如图 5-9 和图 5-10 所示。

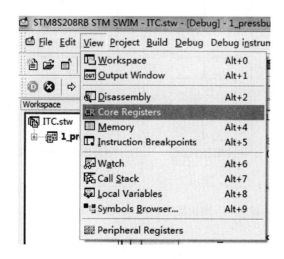

图 5-9　调出 CCR 寄存器

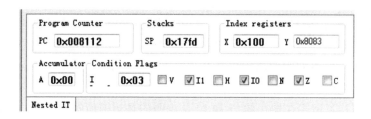

图 5-10　CPU CCR 寄存器

② 设置程序断点,如图 5-11 所示。

③ 开始仿真后单击 ❗,程序会跳转到第一个断点,此时 CCR 寄存器的值如图 5-12 所示,此时是单片机上电后 CCR 的默认值,I1、I0 位为 11,即 main()函数的级别为 3 级。

```
34          /* 开总中断 */
35  ●       _asm("rim");
36          while (1)
37          {
38            PG_ODR = 0x00;
39          }
40        }
41      void delay(unsigned int t)
42      {
43          unsigned int i;
44          while(t--)   for(i = 0; i < 5000; i++);
45        }
46      @far @interrupt void PB_IRQ(void)
47      {
48          if((PB_IDR & (1 << 6)) == 0)
49          {
50  ●         PG_ODR = 0x0F;
51            delay(50);
52            PG_ODR = 0x0F;
53            delay(50);
54            _asm("sim");
55          }
56        }
57      @far @interrupt void PD_IRQ(void)
58      {
59          if((PD_IDR & (1 << 6)) == 0)
60          {
61  ●         PG_ODR = 0xF0;
62            delay(50);
63            PG_ODR = 0xF0;
64            delay(50);
65          }
66        }
67      @far @interrupt void TLI_IRQ(void)
68      {
69  ●       PG_ODR = 0xAA;
70          delay(10);
71        }
72
```

图 5 - 11　设置断点

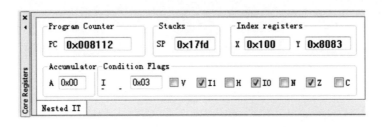

图 5 - 12　CCR1

④ 单击 🔁 单步执行后, I1、I0 的值如图 5 - 13 所示, 这是因为执行了 "_asm
("rim");", main 函数的优先级被设置为 0 级。

⑤ 接下来单击 🔁 使程序继续运行, 然后按下 PB6, 程序会在 PB 口的中断程序中
暂停, 此时 I1、I0 的值如图 5 - 14 所示, 我们看到是 1 级, 这和 PB 口的中断级别是一

图 5-13 CCR2

样的,那么如果此时运行汇编指令 SIM 其实并不是改变 main 函数的优先级了,而由于程序在出中断的时候会把之前保存的 CCR 的值还原,因此在这里使用汇编指令改变 CCR 中的 I1 和 I0 并没有意义。

图 5-14 CCR3

那该如何关闭中断呢,其实,如果想在中断服务程序中关闭当前的中断,可以关闭"小开关",例如使用语句 PB_CR2 &= ~(1 << 6)就可以关闭 PB6 上的中断了。

第 **6** 章

定时器家族中的小四儿——TIM4

STM8S 系列单片机共有 3 种类型的定时器:16 位高级控制型(TIM1)、16 位通用型(TIM2/TIM3/TIM5)和 8 位基本型定时器(TIM4/TIM6)。STM8S208RB 芯片中有 TIM1、TIM2、TIM3、TIM4 共 4 个定时器,其中小四儿功能最简单,下面就先来学习这个吧。

6.1　TIM4 定时器是怎么工作的

STM8S208RB 芯片 TIM4 定时器的工作原理与其他芯片中的定时器的工作原理非常类似,就是利用一个寄存器计数,由于此寄存器所计的是一个比较精确的时钟源所产生的时钟信号,因此,寄存器中的计数个数与时钟周期的乘积就是定时器的定时时间。那么,能够为 TIM4 提供时钟信号的时钟源都有哪些呢? 还有 TIM4 定时器中的这个计数寄存器的计数范围又是怎么样的呢? 具体分析见下面两小节中的内容。

6.1.1　为 TIM4 工作提供"心跳"的时钟源

驱动定时器 TIM4 计数器计数工作的时钟源有 4 种,分别是:外部高速晶振、最大 24 MHz 高速外部时钟信号、16 MHz 高速内部 RC 振荡器和 128 kHz 低速内部 RC 振荡器。通常单片机系统启动时会使用 16 MHz 高速内部 RC 振荡器 8 分频后的时钟作为系统时钟(f_{MASTER}),而这个系统时钟(f_{MASTER})就是为 TIM4 定时器提供时钟信号的时钟源,即默认情况下 TIM4 的时钟信号是 2 MHz 的 f_{MASTER},当然,当系统稳定运行后可以切换其他时钟源为系统时钟。

如图 6-1 所示,系统时钟信号 f_{MASTER} 直接连到 CK_PSC 时钟输入线上,而 CK_PSC 时钟信号还需要通过预分频器变成 CK_CNT 后才能给向上计数器提供时钟。预分频器的作用就是将 CK_PSC 信号分频成合适的时钟信号提供给向上计数器使用。通过设置寄存器 TIM4_PSCR 中的低 3 位来改变预分频系数具体见频率计算公式:$f_{CK\_CNT} = f_{CK\_PSC}/2^{(PSC[2:0])}$。

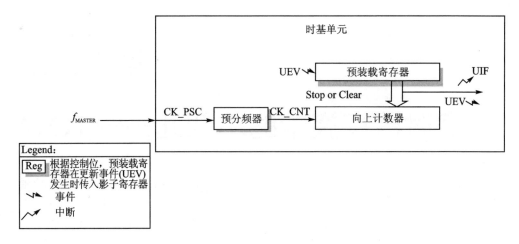

图 6-1　TIM4 时基单元

6.1.2　TIM4 定时工作过程

我们知道,51 单片机定时器是从给定的初值开始计数,数到最大溢出,从而产生中断。而 STM8 的 TIM4 则是从 0 开始计数,数到预先在寄存器 TIM4_ARR 中设置的值,然后自动重新从 0 开始计数,并产生一个计数器溢出事件,向上计数模式如图 6-2 所示。

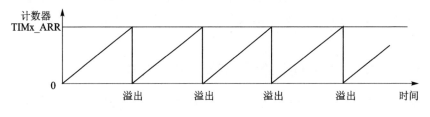

图 6-2　向上计数模式

当 TIM4 溢出时,同时 TIMx_CR1 寄存器的 UDIS 位设置为 0,将产生一个更新事件(UEV);当然,即使 TIM4 没有溢出,我们也可以"人为创造假溢出事件",方法就是将 TIM4_EGR 寄存器的 UG 位置 1。这样就把 CPU"骗"了,CPU 就会以为 TIM4 定时器溢出了,从而产生更新事件。

那么更新事件是什么事件呢？又有什么作用呢？学过 51 单片机的读者应该比较清楚,当 51 单片机定时器溢出时,需要在定时器中断服务程序中重新给定时器赋初值。而 STM8 的 TIM4 发生溢出时是自动重载相关寄存器的值的。所以,这个更新事件的作用就是实现自动重载的功能。

了解了更新事件的作用,那么,当发生更新事件时,CPU 又会做哪些相应的操作呢？当发生更新事件时,主要完成以下操作：

① 预装载寄存器的值(TIM4_ARR)写入到自动装载影子寄存器。

② 预装载分频器的值(TIM4_PSCR)写入到预分频器的缓冲器。

③ 硬件同时设置更新标志位(TIM4_SR 寄存器的 UIF 位)。

也许初学 STM8 单片机的读者会有疑问,为什么发生更新事件时非要将寄存器中的值装到影子寄存器呢?实际上是这样的,在定时器 TIM4 的计数器 TIM4_CNTR 递增时,真正与 TIM4_CNTR 进行比较并判断 TIM4_CNTR 是否溢出的是预装载寄存器 TIM4_ARR 的影子寄存器。而预装载寄存器 TIM4_ARR 只是临时存放比较值的寄存器。那么为什么要将预装载寄存器 TIM4_ARR 中的值再复制给它的影子寄存器呢?这不是多此一举吗?不是的,因为,有些情况下是不希望立刻更新比较值的,因为有了影子寄存器的存在,可以随时将要更新的值写入预装载寄存器 TIM4_ARR 中,又不会影响到本次的比较。

经过上段文字的分析,我们可以这样理解,自动装载影子寄存器和预分频器的缓冲器才是直接和定时器打交道的“人”,而我们所操作的 TIM4_ARR 寄存器和 TIM4_PSCR 寄存器都只是负责和我们联络的“临时工”。

更新事件只是系统自动地刷新相应寄存器,并置位了状态寄存器(TIM4_SR)中的更新中断标志位(UIF),要想使程序在更新事件发生时进入定时器的溢出中断,还要置位中断使能寄存器(TIM4_IER)中的中断使能位(UIE)。

下面总结一下初始化定时器 TIM4 的步骤:

① 设置预分频寄存器(TIM4_PSCR)。

② 设置自动重载寄存器(TIM4_ARR)。

③ 开定时器更新中断(TIM4_IER)。

④ 开总中断。

⑤ 计数器开始计数(TIM4_CR1 中的 CEN)。

6.2 TIM4 相关寄存器

通过 6.1 节的学习,已经知道了定时器 TIM4 的工作原理,也大致了解了 TIM4 的工作过程及设置步骤。但是与定时器 TIM4 工作相关的各个寄存器的设置还需要详细了解一下,这样才能够正确设置定时器 TIM4 并熟练应用它。

6.2.1 控制寄存器 1(TIM4_CR1)

控制寄存器 TIM4_CR1 各个位定义如下:

7	6	5	4	3	2	1	0
ARPE	保留			OPM	URS	UDIS	CEN
rw				rw	rw	rw	rw

➤ 位 7——ARPE:AUTO_RELOAD 预装载使能。当该位置 1 时,自动预装载使能,否则自动预装载禁止。当自动预装载使能时,写入自动重载寄存器的数

据将被保存在预装载寄存器中,并在下一次更新事件(UEV)时传送到影子寄存器;自动预装载禁止时,写入自动重载寄存器的数据将立即写入影子寄存器,而不必等更新事件的发生。下面举例说明该位的具体效果:

如图 6-3 所示,预分频设置为 2,因此计数器时钟频率(CK_CNT)是预分频时钟(CK_PSC)频率的一半。本例中自动预装载禁止(ARPE=0),因此当向自动重载寄存器(TIM4_ARR)中写入 0x36 时,数据立即被传入影子寄存器,并在本次计数器到达 0x36 时立即产生计数器溢出。

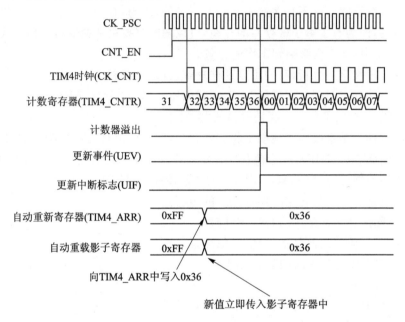

图 6-3   ARPE=0,预分频为 2 时 TIM4 的工作过程

如图 6-4 所示,预分频设置为 1,因此 CK_CN 和 CK_PSC 是一致的。因为使能了自动预装载(ARPE=1),所以计数器在到达 0xFF 时溢出,而计数器要在下一次到达 0x36 时才产生溢出。

➤ 位 6:4——保留,须保持清零。

➤ 位 3——OPM:单脉冲模式。当该位置 1 时,计数器会在下一次更新事件时停止(CEN 位被硬件清零);当该位为 0 时,计数器在更新事件时不停止。

➤ 位 2——URS:更新中断请求。当该位置 1 时,软件更新(置位 UG 位)会产生一个更新事件(UEV),但不会发送中断请求(硬件不置位 UIF 位),而只有计数器达到溢出时才发送中断请求。当该位为 0 时,所有的更新事件都会发送中断请求。

➤ 位 1——UDIS:禁止更新。当该位为 1 时,禁止产生更新事件,也就是说在计数器溢出和软件置位 UG 位都不会产生更新事件,自动重载影子寄存器和预

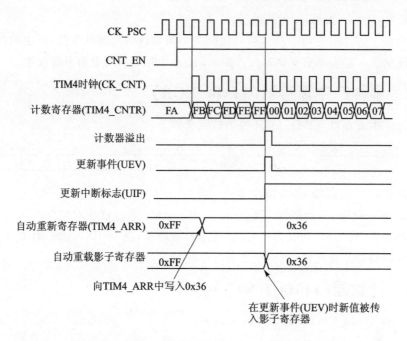

图 6-4　ARPE＝1,预分频为 1 时 TIM4 的工作过程

分频器缓冲器保持当前值,此时如果置位 UG 位,计数器和预分频器会被初始化,也就是计数器清零,预分频器中的计数器也被清零(TIM4_PSCR 保持不变),但不会产生更新事件。该位为 0 时正常产生更新事件。

➢ 位 0——CEN:计数器使能。当该位置 1 时,计数器开始计数;清零时计数器停止计数。

6.2.2　中断使能寄存器(TIM4_IER)

中断使能寄存器 TIM4_IER 各个位定义如下:

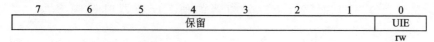

➢ 位 7：1——保留,须保持清零。

➢ 位 0——UIE:更新中断使能。该位置 1 时发生更新事件是产生中断;该位为 0 时即使发生更新事件也不产生中断。

6.2.3　状态寄存器(TIM4_SR)

状态寄存器 TIM4_SR 各个位定义如下:

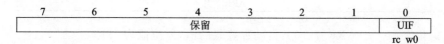

➤ 位 7：1——保留，须保持清零。

➤ 位 0——UIE：更新中断标志。此位在更新事件时由硬件置位，可由软件清零。该位置 1 时表示有更新事件产生；该位为 0 时表示无更新事件发生。

6.2.4　事件产生寄存器(TIM4_EGR)

事件产生寄存器 TIM4_EGR 各个位定义如下：

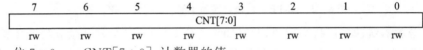

7	6	5	4	3	2	1	0
保留							UG
							w

➤ 位 7：1——保留，须保持清零。

➤ 位 0——UG：更新事件产生。当 UDIS=0 时，通过软件对该位写 1 可产生更新事件，当 URS 同时为 0 时，会发送中断请求；当 UDIS=1 时，计数器和分频计数器都被初始化，但不产生更新事件。

6.2.5　计数器(TIM4_CNTR)

计数器 TIM4_CNTR 各个位定义如下：

7	6	5	4	3	2	1	0
CNT[7:0]							
rw	rw	rw	rw	rw	rw	rw	rw

➤ 位 7：0——CNT[7：0]：计数器的值。

6.2.6　预分频寄存器(TIM4_PSCR)

预分频寄存器 TIM4_PSCR 各个位定义如下：

7	6	5	4	3	2	1	0
保留					PSC[2:0]		
					rw	rw	rw

➤ 位 7：3——保留，需保持清零。

➤ 位 2：0——PSC[2：0]：分频器的值。计数器时钟频率为 $f_{\text{CK\_CNT}} = f_{\text{CK\_PSC}}/2^{(\text{PSC})[2:0]}$。

为了使新的预分频值启用，必须产生一次更新事件，因为只有在更新事件时，TIM4_PSCR 中的值才会传入预分频器缓冲器，从而使新值开始启用。

6.2.7　自动重装载寄存器(TIM4_ARR)

自动重装载寄存器 TIM4_ARR 各个位定义如下：

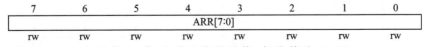

7	6	5	4	3	2	1	0
ARR[7:0]							
rw	rw	rw	rw	rw	rw	rw	rw

➤ 位 7：0——ARR[7：0]：自动重装载的值，复位值为 0xFF。

6.3 定时 500 ms 让 LED 闪起来

一闪一闪亮晶晶,满天都是小星星;挂在天上放光明,好像你的小眼睛。有星星的晚上越来越少,我们就让 STM8 控制 LED 来"一闪一闪亮晶晶吧"。

6.3.1 寄存器方式

硬件原理图如图 6-5 所示,用 PB 口来驱动 8 个 LED 发光二级管。通过定时器定时控制 8 个 LED 闪烁。

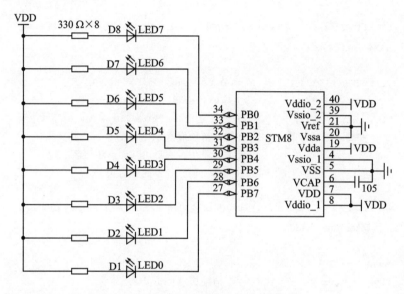

图 6-5 500 ms 闪烁 LED 硬件原理图

main.c 中的程序如下:

```
# include<stm8s208rb.h>
unsigned int count = 0;
/********************函数声明********************/
void GPIO_Init(void);
void TIM4_Init(void);
/********************主函数********************/
void main(void)
{
    GPIO_Init();              //GPIO 端口初始化
    TIM4_Init();              //定时器初始化
    _asm("rim");              //开总中断
```

```
    TIM4_CR1 | = 0x01;          //开始计时
    while (1);
}
/*******************GPIO 初始化*********************/
void GPIO_Init(void)
{
    PB_ODR = 0X00;              //输出初始值为 0x00
    PB_DDR = 0XFF;              //设置 PB 口方向为输出
    PB_CR1 = 0XFF;              //设置为推挽输出
    PB_CR2 = 0X00;              //低速模式
}
/*******************TIM4 初始化*********************/
void TIM4_Init(void)
{
    TIM4_PSCR = 0X03;          //预分频值 2MHz/(2^3) = 250 kHz
    TIM4_IER  = 0X01;          //开定时器中断
    TIM4_ARR  = 250;           //自动重载值,1/250k×250 = 1 ms
    TIM4_CNTR = 250;           //计数器初始值给 250,目的是一开始
                               //计数就产生一次溢出从而产生更新
                               //事件来使预分频器的值启用
}
/*******************TIM4 中断服务程序*********************/
@far @interrupt void TIM4_IRQ (void)
{
    count ++ ;
    TIM4_SR = 0x00;             //清除更新标志 UIF
    if(count == 500)            //计时 500 次则 500 ms 时间到
    {
        PB_ODR ^= 0XFF;        //异或取反
        count = 0;
    }
}
```

stm8_interrupt_vector.c 中的修改:
首先进行外部函数声明,声明 TIM4 的中断服务程序。

```
extern @far @interrupt void TIM4_IRQ (void);
```

修改

```
{0x82, NonHandledInterrupt}, /* irq23 */
```

为

```
{0x82, TIM4_IRQ}, /* irq23 */
```

我们看到,初始化定时器 TIM4 非常简单,给预分频器赋值,给自动重载寄存器赋值,开中断,开计数器就完事了,至于 UDIS、URS、OPM 等这些位都不是很常用。这里暂时不用考虑。

6.3.2 库函数方式

硬件原理图如图 6-5 所示,使用 PB 口来驱动 LED。本小节设计的程序所实现的功能与 6.3.1 小节完全相同,只是本节采用库函数来操作,从而让读者通过比较寄存器操作和库操作的异同,能够更好地掌握定时器 TIM4 的使用方法,同时也可以进一步熟悉库的操作方法。

建立好工程后,需要在 Source Files 中添加 stm8s_gpio.c 和 stm8s_tim4.c。

main.c 中的程序如下:

```
# include "stm8s.h"
void main(void)
{
    //设置 PB 口全部为推挽输出,10 MHz
    GPIO_Init(GPIOB, GPIO_PIN_ALL, GPIO_MODE_OUT_PP_LOW_FAST);
    //设置定时器时钟为 8 分频即 250 kHz, ARR 初值为 250
    TIM4_TimeBaseInit(TIM4_PRESCALER_8, 250);
    //设置计时器初值为 250,以产生更新事件
    TIM4_SetCounter(250);
    //使能定时器更新中断
    TIM4_ITConfig(TIM4_IT_UPDATE, ENABLE);
    //开总中断
    rim();
    //开始计数
    TIM4_Cmd(ENABLE);
    while (1);
}

# ifdef USE_FULL_ASSERT
void assert_failed(u8 * file, u32 line)
{
  while (1)
  {
  }
```

```
}
#endif
```

stm8s_it. c 中的程序：

首先定义变量 count。

```
unsigned int count = 0;
```

在函数 INTERRUPT_HANDLER(TIM4_UPD_OVF_IRQHandler，23)中添加如下内容：

```
count ++ ;
//清除更新中断标志 UIF
TIM4_ClearITPendingBit(TIM4_IT_UPDATE);
if(count == 500)
{
    //PB 口整体取反
    GPIO_WriteReverse(GPIOB,GPIO_PIN_ALL);
    count = 0;
}
```

6.4　简易数字时钟

既然已经学会了定时 500 ms,那么就趁热打铁,做个简易的数字时钟吧。电路原理图如图 6-6 所示。

程序代码如下：

```
#include "stm8s. h"

/*---------------- 函数声明 ---------------- */
void display(void);
void delay(unsigned int time);
void data_process(void);

const unsigned char LED_7[11] = {0xc0, 0xf9, 0xa4, 0xb0, 0x99, 0x92, 0x82, 0xf8, 0x80,
0x90,0xbf};
/*---------------- 全局变量 ---------------- */
unsigned char hour = 12, min = 59, sec = 55;
unsigned char hour2, hour1, min2, min1, sec2, sec1;
```

```
void main(void)
{
    /* -------------- TIM4 定时器配置设置 --------------- */
    //TIM4 工作在 8 分频,计数 250 次
    TIM4_TimeBaseInit(TIM4_PRESCALER_8, 250);
    TIM4_SetCounter(250);
    //开启事件更新中断
    TIM4_ITConfig(TIM4_IT_UPDATE, ENABLE);

    /* ------------------- 端口初始化 ---------------------- */
    //设置 PB 口为推挽输出,用于数码管段选
    GPIO_Init(GPIOB, GPIO_PIN_ALL, GPIO_MODE_OUT_PP_HIGH_FAST);
    //设置 PG 口为推挽输出,用于数码管位选
    GPIO_Init(GPIOG, GPIO_PIN_ALL, GPIO_MODE_OUT_PP_HIGH_FAST);
    rim();
    //开启 TIM4
    TIM4_Cmd(ENABLE);
    while (1)
    {
        data_process();
        display();
    }
}


/* 数据处理函数 */
void data_process(void)
{   /* 将 hour,min,sec 个位和十位拆分开,用数码管显示 */
    hour2 = hour / 10;
    hour1 = hour % 10;
    min2 = min / 10;
    min1 = min % 10;
    sec2 = sec /10;
    sec1 = sec % 10;
}


/* 数码管显示函数 */
void display(void)
{   /* 第 8 个数码管显示 hour2 */
    GPIO_Write(GPIOB, LED_7[hour2]);
    GPIO_Write(GPIOG, 0X7F);
```

```
        delay(50);
        GPIO_Write(GPIOG, 0XFF);
        /* 第 7 个数码管显示 hour1 */
        GPIO_Write(GPIOB, LED_7[hour1]);
        GPIO_Write(GPIOG, 0XBF);
        delay(50);
        GPIO_Write(GPIOG, 0XFF);
        /* 第 6 个数码管显示 - */
        GPIO_Write(GPIOB, LED_7[10]);
        GPIO_Write(GPIOG, 0XDF);
        delay(50);
        GPIO_Write(GPIOG, 0XFF);
        /* 第 5 个数码管显示 min2 */
        GPIO_Write(GPIOB, LED_7[min2]);
        GPIO_Write(GPIOG, 0XEF);
        delay(50);
        GPIO_Write(GPIOG, 0XFF);
        /* 第 4 个数码管显示 min1 */
        GPIO_Write(GPIOB, LED_7[min1]);
        GPIO_Write(GPIOG, 0XF7);
        delay(50);
        GPIO_Write(GPIOG, 0XFF);
        /* 第 3 个数码管显示 - */
        GPIO_Write(GPIOB, LED_7[10]);
        GPIO_Write(GPIOG, 0XFB);
        delay(50);
        GPIO_Write(GPIOG, 0XFF);
        /* 第 2 个数码管显示 sec2 */
        GPIO_Write(GPIOB, LED_7[sec2]);
        GPIO_Write(GPIOG, 0XFD);
        delay(50);
        GPIO_Write(GPIOG, 0XFF);
        /* 第 1 个数码管显示 sec1 */
        GPIO_Write(GPIOB, LED_7[sec1]);
        GPIO_Write(GPIOG, 0XFE);
        delay(50);
        GPIO_Write(GPIOG, 0XFF);
}

/* 延时函数 */
```

```
void delay(unsigned int time)
{
    while(time -- );
}


# ifdef USE_FULL_ASSERT
void assert_failed(u8 * file, u32 line)
{
  while (1)
  {
  }
}
# endif
```

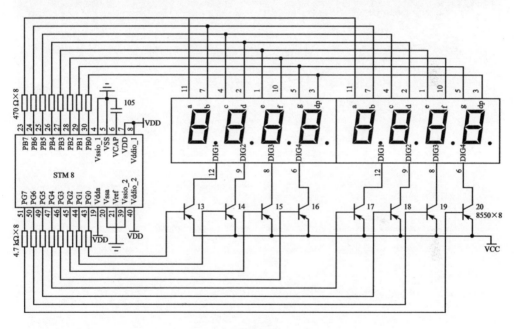

图 6-6 简易数字时钟

stm8s_it. c 中的程序:

首先定义变量 count 用于记录进入中断的次数,然后要声明外部变量 hour、min、sec,用于存放小时、分钟、秒。

```
unsigned int count = 0;
extern unsigned char hour,min,sec;
```

修改"INTERRUPT_HANDLER(TIM4_UPD_OVF_IRQHandler,23)"函数

的内容:

```
INTERRUPT_HANDLER(TIM4_UPD_OVF_IRQHandler, 23)
{
    count ++ ;
    //清除更新中断标志 UIF
    TIM4_ClearITPendingBit(TIM4_IT_UPDATE);
    if(count  ==  1000)
    {
        count = 0;
        sec ++ ;
        if (sec  ==  60)
        {
            sec = 0;
            min ++ ;
            if(min  ==  60)
            {
                min = 0;
                hour ++ ;
                if(hour  ==  24)
                {
                    hour = 0;
                }
            }
        }
    }
}
```

第7章

定时器家族中的大哥大——TIM1

TIM1 定时器是 STM8 单片机中功能最为强大的一个定时器,可以实现定时、计数、外部 PWM 输出、输入捕获、编码器等多种功能,因此被誉为定时器中的大哥大。本章将介绍 TIM1 的主要功能及应用。

7.1 应用 TIM1 的定时功能产生 1 Hz 方波信号

不管 TIM1 的功能多么强大,它的基本定时功能都不能不提。当 TIM1 工作在定时方式时,计数寄存器数的是内部时钟源(f_{MASTER})的时钟信号,当然可能中间有分频器对内部时钟源(f_{MASTER})信号进行分频处理,这取决于设置情况。由于内部时钟源(f_{MASTER})信号的频率是稳定并且固定的。因此,计数寄存器根据数出来的内部时钟源(f_{MASTER})信号的脉冲数就可以换算出时间了,从而实现定时功能。

本小节就是应用 TIM1 的定时功能,设计一个程序在单片机的一个引脚上产生一个频率为 1 Hz、占空比为 50% 的方波输出信号。

7.1.1 产生方波信号的程序设计思想

实现本节设计任务的程序设计思想比较简单,就是启动 TIM1 的定时功能让定时器开始定时,当定时时间到时执行中断函数中的程序,而中断函数中程序的主要内容就是使得指定单片机的引脚输出电平发生翻转,这样就实现了产生方波输出信号的任务。

7.1.2 初始化 TIM1 的具体步骤

虽然产生方波信号的程序设计思想比较简单,但是也必须了解定时器工作在定时方式时都需要设置哪些相关的寄存器。当定时器 TIM1 工作在定时方式时和 5 个寄存器有关,它们分别是:TIM1_PSCR、TIM1_ARR、TIM1_IER、TIM1_CNTR 和 TIM1_CR1。下面是具体的设置步骤。

1. 设置预分频寄存器 TIM1_PSCRH / TIM1_PSCRL

```
TIM1_PSCRH = 0;        //给预分频寄存器的高8位赋值
TIM1_PSCRL = 19;       //给预分频寄存器的低8位赋值
```

与 TIM4 一样,TIM1 也有一个预分频器,不同的是 TIM1 的预分频器是 16 位的,因此,它可以将计数器的时钟频率按 1~65 536 之间的任意值进行分频。

计数器频率计算公式为：

$$f_{CK\_CNT} = f_{CK\_PSC}/(PSCR[15:0]+1)$$

本设计采用系统内部默认的 2 MHz 频率时钟,经过上面的两条语句进行 20 分频后变为 100 kHz 的信号。需要注意的是新的预分频器的值在下一次更新事件到来时被采用。

2. 设置自动重装载寄存器 TIM1_ARRH / TIM1_ARRL

```
TIM1_ARRH = (unsigned char)(50000 >> 8);    //给自动重装载寄存器高8位赋值
TIM1_ARRL = (unsigned char)50000;           //给自动重装载寄存器低8位赋值
```

定时器工作在定时方式时,其计数寄存器中的数值有 3 种变化方式:一种是递增方式如图 7-1 所示,一种是递减方式,还有一种是增减方式。以递增方式为例,计数器从 0 计数到我们定义的比较值(TIMx_ARR 寄存器的值),然后重新从 0 开始计数并产生一个计数器溢出事件。因此,我们就需要设置 TIMx_ARR 寄存器中的数据,从而实现本例中所要产生的 1 Hz 频率的方波输出信号。实际上,只需要设置定时器定时 500 ms 即可,这样高电平和低电平各 500 ms,周期就是 1 s,就实现了占空比为 50% 的 1 Hz 方波信号。那么,定时 500 ms 和给自动重装载寄存器 TIM1_ARR 的值有什么换算关系呢?

前面通过设置预分频器将系统时钟信号分频为 100 kHz,即周期是 0.000 01 s。而给自动重装载寄存器 TIM1_ARR 设置的值为 50 000,因此定时时间是 50 000×0.000 01,结果是 0.5 s。

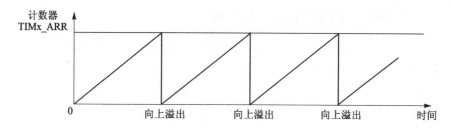

图 7-1　向上计数模式

3．设置定时器更新中断使能

```
TIM1_IER = 0x01;
```

设置定时器 TIM1 定时器溢出更新时产生中断，这样就可以实现在中断中取反单片机的引脚，从而产生 1 Hz 方波信号。具体设置方法就是将 TIM1_IER 中断使能寄存器的最低位设置为"1"。相反，如果将改为设置为"0"，就禁止产生更新中断。

4．给定时器 TIM1 的计数寄存器赋初始值

```
TIM1_CNTRH = (unsigned char)(50000 >> 8);
TIM1_CNTRL = (unsigned char)50000;
```

上面的程序中给定时器 TIM1 的计数寄存器所赋的初始值与自动重装载寄存器 TIM1_ARR 中的值相等，目的是一旦启动定时器开始工作就立即发生溢出，更新各个相关寄存器。

5．启动定时器 TIM1 开始工作

```
TIM1_CR1 |= 0x01;                    //置位 CEN 位，开始计数
```

万事俱备，只欠东风。通过前 4 步已将定时器定时工作的条件都设置好了，现在只需要发号施令让单片机"走"起来即可。方法就是设置控制寄存器 TIM1_CR1 的最低位 CEN 位，当设置该位为"1"时，启动定时器开始计时；当设置该位为"0"时，定时器停止工作。

7.1.3 单片机 I/O 口的设置步骤

为了实现在单片机指定 I/O 口输出 1 Hz 的方波信号，需要对 I/O 口进行设置。具体设置情况如下：

1．设置 I/O 口为输出

```
PB_DDR |= 0x01;                      //设置 PB0 口为输出
```

这里使用的 I/O 口是 PB 口的最低位，即 PB0 口。因此需要将该 I/O 口的方向寄存器 PB_DDR 的最低位设置为"1"。

2．推挽输出方式

```
PB_CR1 |= 0x01;                      //推挽输出
```

3. 设置为快速输出方式

```
    PB_CR2 | = 0x01;                          //快速输出
```

4. 输出初始电平位高电平

```
    PB_ODR | = 0x01;                          //PB0 上电为 1
```

7.1.4 寄存器方式的完整程序

初始化工作准备好了,程序就实现了一半,下面就是直接操作寄存器方式的完整程序代码。

main.c 中的程序如下:

```
# include "stm8s208rb.h"
/*******************函数声明*******************/
void GPIO_Init(void);
void TIM1_Init(void);
void delay(unsigned int time);
/*******************主函数*******************/
void main(void)
{
    GPIO_Init();
    TIM1_Init();
    TIM1_CR1 | = 0x01;                   //置位 CEN 位,开始计数
    _asm("rim");
    while (1);
}
/******************GPIO 初始化*****************/
void GPIO_Init(void)
{
    PB_ODR | = 0x01;                     //PB0 上电为 1
    PB_DDR | = 0x01;                     //设置 PB0 口为输出
    PB_CR1 | = 0x01;                     //推挽输出
    PB_CR2 | = 0x01;                     //快速输出
}
/******************TIM4 初始化*****************/
void TIM1_Init(void)
{
```

```
        //系统时钟为 2 MHz,20 分频,计数器频率为 100 kHz
        TIM1_PSCRH = 0;
        TIM1_PSCRL = 19;
        //开溢出中断
        TIM1_IER = 0x01;
        //计数 50 000 次,为 0.5 s
        TIM1_ARRH = (unsigned char)(50000 >> 8);
        TIM1_ARRL = (unsigned char)50000;
        //设置计数器的值,使定时器一开始即可产生更新事件
        TIM1_CNTRH = (unsigned char)(50000 >> 8);
        TIM1_CNTRL = (unsigned char)50000;
}
/****************延时函数***********************/
void delay(unsigned int time)
{
  while(time -- );
}
/**************TIM1 溢出中断服务程序******************/
@far @interrupt void TIM1_OVF_IRQ(void)
{
        TIM1_SR1 & = 0xFE;              //清楚溢出中断标志位 UIF
        PB_ODR ^ = 0x01;               //PB0 取反
}
```

stm8_interrupt_vector.c 中的修改:

首先声明外部函数:

```
extern @far @interrupt void TIM1_OVF_IRQ(void);
```

修改

```
{0x82, NonHandledInterrupt}, /* irq11 */
```

为

```
{0x82, TIM1_OVF_IRQ}, /* irq11 */
```

需要注意一点,在 TIM1 溢出中断服务程序中,需要将溢出中断标志位清 0,此标志位是定时器状态寄存器 TIM1_SR1 中的最低位 UIF,通过写"0"清标志。

实验时在 PB0 口产生的信号波形通过示波器进行观察,如图 7-2 所示。

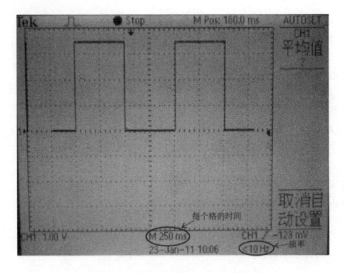

图 7 - 2   TIM1 产生 1 Hz 方波

7.1.5   库函数方式完整程序

为了进一步熟悉库函数的使用方法,这里再给出用库操作的程序,通过和上面操作寄存器的程序进行对比,进一步熟练定时器 TIM1 的定时设置方式。建立好包含库的工程后,还需添加 STM8S_StdPeriph_Driver\src 目录下的 stm8s_tim1.c 文件。

main.c 中的程序如下:

```
# include "stm8s.h"
void main(void)
{
    //PB0 口初始化
    GPIO_Init(GPIOB, GPIO_PIN_0, GPIO_MODE_OUT_PP_HIGH_FAST);
    //TIM1 初始化,20 分频,计数时钟为 100 kHz,向上计数模式,初值为 5 000,重复次数 0
    TIM1_TimeBaseInit(19, TIM1_COUNTERMODE_UP, 50000, 0);
    //允许更新中断
    TIM1_ITConfig(TIM1_IT_UPDATE, ENABLE);
    //产生软件更新事件,使预分频器的值传入缓冲器
    TIM1_GenerateEvent(TIM1_EVENTSOURCE_UPDATE);
    //开总中断
    rim();
    //TIM1 开始计数
    TIM1_Cmd(ENABLE);
    while (1);
}
```

```
#ifdef USE_FULL_ASSERT
void assert_failed(u8 * file, u32 line)
{
  while (1)
  {
  }
}
#endif
```

在 stm8s_it.c 中修改"INTERRUPT_HANDLER(TIM1_UPD_OVF_TRG_ BRK_IRQHandler,11)"函数为：

```
INTERRUPT_HANDLER(TIM1_UPD_OVF_TRG_BRK_IRQHandler, 11)
{
    //清除更新中断标志位
    TIM1_ClearFlag(TIM1_FLAG_UPDATE);
    //取反 PB0
    GPIO_WriteReverse(GPIOB, GPIO_PIN_0);
}
```

7.2 计数功能——会数数的 TIM1

51 单片机中有一个叫 T1 的定时/计数器，说明它有两个功能：定时和计数。遗憾的是 STM8 单片机中的 TIM4 没有计数功能，那么来看看 TIM1"大哥"的风采吧。看看它的计数功能。

当 TIM1 工作在定时模式时，定时器的时钟 CK_PSC 由内部时钟分频后提供，而如果把时钟源由内部改为外部，当外部的电平发生变化，TIM1_CNTR 中的值就会变化，这样就实现了计数功能。当 TIM1 工作在计数方式时，它可以数单片机片外输入的脉冲信号的脉冲数，由于片外脉冲信号的频率一般不是固定的，因此，此时数出来的数只能是脉冲数，而不能换算成对应的定时时间。那么，有几个引脚可以输入脉冲信号给 TIM1 呢？TIM1 有两种外部输入脉冲源：一种是从捕获/比较通道（TIM1_CH1 或 TIM1_CH2）输入的脉冲信号，另一种是从外部触发信号引脚（ETR）输入的脉冲信号。

7.2.1 外部时钟源模式 1——从捕获/比较通道数数

当定时器 TIM1 工作在外部时钟源模式 1 时，计数器可以在选定输入端的每个上升沿或下降沿计数。虽然 TIM1 有 4 个捕获/比较通道，但是，外部时钟源只可以从 TIM1_CH1 和 TIM1_CH2 输入。

如果外部脉冲信号从 TIM1_CH2 输入，信号经过的路径如图 7-3 所示。

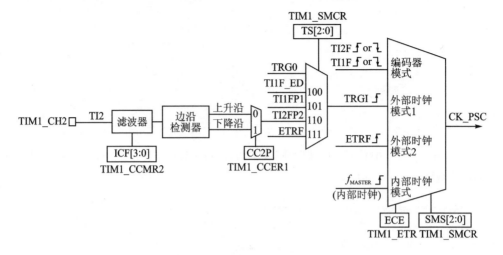

图 7-3　定时器 1 通道 2 的外部时钟连接框图

1. 外部信号进入单片机的通道及设置步骤

① 首先进行滤波，对 TIM1_CH2 输入的信号滤波是由捕获/比较模式寄存器 TIM1_CCMR2 中的 IC2F[3：0]这 4 位控制决定的，具体滤波情况如表 7-1 所列。本例中设置 IC2F[3：0]这几位为 1111，对应程序代码：

```
TIM1_CCMR2 |= 0xf0;
```

表 7-1　输入捕获滤波器设置

IC2F[3：0]	采样频率	N	IC2F[3：0]	采样频率	N
0000	$f_{SAMPLING} = f_{MASTER}$	无	1000	$f_{SAMPLING} = f_{MASTER}/8$	6
0001	$f_{SAMPLING} = f_{MASTER}$	2	1001	$f_{SAMPLING} = f_{MASTER}/8$	8
0010	$f_{SAMPLING} = f_{MASTER}$	4	1010	$f_{SAMPLING} = f_{MASTER}/16$	5
0011	$f_{SAMPLING} = f_{MASTER}$	8	1011	$f_{SAMPLING} = f_{MASTER}/16$	6
0100	$f_{SAMPLING} = f_{MASTER}/2$	6	1100	$f_{SAMPLING} = f_{MASTER}/16$	8
0101	$f_{SAMPLING} = f_{MASTER}/2$	8	1101	$f_{SAMPLING} = f_{MASTER}/32$	5
0110	$f_{SAMPLING} = f_{MASTER}/4$	6	1110	$f_{SAMPLING} = f_{MASTER}/32$	6
0111	$f_{SAMPLING} = f_{MASTER}/4$	8	1111	$f_{SAMPLING} = f_{MASTER}/32$	8

② 滤波后的信号再经过一个边沿检测器后，产生上升沿和下降沿信号，需要设置捕获/比较使能寄存器 TIM1_CCER1 中的 CC2P 位来选择输入信号的边沿，本例中选择的是低电平或下降沿触发输入信号 TI2F，设置程序代码如下：

```
TIM1_CCER1 = 0x20;
```

③ 接下来选择同步计数器的触发输入源,方法是设置从模式控制寄存器 TIM1_SMCR 中的 TS[6:4]这 3 位。本例中设置的是滤波后的定时输入 2(TI1FP2),即设置 TS[6:4]这 3 位为 110,具体程序代码如下:

```
TIM1_SMCR |= 0x60;
```

④ 设置外部时钟模式 1 方式,选择触发输入的上升沿驱动计数器,方法是设置从模式控制寄存器 TIM1_SMCR 中的 SMS[2:0]这 3 位。本例中需要将此 3 位设置为"111",具体程序代码如下:

```
TIM1_SMCR |= 0x07;
```

⑤ 启动定时器 TIM1 开始工作:

```
TIM1_CR1 |= 0x01;                    //置位 CEN 位,开始计数
```

设置控制寄存器 TIM1_CR1 的最低位 CEN 位为"1"时,启动定时器开始计时;当设置该位为"0"时,定时器停止工作。

2. 相应的 I/O 输入引脚的配置

为了能够让触发信号顺利地从指定 I/O 口输入进来,需要对 I/O 口进行相应的设置。因此,本例中需要设置 PC2 引脚为上拉输入不中断方式;同时,用 PB 口所连接的 LED 发光二极管显示当前计数寄存器低 8 位 TIM1_CNTRL 的值。所以,要设置 PB 口为输出方式。具体程序代码如下:

```
PC_DDR = 0x00;
PC_CR1 = 0xff;

PB_ODR = 0xff;
PB_DDR = 0xff;
PB_CR1 = 0xff;
PB_CR2 = 0xff;
```

3. 电路原理图

电路原理图如图 7-4 所示。在单片机的 PC2(TIM1_CH2)引脚输入方波信号,TIM1 对此方波信号进行计数,并把所数的脉冲数用接在 PB 口的 LED 发光二级管显示。

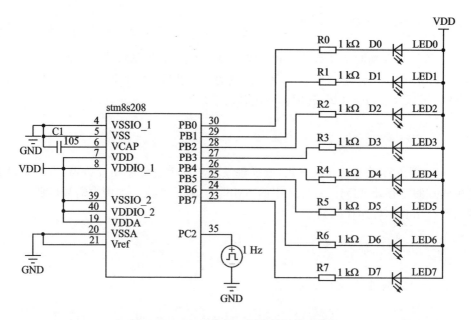

图 7 - 4　TIM1 数 PC2 引脚输入的脉冲数

4. 寄存器方式程序代码

```
# include "stm8s208rb.h"
/****************函数声明********************/
void TIM1_Init(void);
void GPIO_Init(void);
/****************主函数********************/
main()
{
    GPIO_Init();
    TIM1_Init();
    //开启 TIM1
    TIM1_CR1 |= 0x01;
    while (1)
    {
        PB_ODR = ~TIM1_CNTRL;
    }
}
/**************TIM1 外部时钟模式 1 初始化*************/
void TIM1_Init(void)
{
    //输入捕获 1 滤波器设置为采样频率 fSAMPLING = fMASTER/32,N = 8
```

```
    TIM1_CCMR1 |= 0xf0;
    //捕获发生在 TI2F 的低电平或下降沿
    TIM1_CCER1 = 0x20;
    //TIM1 工作在外部时钟模式 1
    TIM1_SMCR |= 0x07;
    //选择 TI2 作为输入源
    TIM1_SMCR |= 0x60;
}
/********************GPIO 初始化*********************/
void GPIO_Init(void)
{
    //PB 口显示 TIM1_CNTRL 中的值,设置 PB 口为推挽快速输出方式
    PB_ODR = 0xff;
    PB_DDR = 0xff;
    PB_CR1 = 0xff;
    PB_CR2 = 0xff;
    //PC2 为 TIM1 的捕获/比较通道 2,设置为上拉输入
    PC_DDR = 0x00;
    PC_CR1 = 0xff;
}
```

5. 库函数方式程序代码

应用库函数再次编写程序,需要包含 stm8s_gpio. c 和 stm8s_tim1. c 这两个函数。具体程序代码如下:

```
#include "stm8s.h"
void main(void)
{
    //PB 口显示 TIM1_CNTRL 中的值
    GPIO_Init(GPIOB, GPIO_PIN_ALL, GPIO_MODE_OUT_PP_HIGH_FAST);
    //PC2 为 TIM1 的捕获/比较通道 2,设置为上拉输入
    GPIO_Init(GPIOC, GPIO_PIN_2, GPIO_MODE_IN_PU_NO_IT);
    //配置为外部时钟源模式 1,3 个参数的作用分别为输入通道、电平极性和滤波器数值
    TIM1_TIxExternalClockConfig(TIM1_TIXEXTERNALCLK1SOURCE_TI2,
                                TIM1_ICPOLARITY_FALLING, 0x0f);
    //TIM1 开始计数
    TIM1_Cmd(ENABLE);
    while (1)
    {
        //将计数器低 8 位 TIM1_CNTR 取反后输出到 PB 口
```

```
            GPIO_Write(GPIOB, ~(u8)TIM1_GetCounter());
      }
}
# ifdef USE_FULL_ASSERT
void assert_failed(u8 * file, u32 line)
{
   while (1)
   {
   }
}
# endif
```

7.2.2　外部时钟源模式 2——从外部触发引脚数脉冲数

当配置 TIM1 工作在外部时钟模式 2 时，TIM1 可以数外部引脚 TIM1_ETR (STM8S208 芯片的 PB3 引脚)引脚输入的脉冲信号。图 7-5 为外部触发输入系统框图。

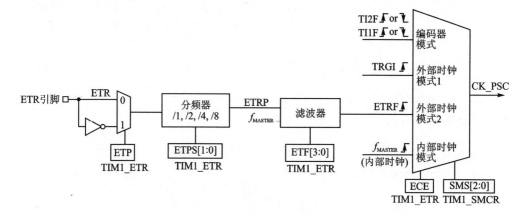

图 7-5　外部触发输入系统框图

1. 外部信号进入单片机的通道及设置步骤

现在结合图 7-5 看看外部信号进入单片机后的信号传输通道，并对相关寄存器进行设置。

① 首先，外部信号从单片机引脚 TIM1_ETR(STM8S208 芯片的 PB3 引)输入，设置外部触发寄存器 TIM1_ETR 的最高位 ETP 选择触发信号极性。本例中选择下降沿，因此需要将 ETP 位置"1"。程序代码如下：

```
TIM1_ETR | = 0x80;
```

② 设置外部输入信号预分频。外部触发信号的频率最大不能超过 $f_{MASTER}/4$。可以设置外部触发寄存器 TIM1_ETR 的 ETPS[5：4]这两位来降低信号的频率。具体设置情况如下：

> 00:预分频器关闭;01:EPRP 的频率/2;10:EPRP 的频率/4;11:EPRP 的频率/8。

本例中设置为 2 分频,所有设置程序代码如下：

```
TIM1_ETR | = 0x10;
```

③ 外部触发滤波器。如果输入信号质量不好,可以考虑启用片内滤波器。需要设置 TIM1_ETR 寄存器的最低 4 位。具体这几位的设置情况可以参考表 7 - 1。本例中将这 4 位设置为"1111",因此,程序代码如下：

```
TIM1_ETR | = 0x0f;
```

④ 使能外部时钟模式 2。通过设置寄存器 TIM1_ETR 的 ECE 位使能外部时钟,只需要将该位置"1"即可。具体程序如下：

```
TIM1_ETR | = 0x40
```

⑤ 启动定时器 TIM1 开始工作,

```
TIM1_CR1 | = 0x01;                    //置位 CEN 位,开始计数
```

设置控制寄存器 TIM1_CR1 的最低位 CEN 为"1"时,启动定时器开始计时;当设置该位为"0"时,定时器停止工作。

2. 相应的 I/O 输入引脚的配置

为了能够让触发信号顺利地从指定 I/O 口输入进来,需要对 I/O 口进行相应的设置。因此,本例中需要设置 PB3 引脚为上拉输入不中断方式;同时,我们用 PG 口所连接的 LED 发光二极管显示当前计数寄存器低 8 位 TIM1_CNTRL 的值。所以,要设置 PG 口为输出方式。具体程序代码如下：

```
PB_DDR = 0x00;
PB_CR1 = 0xff;
PG_ODR = 0xff;
PG_DDR = 0xff;
PG_CR1 = 0xff;
PG_CR2 = 0xff;
```

3. 电路原理图

电路图如图 7-6 所示。方波信号从 PB3 引脚输入,TIM1 对此信号进行计数,并通过 PG 口接的 LED 发光二级管显示当前所数的脉冲数。

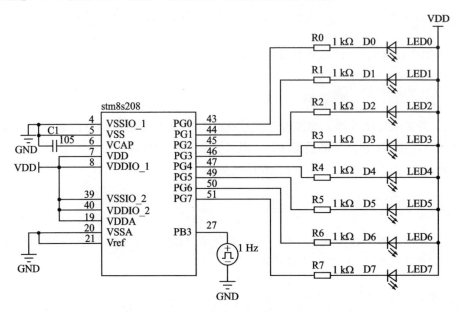

图 7-6　TIM1 数外部触发输入引脚(PB3)脉冲数

4. 寄存器方式程序代码

```
# include "stm8s208rb.h"
/*********************函数声明 *********************/
void TIM1_Init(void);

void GPIO_Init(void);
/*********************主函数 *********************/
main()
{
    GPIO_Init();

    TIM1_Init();

    //开启 TIM1

    TIM1_CR1 |= 0x01;

    while (1)
    {
        PE_ODR = ~TIM1_CNTRL;
    }
}
```

```
/***************TIM1 外部时钟模式 1 初始化**************/
void TIM1_Init(void)
{
    //低电平或下降沿有效
    TIM1_ETR |= 0x80;
    //外部触发预分频值为 2
    TIM1_ETR |= 0x10;
    //外部触发滤波器设置为采样频率 f_SAMPLING = f_MASTER/32,N = 8
    TIM1_ETR |= 0x0f;
    //使能外部时钟模式 2
    TIM1_ETR |= 0x40;
}
/*******************GPIO 初始化*******************/
void GPIO_Init(void)
{
    //PG 口显示 TIM1_CNTRL 中的值
    PG_ODR = 0xff;
    PG_DDR = 0xff;
    PG_CR1 = 0xff;
    PG_CR2 = 0xff;
    //PB3 为 TIM1 外部触发引脚,设置为上拉输入
    PB_DDR = 0x00;
    PB_CR1 = 0xff;
}
```

5. 库函数方式程序代码

应用库函数再次编写程序,需要包含 stm8s_gpio.c 和 stm8s_tim1.c 这两个函数。具体程序代码如下:

```
#include "stm8s.h"
void main(void)
{
    //PG 口显示 TIM1_CNTRL 中的值
    GPIO_Init(GPIOG, GPIO_PIN_ALL, GPIO_MODE_OUT_PP_HIGH_FAST);
    //PB3 为 TIM1 的外部触发引脚,设置为上拉输入
    GPIO_Init(GPIOB, GPIO_PIN_3, GPIO_MODE_IN_PU_NO_IT);
    // 配置为外部时钟源模式 2,3 个参数作用为预分频值、电平极性和滤波器数值
    TIM1_ETRClockMode2Config(TIM1_EXTTRGPSC_DIV2, TIM1_EXTTRGPOLARITY_INVERTED,
    0x0f);
    //TIM1 开始计数
```

```
    TIM1_Cmd(ENABLE);
    while (1)
    {
        GPIO_Write(GPIOE, ~(u8)TIM1_GetCounter());
    }
}
# ifdef USE_FULL_ASSERT
void assert_failed(u8 * file, u32 line)
{
  while (1)
  {
  }
}
# endif
```

7.3 输入捕获——测量周期和占空比

对于 STM8S208RB 的定时器来说，定时、计数都是小儿科，其真正强大的功能是输入捕获和输出比较。输入捕获顾名思义是捕获输入的信号，我们捕获信号的目的一般是测量其周期或占空比，接下来利用 STM8S208RB 中 TIM1 的输入捕获功能进行波形测量。

7.3.1 输入捕获概述

先来说说如何测量周期。测量周期的原理是这样的，当被测信号的边沿（如下降沿）到来时，启动定时器开始定时，等被测信号的下降沿再一次到来时读取定时器的计数值，从而就可以计算出被测信号的周期。测量占空比的原理也很类似，这里先暂不细讲。

STM8 实现捕获功能比较容易，首先 TIM1 总共有 4 个捕获比较通道，分别是 PC1/TIM1_CH1、PC2/TIM1_CH2、PC3/TIM1_CH3、PC4/TIM1_CH4，它们分别是 STM8S208RB 的 34、35、56 和 37 引脚，也就是说一个定时器就可以捕获 4 路信号，互不干扰，而且也无需过多的 CPU 参与，一旦设置好工作方式，单片机会自动地在触发捕获的时候把数记下来。除此之外，TIM1 的捕获功能还可以对输入的信号进行滤波，当信号频率过高时也可将输入信号分频后再进行测量，这些都是比较实用的功能。

7.3.2 捕获输入信号进入单片机后的"走向"

图 7-7 是 TIM1 的 4 个捕获通道输入模块框图，而图 7-8 更详细一些，是

TIM1_CH1 的详细框图。下面就根据框图来看看信号在 TIM1 内是如何被测量的。

图 7-7 中左侧的方块是单片机的 I/O 口,信号从这里进入单片机。从图 7-7 可以看出信号进入单片机后,并不是立刻进入捕获单元,而是经过滤波和边沿检测,变换为 TIxFPx 后才进入了 ICx,而 IC 就是 Input Capturer,也就是输入捕获的缩写。以 TIM1_CH1 为例,输入的 TI1 信号经过滤波、边沿检测后输出了两路信号——TI1FP1 和 TI2FP2。其实这两路信号完全相同,只不过一路进入了输入捕获 1,另一路进入了输入捕获 2,也就是说,从 TIM1_CH1 引脚进入的信号可以使用输入捕获 2 来进行测量,这个功能在测量周期的时候并没有什么用,但是测量信号占空比就比较有用了。

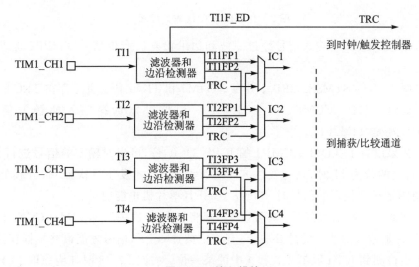

图 7-7 输入模块

与图 7-7 相比,图 7-8 则具体到寄存器,可以清楚地看到哪些寄存器控制捕获输入信号的走向。下面结合图 7-8 分析一下应用捕获功能所涉及的寄存器的设置方法。

① 信号从引脚 TIM1_CH1 进入单片机后,命名此信号为 TI1,首先进入了滤波器模块,可以通过 TIM1_CCMR1 寄存器的 ICF[3:0]位进行设置,主要设置的是滤波器的采样频率和数字滤波的长度,当检测到信号跳变时,滤波器开始工作,只有连续的 N(根据寄存器的设置)次采集信号没有发生变化,才认为是有效的跳变信号,并输出信号 TI1F。有关 TIM1_CCMR1 寄存器的 ICF[3:0]位的设置情况可以参考表 7-1。

② 通过寄存器 TIM1_CCER1 中的 CC1P 位可以设置边沿的敏感性,可以选择上升沿或者下降沿触发,并输出信号 TI1FP1 和 TI1FP2,其中 TI1FP1 进入 IC1,而 TI1FP2 进入到了 IC2 中,图 7-8 中并没有画出 TI1FP2,但是实际上是有 TI1FP2 的。

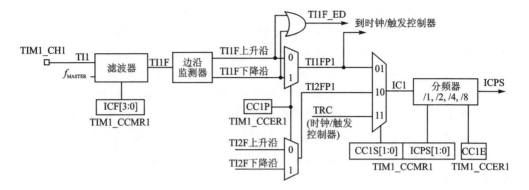

图 7 - 8　TIM1_CH1 输入框图

③ TIM1_CH2 的输入信号经过滤波和边沿检测后产生信号 TI2FP1 也进入到 IC1 中。

④ 图 7 - 8 的 STM8S208RB 中并没有 TIM5 和 TIM6,因此并不存在 TRC 信号。

⑤ 通过 TIM1 _ CCMR1 的 CC1S[1∶0]位可以选择输入的触发信号是 TIM1FP1 还是 TIM2FP1。

⑥ 如果设置了 TIM1_CCMR1 的 ICPS[1∶0]位,可以对输入的信号进行分频,例如设置这两位为 11 时,只有发生 8 个触发事件时,才发生一次捕获,分频的好处是,即使测量频率较高的信号时,STM8S208RB 单片机也能应付。

⑦ 前面所有都设置好后,就可以"开闸将信号放过去"了,TIM1_CCER1 中的 CC1E 位就是输入捕获 1 的总开关,只有该位被置"1"了,信号才能最终被捕获到。

⑧ 当检测到 ICi(i 取 1、2、3 和 4 中的某一位,对应图 7 - 8 时,i 应该取 1)上相应的边沿后,计数器的当前值(TIM1_CNTRH、TIM1_CNTRL)被锁存到捕获/比较寄存器(TIM1_CCRx)中,例如 IC1 上发生捕获时,TIM1_CNTR 中的值被锁存到 TIM1_CCR1 中。

⑨ 当发生捕获事件时,相应的 TIM1_SR 寄存器的 CCiIF 标志位被置 1。如果 TIM1_IER 寄存器的 CCiIE 位被置位,则将产生中断请求。

⑩ 如果再一次发生捕获事件时 CCiIF 标志已经为高,那么重复捕获标志 CCiOF (TIM1_SR2 寄存器中的一位)将被置 1。

⑪ 写 CCiIF=0 或读取存储在 TIM1_CCRiL 寄存器中的捕获数据都可清除 CCiIF。写 CCiOF=0 可清除 CCiOF。

7.3.3　测量方波信号的周期

我们使用 STM8S208RB 的时钟输出功能(CCO),使 PE0 产生一个 128 kHz 左右的方波,然后使用 TIM1_CH1 进行输入捕获,从而测量其周期。CCO 功能请参见 4.6 节。

1. 硬件电路设计

电路如图 7-9 所示。PB 口连接数码管的位选，PG 口连接数码管的段选，PE0 (CCO)输出方波信号，并将此方波信号输入到 PC1(TIM1_CH1)，通过 PC1 进入单片机内部捕获单元，对此信号的周期进行测量。最终将测得的信号的频率显示在数码管上，单位是 kHz。

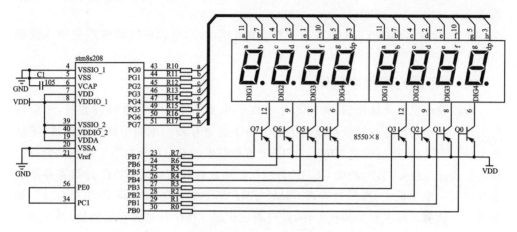

图 7-9　数码管显示捕获输入端测得的信号周期

2. 设置步骤

现在具体说明一下当 TI1 输入上升沿时如何将捕获计数器的值记录到 TIM1_CCR1 寄存器中，步骤如下：

① 选择有效输入端。例如：CC1 通道被配置为输入，IC1 映射在 TI1FP1 上，即 TIM1_CCR1 连接到 TI1 输入，所以写入 TIM1_CCMR1 寄存器中的 CC1S=01，此时通道被配置为输入，并且 TIM1_CCR1 寄存器变为只读。设置程序如下：

```
TIM1_CCMR1 | = 0x01;
```

② 根据输入信号 TIi 的特点，可通过配置 TIM1_CCMRi 寄存器中的 ICiF 位来设置相应的输入滤波器的滤波时间。因为 PE0 输出的 LSI 时钟无抖动，不需要配置滤波器。

③ 选择 TI1 通道的有效转换边沿，例如，选择上升沿，需要设置 TIM1_CCER1 寄存器中 CC1P 这一位为"0"。由于寄存器 TIM1_CCER1 中的 CC1P 这一位默认为 "0"，所以，不需要写程序设置即可。

④ 配置输入预分频器。在本例中，LSI 为 128 kHz 左右，频率较高，因此进行 8 分频(写 TIM1_CCMR1 寄存器的 IC1PSC=11)。

```
TIM1_CCMR1 | = (0x03 << 2);       //设置 TIM1_CCMR1 寄存器的 IC1PSC = 11
```

⑤ 设置 TIM1_CCER1 寄存器的 CC1E＝1,允许捕获计数器的值到捕获寄存器中。

```
TIM1_CCER1 |= 0x01;
```

⑥ 如果需要,通过设置 TIM1_IER 寄存器中的 CC1IE 位为"1"则允许捕获中断请求。

注意,设置 TIM1_EGR 寄存器中相应的 CCiG 位,可以通过软件产生输入捕获中断。

3. 寄存器方式程序代码

程序设计思想是这样的,在初始化中将所涉及单片机的 I/O 口设置好,然后按照上述设置步骤设置与捕获功能相关的 TIM1 的寄存器。本例中使用查询法,不使能中断。在开启(通过设置 TIM1_CCER1 寄存器中的 CC1E 为"1")了捕获功能以后查询捕获标志位 CC1IF,如果 CC1IF 为"1",就将此时捕获到的 TIM1 计数寄存器的值存储到一个变量中,然后再查询 TIM1_SR2 寄存器中的 CC1OF 位是否为"1",如果为"1",则表示再次发生捕获事件,此时再次记录 TIM1 计数寄存器的值,两次捕获到的值相减,就可以计算出被测方波信号的周期。但是,由于本例中对被测信号进行了分频,所以在计算周期时要把这个因素考虑进去。具体程序代码如下:

```c
# include <stm8s208rb.h>
unsigned long frequency;
unsigned int captureValue1,captureValue2;
unsigned char gewei,shiwei,baiwei,qianwei;
unsigned char dis[] = {0xc0,0xf9,0xa4,0xb0,0x99,0x92,0x82,0xf8,0x80,0x90};

void TIM1_Init(void);
void CCO_Init(void);
void GPIO_Init(void);
void Display(void);
void Delay(unsigned int t);

main()
{
    unsigned int i;
    /*  系统时钟不分频,为 16 MHz */
    CLK_CKDIVR = 0x00;
    GPIO_Init();
    CCO_Init();
```

```
    TIM1_Init();
    while(1)
    {
        /* 捕获使能 */
        TIM1_CCER1 |= 0x01;
        /* 等待 CC1IF 被置位 */
        while((TIM1_SR1 & 0x02) == 0);
        captureValue1 = (unsigned int)TIM1_CCR1H << 8;
        captureValue1 |= TIM1_CCR1L;
        /* 等待第二次置位 */
        while((TIM1_SR1 & 0x02) == 0);
        captureValue2 = (unsigned int)TIM1_CCR1H << 8;
        captureValue2 |= TIM1_CCR1L;
        /* 捕获禁止 */
        TIM1_CCER1 &= 0xfe;
        /* (captureValue2 - captureValue1)/16000000 为测量周期,
           因为进行了 8 分频,所以实际频率×8 */
        frequency = (8 * 16000000UL)/(captureValue2 - captureValue1);
        /* 单位换算成 kHz,小数点后 1 位 */
        frequency = frequency/100;
        /* 显示频率 */
        for(i = 0; i < 500; i++)    Display();
    }
}


void CCO_Init(void)
{
    /* 时钟输出为 fLSI */
    CLK_CCOR |= 0x02;
    /* 开启 CCO 时钟输出 */
    CLK_CCOR |= 0x01;
}


void TIM1_Init(void)
{
    /* CC1 通道被配置为输入,IC1 映射在 TI1FP1 上 */
    TIM1_CCMR1 |= 0x01;
    /* IC1PSC[1:0]被配置为 11,即 8 分频 */
    TIM1_CCMR1 |= (0x03 << 2);
    /* 定时器开始计数 */
```

```
        TIM1_CR1 |= 0x01;
}

void GPIO_Init(void)
{
    /* 数码管段选 */
    PG_ODR = 0xff;
    PG_DDR = 0xff;
    PG_CR1 = 0xff;
    PG_CR2 = 0xff;
    /* 数码管位选 */
    PB_ODR = 0xff;
    PB_DDR = 0xff;
    PB_CR1 = 0xff;
    PB_CR2 = 0xff;
}

void Display(void)
{
    qianwei = frequency/1000;
    baiwei = (frequency%1000)/100;
    shiwei = (frequency%100)/10;
    gewei = frequency%10;
    PG_ODR = dis[gewei];
    PB_ODR = 0xfe;
    Delay(100);
    PB_ODR = 0xff;
    /* 十位亮小数点 */
    PG_ODR = dis[shiwei] & 0x7f;
    PB_ODR = 0xfd;
    Delay(100);
    PB_ODR = 0xff;
    PG_ODR = dis[baiwei];
    PB_ODR = 0xfb;
    Delay(100);
    PB_ODR = 0xff;
    PG_ODR = dis[qianwei];
    PB_ODR = 0xf7;
    Delay(100);
    PB_ODR = 0xff;
```

```
}

void Delay(unsigned int t)
{
    while(t--);
}
```

在上面的程序中,我们通过设计程序使得 STM8S208RB 单片机的 PE0 引脚输出产生方波信号,通过示波器观察后如图 7-10 所示。

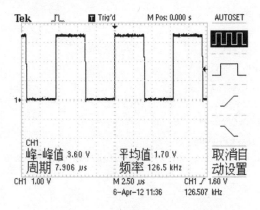

图 7-10　系统 LSI 时钟输出

将 PE0 引脚与捕获输入引脚 TIM1_CH1 相连,通过上文中的程序实现对该方波信号的捕获,通过计算得到该信号的频率,数码管显示如图 7-11 所示。由于本例

图 7-11　TIM1 测得的频率

中对输入信号进行了分频,因此,示波器上显示的频率数值与数码管上的频率值有偏差,这属于正常情况,在误差范围内。

4. 库函数方式程序代码

下面通过操作库函数的方式再次完成测量 PE0 口所产生的方波信号的频率。这次使用中断法,在中断中将数据记录下来,然后在主程序中计算并显示,工程中包含固件库中的 stm8s_clk.c、stm8s_gpio.c、stm8s_tim1.c 这 3 个文件。

main.c 中的程序如下:

```
#include "stm8s.h"

void Delay(unsigned int t);
void Display(void);
u32 frequency = 0;
volatile u16 captureValue1 = 0, captureValue2 = 0;
volatile u8 numberOfCaptuer = 0,successFlag = 0;
u8 gewei,shiwei,baiwei,qianwei;
u8 dis[] = {0xc0,0xf9,0xa4,0xb0,0x99,0x92,0x82,0xf8,0x80,0x90};

void main(void)
{
    u16 i;
    /* 系统时钟不分频,为 16 MHz */
    CLK->CKDIVR = 0x00;
    /* 初始化数码管段选 PG、位选 PB */
    GPIO_Init(GPIOG, GPIO_PIN_ALL, GPIO_MODE_OUT_PP_HIGH_SLOW);
    GPIO_Init(GPIOB, GPIO_PIN_ALL, GPIO_MODE_OUT_PP_HIGH_SLOW);
    /* 捕获功能初始化,通道 1、上升沿、IC1 映射到 TI1FP1、8 分频、不滤波 */
    TIM1_ICInit(TIM1_CHANNEL_1, TIM1_ICPOLARITY_RISING,
                TIM1_ICSELECTION_DIRECTTI, TIM1_ICPSC_DIV8, 0x00);
    /* 设置 UG 位不产生中断 */
    TIM1_UpdateRequestConfig(TIM1_UPDATESOURCE_REGULAR);
    /* 产生更新事件,更新各寄存器 */
    TIM1_GenerateEvent(TIM1_EVENTSOURCE_UPDATE);
    /* 开启溢出和捕获比较中断 */
    TIM1_ITConfig((TIM1_IT_UPDATE | TIM1_IT_CC1), ENABLE);
    /* 开启 TIM1 */
    TIM1_Cmd(ENABLE);
    /* 开总中断 */
```

```
    rim();
    /* 开启捕获 1 */
    TIM1_CCxCmd(TIM1_CHANNEL_1, ENABLE);
    /* PE0 口输出 LSI 时钟,128 kHz */
    CLK_CCOConfig(CLK_OUTPUT_LSI);
    while (1)
    {
        if(successFlag == 1)
        {
            frequency = (8 * 16000000UL) / (captureValue2 - captureValue1);
            frequency /= 100;
            successFlag = 0;
            for(i = 0; i < 500; i++)    Display();
            TIM1_CCxCmd(TIM1_CHANNEL_1, ENABLE);
        }
    }
}
void Delay(unsigned int t)
{
    while(t--);
}
void Display(void)
{
    qianwei = frequency/1000;
    baiwei = (frequency%1000)/100;
    shiwei = (frequency%100)/10;
    gewei = frequency%10;
    GPIO_Write(GPIOG, dis[gewei]);
    GPIO_Write(GPIOB, 0xfe);
    Delay(100);
    GPIO_Write(GPIOB, 0xff);
    /* 十位亮小数点 */
    GPIO_Write(GPIOG, dis[shiwei] & 0x7f);
    GPIO_Write(GPIOB, 0xfd);
    Delay(100);
    GPIO_Write(GPIOB, 0xff);
    GPIO_Write(GPIOG, dis[baiwei]);
    GPIO_Write(GPIOB, 0xfb);
    Delay(100);
    GPIO_Write(GPIOB, 0xff);
```

```
    GPIO_Write(GPIOG, dis[qianwei]);
    GPIO_Write(GPIOB, 0xf7);
    Delay(100);
    GPIO_Write(GPIOB, 0xff);
}


#ifdef USE_FULL_ASSERT
void assert_failed(u8 * file, u32 line)
{
    while (1)
    {
    }
}
#endif
```

stm8s_it.c 中的程序如下：

```
...
extern volatile u16 captureValue1, captureValue2;
extern volatile u8 numberOfCaptuer, successFlag;
...
INTERRUPT_HANDLER(TIM1_UPD_OVF_TRG_BRK_IRQHandler, 11)
{
    /* 清除溢出中断标志位 */
    TIM1_ClearITPendingBit(TIM1_IT_UPDATE);
    /* 重新开始捕获 */
    numberOfCaptuer = 0;
}


INTERRUPT_HANDLER(TIM1_CAP_COM_IRQHandler, 12)
{
    if((TIM1 -> SR1 & TIM1_FLAG_CC1) != 0)
    {
        /* 第一次捕获 */
        if(numberOfCaptuer == 0)
        {
            captureValue1 = TIM1_GetCapture1();
            numberOfCaptuer = 1;
        }
        /* 第二次捕获 */
```

```
                else
                {
                    /* 关闭捕获 */
                    TIM1_CCxCmd(TIM1_CHANNEL_1, DISABLE);
                    captureValue2 = TIM1_GetCapture1();
                    numberOfCaptuer = 0;
                    successFlag = 1;
                }
            }
        }
        ...
```

7.3.4 测量 PWM 信号的占空比

占空比是指高电平在一个周期之内所占的时间比率,因此要想测量一个 PWM 的占空比,首先要测得它的周期,再测出高电平在整个周期中的时间就可以了。那么用 TIM1 是如何测量占空比的呢?

1. TIM1 测量占空比的原理

如图 7 - 12 所示,只要 TIM1 能够捕获信号的上升沿,又能捕获信号的下降沿,就可以实现测量脉冲宽度和脉冲周期了。具体测量原理是:当捕获到第一个上升沿时,定时器开始计时;捕获到下降沿时,将定时器中的数保存下来;当捕获到第二个上升沿时,将当前定时器的值再保存下来,并清零定时器使其重新开始计时。这样得到的第一个值就是脉冲的宽度,而第二个值就是脉冲的周期。用第一个捕获值除以第二个捕获值就得到了所测信号的占空比。

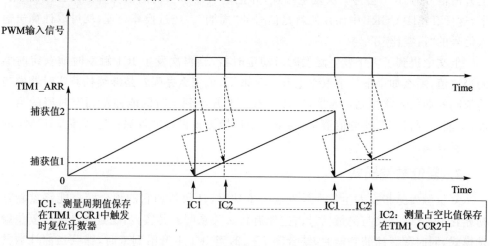

图 7 - 12　测量 PWM 信号占空比

方法知道了,该如何设置 TIM1 的相关寄存器呢？为了方便查看,我们参考 TIM1 输入模块的框图分析,如图 7 - 13 所示。

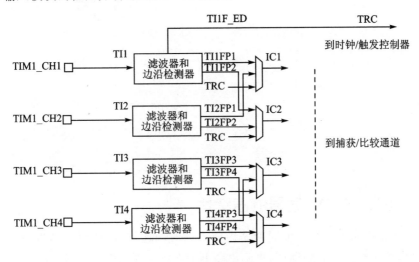

图 7 - 13 TIM1 输入模块

从图 7 - 13 中可以看到,从 TIM1 通道 1 即 TIM1_CH1 进入的信号经过滤波和边沿检测后输出两路信号 TI1FP1 和 TI2FP2,这两路信号是完全相同的信号。其中 TI1FP1 进入了 IC1 中而 TI1FP2 则进入 IC2 中。两路信号之所以兵分两路分别进入 IC1 和 IC2 主要就是为了实现测量占空比。可以设置 IC1 这路信号使用上升沿触发,而 IC2 这路选择下降沿触发。结合图 7 - 12,当信号第一次出现上升沿时 IC1 触发,定时器开始计数工作。当出现下降沿时,IC2 触发,此时定时器中的值被保存到 TIM1_CCR2 中,其实,TIM1_CCR2 中保存的值就是"脉冲宽度";当 IC1 上再次出现上升沿信号时,IC1 会再一次发生触发,并把定时器中当前的值保存到 TIM1_CCR1 中,这样 TIM1_CCR1 中保存的就是信号的"周期"。经过换算处理,就可以计算出输入信号的"占空比"了。

上文中提到了 IC1 发生触发时启动定时器,当再次发生 IC1 触发时捕获定时器的当前值,那么如果下一个 IC1 上升沿又来了,该怎么办呢？是继续捕获定时器的当前值吗？如何才能控制定时器,实现当 IC1 上升沿到来时既能捕获到定时器的当前值,又能立刻将定时器的值清零,为下一个周期测量做好准备呢？这就涉及 TIM1 的复位触发模式了。

2. 复位触发模式

复位触发是指在发生一个触发输入事件时,计数器和它的预分频器能够重新被初始化。那么,这又与测量信号占空比有什么关系呢？其实,当配置 TIM1 为复位触发模式,同时配置捕获功能时,结合图 7 - 12,当 IC1 上升沿到来时,捕获当前计数器的值并记录到 TIM1_CCR1 中,同时由于设置的 IC1 上升沿复位触发模式,所以,与此同时又将计数器清零,当 IC2 来下降沿时,再一次发生捕获,此时将捕获到的计数器的当前值记录到 TMI1_CCR2 中,实际上从 IC1 的上升沿到 IC2 的下降沿,计数器中记录的就是脉冲的宽度,由于在 IC1 的上升沿时计数器被清零了,所有此时 TIM1_CCR2 中的值就是脉冲宽度。当再一次到来 IC1 的上升沿时,再一次触发捕获,并将计数器的当前值记录到 TIM1_CCR1 中,同时由于设置了复位触发模式,所以,计数器随后立刻被清零,为信号的下一个周期的捕获工作做好准备。

下面以配置 TI1 输入端的上升沿信号控制 TIM1 的计数器清零为例说明配置复位触发的步骤:

① 配置 TIM1_CCER1 寄存器的 CC1P 来选择极性本例中设置为上升沿,所以 CC1P=0。

② 配置 TIM1_SMCR 寄存器的 SMS=100,选择定时器为复位触发模式;配置 TIM1_SMCR 寄存器的 TS=101,选择 TI1 作为输入源。

③ 配置 TIM1_CR1 寄存器的 CEN=1,启动计数器。

计数器开始依据内部时钟计数,然后正常计数直到 TI1 出现一个上升沿;此时,计数器被清零然后从 0 重新开始计数。同时,触发标志(TIM1_SR1 寄存器的 TIF 位)被置位,如果使能了中断(TIM1_IER 寄存器的 TIE 位),则产生一个中断请求。

图 7 - 14 显示当自动重装载寄存器 TIM1_ARR=0x36 时,计数器会在 0x36 时清零重新开始计数。当时刚刚记了 2 个数,TI1 就输入了上升沿复位触发信号,计数器又一次被清零,但是在 TI1 上升沿和计数器的实际复位之间会存在延时,延时长短取决于 TI1 输入端的重同步电路。因此,在图 7 - 14 中,虽然在计数器的值为 1 时就接收到了 TI1 的复位触发信号,但是计数器的值到 3 时才被清零。

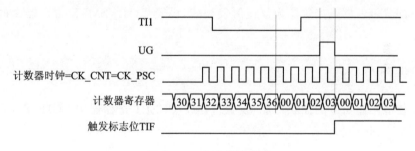

图 7 - 14 复位触发模式

3. 测量占空比所涉及的寄存器的设置步骤

现在我们已经掌握了捕获功能的设置及实现方法,同时也了解了复位触发方式在测量 PWM 信号占空比时的作用,下面就实际测量信号占空比。首先将与捕获功能和复位触发功能相关的寄存器的设置步骤总结如下:

① 选择 TIM1_CCR1 的有效输入:设置 TIM1_CCMR1 寄存器的 CC1S=01,选中 TI1 为输入。

```
TIM1_CCMR1 | = 0x01;
```

② 选择 TI1FP1 的有效极性,用于触发捕获数据到 TIM1_CCR1 中,同时清零 TIM1 的 计数器,本例中选择上升沿有效,所以设置 TIM1_CCER1 寄存器中的 CC1P 为 0。

```
TIM1_CCER1 & = ～(1 << 1);
```

③ 选择 TIM1_CCR2 的有效输入:设置 TIM1_CCMR2 寄存器的 CC2S=10,选中 TI1FP2 为输入触发信号。

```
TIM1_CCMR2 | = 0x02;
```

④ 选择 TI1FP2 的有效极性,用于捕获数据到 TIM1_CCR2 中。本例中选择下降沿触发,所以设置 TIM1_CCER1 寄存器中的 CC2P 为 1。

```
TIM1_CCER1 | = (1 << 5);
```

⑤ 选择复位触发输入信号,本例中选择 TI1FP1 的上升沿为复位触发信号,所以设置 TIM1_SMCR 寄存器中的 TS 为 101。

```
TIM1_SMCR | = 0x50;
```

⑥ 配置触发模式控制器为复位触发模式,设置 TIM1_SMCR 寄存器中的 SMS 为 100。

```
TIM1_SMCR | = 0x04;
```

⑦ 使能两路信号的捕获功能:设置 TIM1_CCER1 寄存器中 CC1E 和 CC2E 这两位为 1。

```
TIM1_CCER1 | = 0x11;
```

测量过程如图 7-15 所示。

4. 寄存器方式程序代码

测量占空比的原理已经很清楚了,而且也总结了测量占空比时所涉及到的相关的寄存器的设置步骤。电路参考图 7-9。下面就给出完整的测量占空比的程序代码:

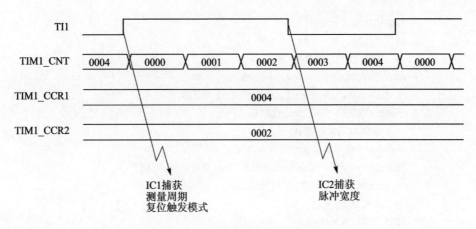

图 7-15　PWM 信号占空比测量

```
# include <stm8s208rb.h>
unsigned long frequency;
unsigned char dutyCycle;
unsigned int captureValue1,captureValue2;
unsigned char gewei,shiwei,baiwei,qianwei,dutyCycle1,dutyCycle2;
unsigned char dis[] = {0xc0,0xf9,0xa4,0xb0,0x99,0x92,0x82,0xf8,0x80,0x90};

void TIM1_Init(void);
void GPIO_Init(void);
void Display(void);
void Delay(unsigned int t);

main()
{
    unsigned int i;
    /* 系统时钟不分频,为 16 MHz */
    CLK_CKDIVR = 0x00;
    GPIO_Init();
    TIM1_Init();
    while(1)
    {
        /* 清除 CC1IF、CC2IF 标志位 */
        TIM1_SR1 &= 0xf9;
        /* 清除 CC1OF 标志位 */
        TIM1_SR2 &= 0xfd;
        /* 使能捕获,CC1E = 1,CC2E = 1 */
```

```
        TIM1_CCER1 |= 0x11;
        while((TIM1_SR1 & 0x02) == 0);
        /* 等待 CC2IF 被置位 */
        while((TIM1_SR1 & 0x04) == 0);
        captureValue1 = (unsigned int)TIM1_CCR2H << 8;
        captureValue1 |= TIM1_CCR2L;
        /* 等待 CC1OF 被置位 */
        while((TIM1_SR2 & 0x02) == 0);
        captureValue2 = (unsigned int)TIM1_CCR1H << 8;
        captureValue2 |= TIM1_CCR1L;
        /* 捕获禁止 */
        TIM1_CCER1 &= 0xee;
        /* captureValue1/16 000 000 为测量周期,取倒为频率 */
        frequency = (16000000UL/captureValue2);
        /* 单位换算成 kHz,小数点后 1 位 */
        frequency = frequency/100;
        /* captureValue1/captureValue2 为占空比 */
        dutyCycle = (captureValue1 * 100)/captureValue2;
        /* 显示频率 */
        for(i = 0; i < 400; i++)    Display();
    }
}


void TIM1_Init(void)
{
    /* CC1 通道被配置为输入,IC1 映射在 TI1FP1 上,CC1S = 01 */
    TIM1_CCMR1 |= 0x01;
    /* TI1FP1 上升沿有效,CC1P = 0 */
    TIM1_CCER1 &= ~(1 << 1);
    /* CC2 通道被配置为输入,IC2 映射在 TI1FP2 上 CC2S = 10 */
    TIM1_CCMR2 |= 0x02;
    /* TI1FP2 下降沿有效,CC2P = 1 */
    TIM1_CCER1 |= (1 << 5);
    /* 触发输入信号为 TI1FP1,TS = 101 */
    TIM1_SMCR |= 0x50;
    /* 触发模式为复位触发,SMS = 100 */
    TIM1_SMCR |= 0x04;
    /* 定时器开始计数 */
    TIM1_CR1 |= 0x01;
}
```

```
void GPIO_Init(void)
{
    /* 数码管段选 */
    PG_ODR = 0xff;
    PG_DDR = 0xff;
    PG_CR1 = 0xff;
    PG_CR2 = 0xff;
    /* 数码管位选 */
    PB_ODR = 0xff;
    PB_DDR = 0xff;
    PB_CR1 = 0xff;
    PB_CR2 = 0xff;
}


void Display(void)
{
    qianwei = frequency/1000;
    baiwei = (frequency % 1000)/100;
    shiwei = (frequency % 100)/10;
    gewei = frequency % 10;
    dutyCycle1 = dutyCycle % 10;
    dutyCycle2 = dutyCycle/10;

    PG_ODR = dis[gewei];
    PB_ODR = 0xfe;
    Delay(100);
    PB_ODR = 0xff;
    /* 十位亮小数点 */
    PG_ODR = dis[shiwei] & 0x7f;
    PB_ODR = 0xfd;
    Delay(100);
    PB_ODR = 0xff;
    PG_ODR = dis[baiwei];
    PB_ODR = 0xfb;
    Delay(100);
    PB_ODR = 0xff;
    PG_ODR = dis[qianwei];
    PB_ODR = 0xf7;
    Delay(100);
    PB_ODR = 0xff;
```

```
        PG_ODR = dis[dutyCycle2];

        PB_ODR = 0x7f;

        Delay(100);

        PB_ODR = 0xff;

        PG_ODR = dis[dutyCycle1];

        PB_ODR = 0xbf;

        Delay(100);

        PB_ODR = 0xff;

    }


    void Delay(unsigned int t)

    {

        while(t--);

    }
```

5. 实验现象

现在利用信号发生器产生如图 7 - 16 所示的信号。图中显示此信号的频率是 11.20 kHz,正频宽 29.10 μs,负频宽 60.20 μs。

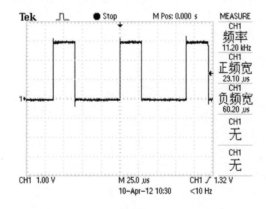

图 7 - 16　信号发生器产生的信号波形

利用前面的程序让单片机对信号进行测量,测得的占空比和信号频率显示在图 7 - 17 中的数码管上,即测得的占空比是 32%,频率是 11.20 kHz。与图 7 - 16 中信号的占空比及频率基本相同。

6. 库函数方式测量信号占空比

应用库函数方式重新完成测量信号占空比的任务,需要将库中与 I/O 口及 TIM1 相关的函数文件包含到本设计的工程文件中,即将 stm8s_gpio.c 和 stm8s_tim1.c 包含到本项目中。

由于采用的是中断法方式,因此需要修改 stm8_interrupt_vector.c 文件中程序

图 7-17 数码管显示被测信号的占空比和频率

的内容。

main. c 中的程序如下:

```
# include "stm8s.h"

void Delay(unsigned int t);
void Display(void);
u32 frequency = 0;
u8 dutyCycle = 0;
u16 captureValue1 = 0, captureValue2 = 0;
volatile u8 successFlag = 0;
u8 gewei,shiwei,baiwei,qianwei,dutyCycle1,dutyCycle2;
u8 dis[] = {0xc0,0xf9,0xa4,0xb0,0x99,0x92,0x82,0xf8,0x80,0x90};

void main(void)
{
    u16 i;
    /* 系统时钟不分频,为 16 MHz */
    CLK→CKDIVR = 0x00;
    /* 初始化数码管段选 PG、位选 PB */
    GPIO_Init(GPIOG, GPIO_PIN_ALL, GPIO_MODE_OUT_PP_HIGH_SLOW);
    GPIO_Init(GPIOB, GPIO_PIN_ALL, GPIO_MODE_OUT_PP_HIGH_SLOW);
    /* PWM 捕获初始化,通道 1 上升沿 2 下降沿,IC1 映射到 TI1FP1
```

```
                IC2 映射到 TI1FP2,不分频、不滤波  */
    TIM1_PWMIConfig(TIM1_CHANNEL_1, TIM1_ICPOLARITY_RISING,
                    TIM1_ICSELECTION_DIRECTTI, TIM1_ICPSC_DIV1,0);
    /*  触发输入信号为 TI1FP1  */
    TIM1_SelectInputTrigger(TIM1_TS_TI1FP1);
    /*  触发模式为复位触发  */
    TIM1_SelectSlaveMode(TIM1_SLAVEMODE_RESET);
    /*  设置 UG 位不产生中断  */
    TIM1_UpdateRequestConfig(TIM1_UPDATESOURCE_REGULAR);
    /*  产生更新事件,更新各寄存器  */
    TIM1_GenerateEvent(TIM1_EVENTSOURCE_UPDATE);
    /*  开启溢出和捕获 1、2 中断  */
    TIM1_ITConfig((TIM1_IT_UPDATE | TIM1_IT_CC1 | TIM1_IT_CC2), ENABLE);
    /*  开启 TIM1  */
    TIM1_Cmd(ENABLE);
    /*  开总中断  */
    rim();
    /*  开启捕获  */
    TIM1_CCxCmd(TIM1_CHANNEL_1, ENABLE);
    TIM1_CCxCmd(TIM1_CHANNEL_2, ENABLE);
    while (1)
    {
        if(successFlag == 1)
        {
            captureValue1 = TIM1_GetCapture2();
            captureValue2 = TIM1_GetCapture1();
            frequency = 16000000UL / captureValue2;
            frequency /= 100;
            dutyCycle = (captureValue1 * 100)/captureValue2;
            successFlag = 0;
            for(i = 0; i < 500; i++)    Display();
            /*  开启溢出和捕获 1、2 中断  */
            TIM1_ITConfig((TIM1_IT_CC1 | TIM1_IT_CC2), ENABLE);
            /*  开启捕获  */
            TIM1_CCxCmd(TIM1_CHANNEL_1, ENABLE);
            TIM1_CCxCmd(TIM1_CHANNEL_2, ENABLE);
        }
    }
}
void Delay(unsigned int t)
```

```
{
    while(t -- );
}
void Display(void)
{
    qianwei = frequency/1000;
    baiwei = (frequency % 1000)/100;
    shiwei = (frequency % 100)/10;
    gewei = frequency % 10;
    dutyCycle1 = dutyCycle % 10;
    dutyCycle2 = dutyCycle/10;
    GPIO_Write(GPIOG, dis[gewei]);
    GPIO_Write(GPIOB, 0xfe);
    Delay(100);
    GPIO_Write(GPIOB, 0xff);
    /* 十位亮小数点 */
    GPIO_Write(GPIOG, dis[shiwei] & 0x7f);
    GPIO_Write(GPIOB, 0xfd);
    Delay(100);
    GPIO_Write(GPIOB, 0xff);
    GPIO_Write(GPIOG, dis[baiwei]);
    GPIO_Write(GPIOB, 0xfb);
    Delay(100);
    GPIO_Write(GPIOB, 0xff);
    GPIO_Write(GPIOG, dis[qianwei]);
    GPIO_Write(GPIOB, 0xf7);
    Delay(100);
    GPIO_Write(GPIOB, 0xff);
    GPIO_Write(GPIOG, dis[dutyCycle1]);
    GPIO_Write(GPIOB, 0xbf);
    Delay(100);
    GPIO_Write(GPIOB, 0xff);
    GPIO_Write(GPIOG, dis[dutyCycle2]);
    GPIO_Write(GPIOB, 0x7f);
    Delay(100);
    GPIO_Write(GPIOB, 0xff);
}

# ifdef USE_FULL_ASSERT
void assert_failed(u8 * file, u32 line)
```

```
{
    while (1)
    {
    }
}
#endif
```

stm8_interrupt_vector. c 中的程序代码如下:

```
...
extern volatile u8 successFlag;
...
INTERRUPT_HANDLER(TIM1_CAP_COM_IRQHandler, 12)
{
    /* CC2IF 和 CC1OF 同时置位 */
    if(((TIM1 - >SR1 & 0x04) ! = 0) &&
        ((TIM1 - >SR2 & 0x02) ! = 0))
    {
        successFlag = 1;
        /* 清除标志位 */
        TIM1 - >SR1 = 0;
        TIM2 - >SR2 = 0;
        /* 开启溢出和捕获 1、2 中断 */
        TIM1_ITConfig((TIM1_IT_UPDATE | TIM1_IT_CC1 | TIM1_IT_CC2), DISABLE);
        /* 关闭捕获 */
        TIM1_CCxCmd(TIM1_CHANNEL_1, DISABLE);
        TIM1_CCxCmd(TIM1_CHANNEL_2, DISABLE);
    }
}
```

需要说明的是,上文这段程序所测信号频率较高,认为定时不会发生溢出,因此,程序中没有考虑溢出时的处理,如果读者所测量的信号频率较低,可能会发生溢出事件,至于程序的处理方法,请读者自行修改编写。

7.4 输出比较——TIM1 产生的那些波形

STM8S208RB 中 TIM1 的另一大功能就是输出比较,即在其 4 个通道上输出周期、占空比可控的 4 路方波信号。用过 51 单片机的同学可能不服了,用 51 单片机的定时器加任意 I/O 口也可以产生 PWM 波形,STM8 有什么好牛的。

先来思考一下 51 单片机产生 PWM 的方法:先使用 51 单片机的一个定时器产

生一个较短的时间,假设 1 ms,然后定义一个全局变量 count,在每次溢出中断中
count 自加 1;当 count 等于 20 时,清零 count,这样就产生了一个周期为 20 ms 的
PWM。如果想在 P1.0 口上产生一个占空比为 50% 的 PWM,则可以判断 count,当
count 小于 10 时,P1.0 输出低;当 count 大于等于 10 时,P1.0 输出高。而改变判断
值就可以改变占空比了。

从上面的方法可以看出,要想使 51 单片机产生 PWM,单片机需要不断地去响
应定时器中断,如果想要产生较高频率的 PWM,那单片机几乎都在响应中断,非常
占用资源,并且 PWM 的精度也无法做得比较高。而 STM8 的输出功能则不同,一
旦设定好后,则可全自动地输出相应波形,无需 CPU 干涉,而且可以输出 4 路不同占
空比的 PWM,如果需要,还可以输出 6 路互补输出的 PWM,并可以插入死区时间,
当然,这些也都可以全自动完成。

7.4.1　PWM 输出

PWM 输出也叫输出比较,为什么叫输出比较呢,其实这和它的实现方式有关。
在输入捕获章节中,我们知道 TIM1 有 4 个捕获/比较单元,相应的也有 4 路捕获/比
较通道和 4 个 16 位的捕获/比较寄存器。当把某个通道设置为输出时,TIM1 计数
器(TIM1_CNT)的值就会实时地与比较寄存器(TIM1_CCRi)中的值进行比较,当两
个值相等时(比较匹配时)会在指定通道输出相应的电平信号,至于到底是高还是低
则由相应的寄存器决定。因此,只要提前设置好 TIM1_ARR 和 TIM1_CCRi,单片
机就可以自动输出 PWM 波形了。

7.4.2　输出模块

图 7-18 是 TIM1 的输出框图,TIM1 的前 3 个通道是具有互补输出功能的,即
前 3 个比较输出可以输出互补的 6 路 PWM 信号,并且每一对儿互补的比较输出都
有死区时间发生器,可以配置死区时间。而通道 4 没有互补输出。同时,整个输出还
受到 TIM1_BKIN 引脚上刹车信号的控制。

图 7-19 则是 TIM1_CH1 的详细框图。输出单元根据 TIM1_CCMR1 中的
OC1M[2:0]位设置的不同会产生不同的参考波形 CO1REF,如果需要互补输出和
死区时间,则设置 TIM1_DTR 的 DTG[7:0]位来设置死区时间,然后输出波形受
TIM1_CCER1 中的 CC1NE 和 CC1E 控制,只有当两位都置 1 时,死区时间才会生
效。而输出波形极性还受到 TIM1_CCER1 中的 CC1P 和 CC1NP 的控制。当输出
波形确定后,最终在 TIM1_CH1 和 TIM1_CH1N 输出之前还有一个输出使能电路,
其中主要受 TIM1_BKR 中的 MOE 控制,当该位为 1 时,输出才被使能,因此,可以
认为该位是输出的总开关,而 CCiE 和 CCiNE 则可以认为是小开关。

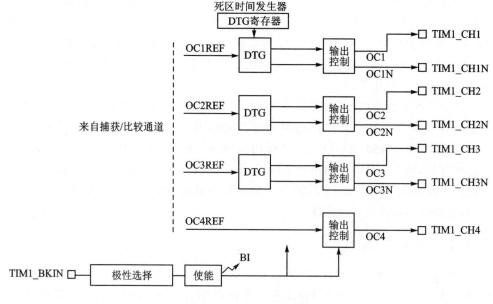

图 7-18　输出模块框图

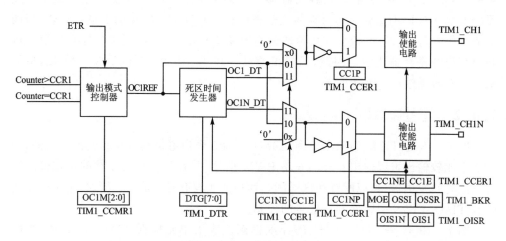

图 7-19　通道1的详细框图

7.4.3　PWM 控制直流电机转速

　　直流电机的转速一般和它的供电电压有直接的关系,所以为了改变直流电机的转速,可以使用 PWM 控制方式来对直流电机进行调速,当 PWM 的占空比发生变化时,就相当于电机的供电电压发生了变化。但是单片机输出的 PWM 驱动能力很小,无法直接带动直流电机,因此这里使用 H 桥电路作为直流电机的驱动电路。

1. H 桥直流电机驱动电路

H 桥驱动电路通过 4 个三极管的通断来控制直流电机的正反转,如图 7-20 所示,当 Q1 和 Q4 导通,Q2 和 Q3 截止时电机正转,反之则电机反转,我们只须把单片机输出的 PWM 信号接在三极管的基极来控制三极管的通断,从而控制电机的转速。

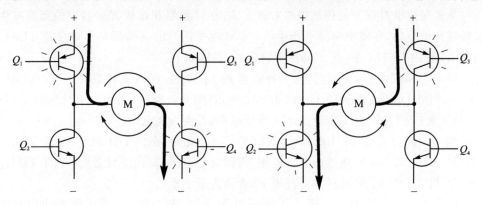

图 7-20　桥式电路

2. 硬件电路图

因为使用分立元件来搭建一个稳定有效的 H 桥电路比较麻烦,因此我们使用集成芯片 L293D 来驱动直流电机。

L293D 内部包含两个 H 桥驱动电路,电压范围为 4.5～36 V,每一通道的输出电流为 600 mA,最大输出电流为 1.2 A。其中 IN1～IN4 控制电机正反转,EN1 和 EN2 为两个 H 桥使能引脚,VCC 为逻辑供电电源正,VC 为电机驱动电源正。

我们使用 TIM1_CH1 控制电机 M1,TIM1_CH2 控制电机 M2,分别接在 L293D 的 EN1 和 EN2 上,如图 7-21 所示。

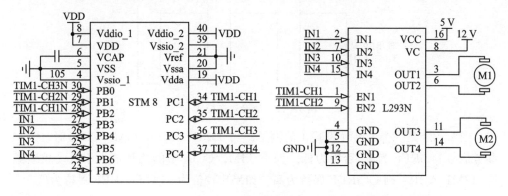

图 7-21　电机驱动电路

3. 边沿对齐 PWM 模式

根据计数器计数方式的不同,把 PWM 输出模式分为两种:边沿对齐模式和中央对齐模式。简单点说就是计数器只向上或只向下计数时产生 PWM 的方式被称作边沿对齐模式,而既向上然后还向下计数产生 PWM 的方式则称作中央对齐模式。

无论是边沿对齐方式还是中央对齐方式,在计数器和比较寄存器中的数值发生比较匹配的前后,在输出引脚上产生的 PWM 电平信号的高低都是由寄存器 TIM1_CCMR1 中的 OC1M[2:0]位的配置决定的,具体如下:

当 OC1M[2:0]=110 时,为 PWM 模式 1。此时,在向上计数时,一旦 TIM1_CNT<TIM1_CCR1 时通道 1 输出为高电平,否则为低电平;而在向下计数时,一旦 TIM1_CNT>TIM1_CCR1 时通道 1 为低电平,否则为高电平。

当 OC1M[2:0]=111 时,为 PWM 模式 2。此时,在向上计数时,一旦 TIM1_CNT<TIM1_CCR1 时通道 1 为低电平,否则为高电平;在向下计数时,一旦 TIM1_CNT>TIM1_CCR1 时通道 1 为高电平,否则为低电平。

以图 7-22 中的 PWM 模式 1 的示意图为例,向上计数,当计数器的值小于 TIM1_CCR1 时,通道 1(TIM1_CH1)输出高电平,而当计数器值大于等于 TIM1_CCR1 并且小于溢出值 TIM1_ARR 时,通道 1(TIM1_CH1)则输出低电平。当计数器溢出时,TIM1_CH1 重新输出高。从图中也可看出,TIM1_ARR 的值决定了输出 PWM 的周期,而 TIM1_CCR1 的值则决定该 PWM 的占空比。

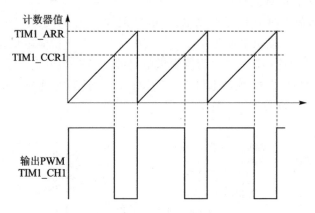

图 7-22　边沿对齐模式

图 7-23 是一个 PWM 模式 1 的例子。当 TIM1_CNT<TIM1_CCRi 时,PWM 参考信号 OCiREF 为高,否则为低。如果 TIM1_CCRi 中的比较值大于自动重装载值(TIM1_ARR),则 OCiREF 保持为高。如果比较值为 0,则 OCiREF 保持为低。

(1) 寄存器方式程序代码

电路如图 7-21 所示。现在实际编写一个程序来控制直流电机的转速。采用边沿对齐的方式,向上计数,设置为 PWM 模式 1 方式。在单片机的 PC1 脚(TIM1_

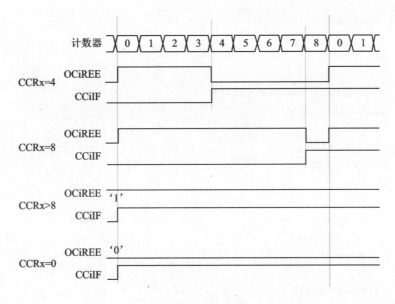

图 7-23　PWM 模式 1 波形(TIM1_ARR=8)

CH1)输出占空比为 75％的 PWM 控制信号,在 PC2 脚(TIM1_CH2)输出占空比为 50％的 PWM 控制信号,然后观察两个电机的转速情况。具体程序代码如下:

```
/ *******************************************
* *     功能:PWM 控制直流电机转速
* *     描述:TIM1 工作在边沿对齐模式(向上计数)
* *             PC1 输出 75％占空比的 PWM
* *             PC2 输出 50％占空比的 PWM
* *     说明:使用内部 HSI  16 MHz
* *******************************************/
# include <stm8s208rb.h>
/ * 定义电机控制引脚 * /
_Bool IN1 @PB_ODR:3;
_Bool IN2 @PB_ODR:4;
_Bool IN3 @PB_ODR:5;
_Bool IN4 @PB_ODR:6;

void GPIO_Init(void);
void MotorCW(void);
void MotorCCW(void);
void MotorStop(void);
void TIM1_OC1_INIT(void);
void TIM1_OC2_INIT(void);
```

```
void Delay(unsigned int t);

void main(void)
{
    /*  内部 HIS 时钟不分频,f = 16 MHz  */
    CLK_CKDIVR = 0x00;
    GPIO_Init();
    TIM1_OC1_INIT();
    TIM1_OC2_INIT();
    while(1)
    {
        MotorCW();
        Delay(60000);
        MotorCCW();
        Delay(60000);
        MotorStop();
        Delay(60000);
    }
}
void Delay(unsigned int t)
{
    while(t--);
}
void GPIO_Init(void)
{
    PB_DDR = 0x78;
    PB_CR1 = 0x78;
    PB_CR2 = 0x78;
}
void MotorCW(void)
{
    IN1 = 1;   IN2 = 0;   IN3 = 1;   IN4 = 0;
}
void MotorCCW(void)
{
    IN1 = 0;   IN2 = 1;   IN3 = 0;   IN4 = 1;
}
void MotorStop(void)
{
    IN1 = 0;   IN2 = 0;   IN3 = 0;   IN4 = 0;
```

```
}
void TIM1_OC1_INIT(void)
{
    /* 定时器溢出值 TIM1_ARR = 0x3e80 = 16000,输出波形频率为 1 kHz */
    TIM1_ARRH  = 0X3E;
    TIM1_ARRL  = 0X80;
    /* CCR1 = 0x2EE0 = 12000,输出波形占空比为 75% */
    TIM1_CCR1H = 0X2E;
    TIM1_CCR1L = 0XE0;
    /* OC1M[110]PWM1 模式 */
    TIM1_CCMR1 = 0X60;
    /* CC1P = 0,CC1E = 1;高电平有效 */
    TIM1_CCER1 = 0X01;
    /* 空闲状态为高 */
    TIM1_OISR  = 0X01;
}
void TIM1_OC2_INIT(void)
{
    /* CCR2 = 0x1f40 = 8000,输出波形占空比为 50% */
    TIM1_CCR2H = 0X1F;
    TIM1_CCR2L = 0X40;
    /* OC2M[110]PWM1 模式 */
    TIM1_CCMR2 = 0X60;
    /* CC2P = 0,CC2E = 1;高电平有效 */
    TIM1_CCER1 = 0X11;
    /* 空闲状态为高 */
    TIM1_OISR  = 0X01;
    /* CEN = 1 开定时器,CMS[1:0]边沿对齐模式 DIR 选择向上计数模式 */
    TIM1_CR1   = 0X01;
    /* 打开 OCi 输出使能 */
    TIM1_BKR   = 0X80;
}
```

(2) 库函数方式程序代码

现在应用库函数重新编写程序,实现两路占空比分别为 75% 和 50% 的 PWM 信号输出。main.c 中的程序代码如下:

```
#include "stm8s.h"
*************************************************************
void main(void)
```

```
{
    /* 系统工作在 HSI 16 MHz */
    CLK - >CKDIVR = 0x00;
    /* 不分频,向上计数,TIM1_ARR = 16000,重复计数器为 0 */
    TIM1_TimeBaseInit(0, TIM1_COUNTERMODE_UP, 16000, 0);
    /* OC1 初始化:PWM1 模式
                    输出使能
                    互补输出不使能
                    CCR1 = 12 000,占空比为 75 %
                    输出有效极性为高
                    互补输出有效极性为高(无作用)
                    空闲时输出高
                    空闲时互补输出高(无作用) */
    TIM1_OC1Init(TIM1_OCMODE_PWM1,
                    TIM1_OUTPUTSTATE_ENABLE,
                    TIM1_OUTPUTNSTATE_DISABLE,
                    12000,
                    TIM1_OCPOLARITY_HIGH,
                    TIM1_OCPOLARITY_HIGH,
                    TIM1_OCIDLESTATE_SET,
                    TIM1_OCNIDLESTATE_SET);
    /* OC2 初始化,CCR2 = 8000,占空比为 50 %  */
    TIM1_OC2Init(TIM1_OCMODE_PWM1,
                    TIM1_OUTPUTSTATE_ENABLE,
                    TIM1_OUTPUTNSTATE_DISABLE,
                    8000,
                    TIM1_OCPOLARITY_HIGH,
                    TIM1_OCPOLARITY_HIGH,
                    TIM1_OCIDLESTATE_SET,
                    TIM1_OCNIDLESTATE_SET);
    /* PWM 输出使能 */
    TIM1_CtrlPWMOutputs(ENABLE);
    /* 定时器开始计数 */
    TIM1_Cmd(ENABLE);
    /* Infinite loop */
while (1)
    {
    }
}
```

```
#ifdef USE_FULL_ASSERT
void assert_failed(u8 * file, u32 line)
{
    while (1)
    {
    }
}
#endif
```

(3) 实验结果

图 7-24 是两路 PWM 的输出波形，其中 1 为 TIM1_CH1 输出的占空比为 75%的波形，2 为 TIM1_CH2 输出的占空比为 50%的波形。

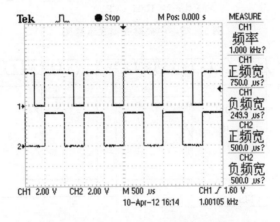

图 7-24 边沿对齐模式输出波形

4. 中央对齐 PWM 模式

当计数器工作在向上和向下方式时，输出 PWM 叫做中央对齐模式。从图 7-25 可以看出，与边沿对齐模式不同，输出 PWM 的周期由两倍的 TIM1_ARR 的值决定，而脉冲宽度也同样变宽。因此，在同样的参数下，中央对齐 PWM 模式输出波形的频率是边沿对齐模式的一半。而占空比不变。

当计数器工作在向上向下计数模式时，是否产生溢出中断由 TIM1_CR1 中的 CMS[1：0]位决定。CMS[1：0]＝01 为中央对齐模式 1。计数器交替地向上和向下计数。输出的通道比较中断标志位，只在计数器向下计数时被置 1。

CMS[1：0]＝10 为中央对齐模式 2。计数器交替地向上和向下计数。输出的通道比较中断标志位，只在计数器向上计数时被置 1。

CMS[1：0]＝11 为中央对齐模式 3。计数器交替地向上和向下计数。输出的通道比较中断标志位，在计数器向上和向下计数时均被置 1。

图 7-26 为中央对齐模式下，PWM 模式 1 时，TIM1_ARR＝8 输出波形示例，当

CMS[1：0]不同时,产生中断的情况不同(黑色箭头表示触发溢出中断)。

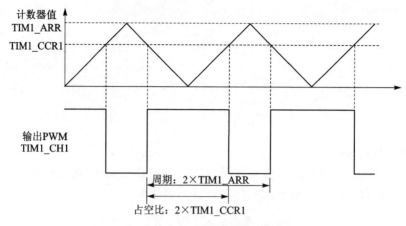

图 7-25　中央对齐模式示意图

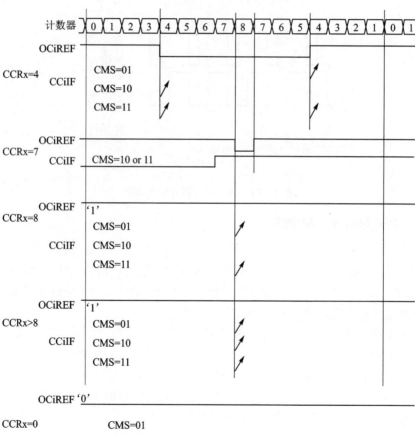

图 7-26　中央对齐模式输出波形(TIM1_ARR＝8)

(1) 寄存器方式程序代码

现在,采用中央对齐模式,在通道 1 和通道 2 分别产生占空比为 75% 和 50% 的 PWM 信号。具体程序代码如下:

```c
#include <stm8s208rb.h>
void TIM1_OC1_INIT(void);
void TIM1_OC2_INIT(void);
main()
{
    /* 内部 HSI 不分频,16 MHz */
    CLK_CKDIVR = 0x00;
    TIM1_OC1_INIT();
TIM1_OC2_INIT();
    while(1)
    {
    }
}
void TIM1_OC1_INIT(void)
{
    /* 定时器溢出值 TIM1_ARR = 0x3e80 = 16000,输出波形频率为 500 Hz */
    TIM1_ARRH   = 0X3E;
    TIM1_ARRL   = 0X80;
    /* CCR1 = 0x2EE0 = 12000,输出波形占空比为 75% */
    TIM1_CCR1H  = 0X2E;
    TIM1_CCR1L  = 0XE0;
    /* OC1M[110]PWM1 模式 */
    TIM1_CCMR1  = 0X60;
    /* CC1P = 0,CC1E = 1;高电平有效 */
    TIM1_CCER1  = 0X01;
    /* 空闲状态为高 */
    TIM1_OISR   = 0X01;
}
void TIM1_OC2_INIT(void)
{
    /* CCR2 = 0x1f40 = 8000,输出波形占空比为 50% */
    TIM1_CCR2H  = 0X1F;
    TIM1_CCR2L  = 0X40;
    /* OC2M[110]PWM1 模式 */
    TIM1_CCMR2  = 0X60;
    /* CC2P = 0,CC2E = 1;高电平有效 */
```

```
        TIM1_CCER1 = 0X11;
        /* 空闲状态为高 */
        TIM1_OISR  = 0X01;
        /* CEN = 1 开定时器,CMS[1:0] = 11 中央对齐模式 3 */
        TIM1_CR1   = 0X61;
        /* 打开 OCi 输出使能 */
        TIM1_BKR   = 0X80;
}
```

(2) 库函数方式程序代码

采用库函数重新完成上段程序所实现的任务,但是需要在工程中包含文件 stm8s_tim1.c。具体程序代码如下:

```
# include "stm8s.h"
**************************************************************
void main(void)
{
    /* 系统工作在 HSI 16 MHz */
    CLK - >CKDIVR = 0x00;
    /* 不分频,中央对齐模式 3,TIM1_ARR = 16000,重复计数器为 0 */
    TIM1_TimeBaseInit(0, TIM1_COUNTERMODE_CENTERALIGNED3, 16000, 0);
    /* OC1 初始化:PWM1 模式
                输出使能
                互补输出不使能
                CCR1 = 12000,占空比为 75 %
                输出有效极性为高
                互补输出有效极性为高(无作用)
                空闲时输出高
                空闲时互补输出高(无作用) */
    TIM1_OC1Init(TIM1_OCMODE_PWM1,
            TIM1_OUTPUTSTATE_ENABLE,
            TIM1_OUTPUTNSTATE_DISABLE,
            12000,
            TIM1_OCPOLARITY_HIGH,
            TIM1_OCPOLARITY_HIGH,
            TIM1_OCIDLESTATE_SET,
            TIM1_OCNIDLESTATE_SET);
    /* OC2 初始化,CCR2 = 8000,占空比为 50 % */
    TIM1_OC2Init(TIM1_OCMODE_PWM1,
            TIM1_OUTPUTSTATE_ENABLE,
```

```
                    TIM1_OUTPUTNSTATE_DISABLE,
                    8000,
                    TIM1_OCPOLARITY_HIGH,
                    TIM1_OCPOLARITY_HIGH,
                    TIM1_OCIDLESTATE_SET,
                    TIM1_OCNIDLESTATE_SET);
    /* PWM 输出使能 */
    TIM1_CtrlPWMOutputs(ENABLE);
    /* 定时器开始计数 */
    TIM1_Cmd(ENABLE);
    /* Infinite loop */
    while (1)
    {
    }
}


#ifdef USE_FULL_ASSERT
void assert_failed(u8 * file, u32 line)
{
  while (1)
  {
  }
}
#endif
```

(3) 实验结果

与边沿对齐模式时产生的 PWM 信号相比较,可以看出,同样的 TIM1_ARR 值,中央对齐模式时所产生的 PWM 信号的频率为边沿对齐模式的一半,即 500 Hz。图 7-27 为实测波形,波形 1 是 TIM1_CH1 输出的占空比为 75％的 PWM 信号,波

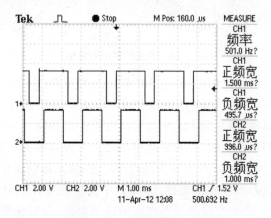

图 7-27 中央对齐模式输出波形

形 2 是 TIM1_CH2 输出的占空比为 50％的 PWM 信号,两路 PWM 信号的频率都是为 500 Hz。

7.4.4 单脉冲在调光灯中的应用

STM8S 单片机的 TIM1 输出比较还有一种比较特殊的模式——单脉冲模式。这种模式允许计数器响应一个激励,并在一个程序可控的延时之后产生一个脉宽可控的脉冲。设置 TIM1_CR1 寄存器的 OPM 位将选择单脉冲模式。接下来以调光灯为例来讲解什么是单脉冲模式。

1. 调光灯原理及电路图

我们进行调光的是白炽灯,白炽灯的亮度和其供电电压成比例关系。可以应用单片机控制一个双向可控硅的导通触发角,从而控制白炽灯的供电情况,进而改变白炽灯的亮度。如图 7-28 所示,V 为交流 220 V 电压,V_G 为触发脉冲,V_{RL} 为控制双向可控硅后给白炽灯供电的电压。当触发脉冲发出后,双向可控硅导通,直到 220 V 交流电经过电压零点时可控硅截止关断。从图中可以看出只要改变触发脉冲的触发时刻,就可以改变 V_{RL} 波形中阴影部分的面积,从而实现调节白炽灯亮度。

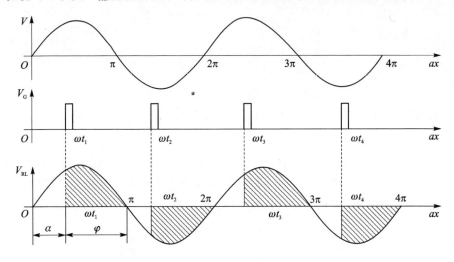

图 7 - 28 调光灯调光原理图

图 7-29 为实际调光灯电路,其中 MOC3021 为光耦,起到强弱电隔离的作用,同时也是单片机控制双向可控硅 BTA12 的驱动芯片。需要说明一点,图 7-28 中的触发控制信号是高脉冲,而在图 7-29 的实际电路中的触发控制信号是由单片机的引脚 PC1(TIM1_CH1)产生的,要求是低电平触发可控硅导通。这主要是因为光耦 MOC3021 内部的发光管在 PC1 引脚为低电平时点亮,从而触发控制 BTA12 导通。

有了触发控制双向可控硅的电路了,那么单片机究竟什么时候发触发脉冲呢?实际上,还需要设计一个交流电经过零点时的检测电路,并以此为基准,启动定时器

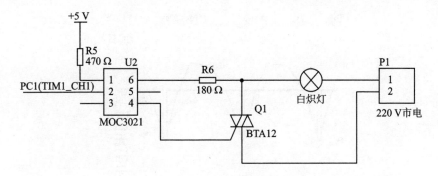

图 7 - 29   双向可控硅驱动控制电路

定时,当时间到时,发出触发控制信号使得双向可控硅导通给白炽灯供电。图 7 - 30 是交流电过零检测电路。其原理是,首先经过变压器对 220 V 交流电降压,然后经过二极管整流桥将低压交流电整流成"馒头"波形的直流电,如图 7 - 31 所示。此"馒头波"信号输入到比较器 LM339 的 5 脚,与 4 脚电压信号进行比较,4 脚电压取自二极管两端,因此 4 脚电压约为 0.7 V。这样就会在 LM339 的 2 脚输出比较后的电平信号。从图 7 - 31 中可以看出,当"馒头波"信号的电压接近零点时 LM339 输出低电平信号,其余时间段 LM339 都输出高电平,这样就相当于检测到了交流电经过零点的时刻了。可以将此过零信号输入到单片机中,作为单片机发触发控制信号的时间基准,然后再调节定时器的定时时间长短,从而可以改变触发脉冲的发出时刻,即改变双向可控硅 BTA12 的导通时刻,从而就可以改变图 7 - 28 中阴影部分的面积,并最终改变了白炽灯的亮度。

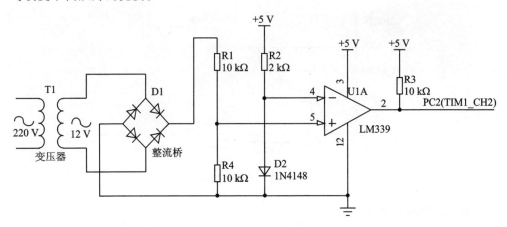

图 7 - 30   交流电过零检测电路

2. 单脉冲模式概述

将图 7 - 30 中 LM339 输出的过零信号输入到单片机引脚 TIM1_CH2 上,而单片机的引脚 TIM1_CH1 接在图 7 - 29 中的光耦 MOC3021 的控制端(2 脚)上。通道

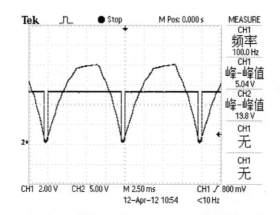

图 7-31　"馒头"波及过零信号波形图

2 设置为触发输入，通道 1 设置为单脉冲模式，PWM 模式 2。当检测到 TI2 的上升沿时计数器开始计数，计数器设置为向上计数，当计数器值（TIM1_CNTR）小于 TIM1_CCR1 时，OC1 输出高，当计数器 CNT 值大于等于 TIM1_CCR1 且小于 TIM1_ARR 时，OC1 输出低，当计数器值等于 TIM1_ARR 时，OC1 输出高，计数器停止计数，如图 7-32 所示。

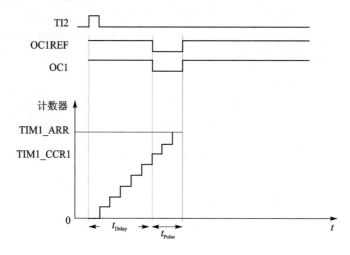

图 7-32　单脉冲模式

3. 标准触发模式

为了使计数器在 TI2 捕获到触发时开始计数，需要设置 TIM1 的触发方式为标准触发模式，并把 TI2FP2 作为触发源。

标准触发模式是指计数器的使能依赖于选中的输入端的事件，即发生触发后，TIM1_CR1 中的 CEN 位被自动置 1，计数器开始计数。如图 7-33 所示，当检测到 TI2 上的上升沿后，CEN 位被置 1，计数器开始计数，触发中断标志位 TIF 被置 1。

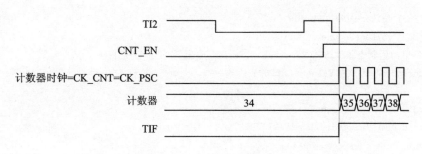

图 7-33　标准触发模式

4. 单脉冲模式设置步骤

接下来,是设置当 TI2 上检测到一个上升沿后,延时 t_{DELAY},在 OC1 上产生一个 t_{PULSE} 宽度的负脉冲,如图 7-32 所示。对应的设置步骤如下:

① 置 TIM1_CCMR2 寄存器的 CC2S=01,把 IC2 映射到 TI2。

② 置 TIM1_CCER1 寄存器的 CC2P=0,使 IC2 能够检测上升沿。

③ 置 TIM1_SMCR 寄存器的 TS=110,使 IC2 作为时钟/触发控制器的触发源(TRGI)。

④ 置 TIM1_SMCR 寄存器的 SMS=110,设置 IC2 启动计数器。

⑤ 置 TIM1_CCMR1 寄存器的 OC1M=110,OC1 进入 PWM 模式 1。

⑥ 设置 TIM1_CCMR1 寄存器的 OC1PE=1,置位 TIM1_CR1 寄存器中的 ARPE,使能预装载寄存器。

其中,t_{DELAY} 由 TIM1_CCR1 寄存器中的值决定。t_{PULSE} 由自动装载值和比较值之间的差值决定(TIM1_ARR - TIM1_CCR1)。

完成上述设定后,当 TI2 上的一个外部触发事件发生后,对应本设计就是交流电过零信号发生时,计数器开始计数,当计数器的值与比较寄存器的值匹配时,OC1 输出的电平信号会由从高电平变为低电平,触发双向可控硅 BTA12。当计数器达到预装载值时,OC1 输出的电平会从低电平变为高电平,这样就有效防止交流电下半个周期到来时立刻触发双向硅。

5. 寄存器方式程序代码

通过上文分析,已经清楚了调光灯的调光原理,也知道如何设置相应的寄存器了,现在就编写一段程序控制调光灯,通过按键调节定时器的定时时长,从而改变双向可控硅的触发导通时刻,进而调节白炽灯光亮强度,具体程序代码如下:

```
# include <stm8s208rb.h>
/* PB0 导通角加,可控硅输出电压升高
   PB1 导通角减,可控硅电压输出降低 */
```

```
_Bool voltageAdd @PB_IDR:0;
_Bool voltageReduce @PB_IDR:1;
/* 初始状态下 TIM1_CCR1>TIM1_ARR,OC1 输出低,可控硅关断 */
unsigned int CCR1Value = 20000;

void GPIO_Init(void);
void TIM1_Init(void);
void Delay(unsigned int t);

main()
{
  GPIO_Init();
  TIM1_Init();
  while(1)
  {
    /* PB0 按下时,比较值减小,电压升高 */
    if(voltageAdd == 0)
    {
      Delay(100);
      if(voltageAdd == 0)
      {
        while(voltageAdd == 0);
        if(CCR1Value >= 1000)  CCR1Value -= 1000;
        TIM1_CCR1H = (unsigned char)(CCR1Value >> 8);
        TIM1_CCR1L = (unsigned char)CCR1Value;
      }
    }
    /* PB1 按下时,比较值增大,电压降低 */
    if(voltageReduce == 0)
    {
      Delay(100);
      if(voltageReduce == 0)
      {
        while(voltageReduce == 0);
        if(CCR1Value < 20000)  CCR1Value += 1000;
        TIM1_CCR1H = (unsigned char)(CCR1Value >> 8);
        TIM1_CCR1L = (unsigned char)CCR1Value;
      }
    }
  }
}
```

```
}
void GPIO_Init(void)
{
    PB_DDR &= ~((1 << 0) | (1 << 1));
    PB_CR1 |= ((1 << 0) | (1 << 1));
    PB_CR2 &= ~((1 << 0) | (1 << 1));
}
void TIM1_Init(void)
{
    /* 置 TIM1_CCMR2 寄存器的 CC2S = 01,把 IC2 映射到 TI2 */
    TIM1_CCMR2 = 0x01;
    /* 置 TIM1_CCER1 寄存器的 CC2P = 0,使 IC2 能够检测上升沿 */
    TIM1_CCER1 = 0x00;
    /* 置 TIM1_SMCR 寄存器的 TS = 110,使 IC2 作为时钟/触发控制器的触发源 */
    TIM1_SMCR = 0x60;
    /* 置 TIM1_SMCR 寄存器的 SMS = 110,IC2 被用来启动计数器 */
    TIM1_SMCR |= 0x06;

    /* OC1 为 PWM 模式 1,使能 CCR1 预装载 */
    TIM1_CCMR1 = 0x68;
    /* 使能 TIM1_ARR 预装载,置位 UG 位不产生更新中断,单脉冲模式 */
    TIM1_CR1 = 0x8C;
    /* TIM1_ARR = 0x4a38 = 19000,即定时 9.5 ms */
    TIM1_ARRH = 0x4a;
    TIM1_ARRL = 0x38;
    /* TIM1CCR = 0x4e20 = 20000>TIM1_ARR,初始状态下可控硅关 */
    TIM1_CCR1H = 0x4e;
    TIM1_CCR1L = 0x20;
    /* 置位 UG 位产生更新事件 */
    TIM1_EGR = 0x01;
    /* 使能总输出 */
    TIM1_BKR     = 0X80;
    /* 使能 TI2 输入捕获和 OC1 输出 */
    TIM1_CCER1 |= 0x11;
}
void Delay(unsigned int t)
{
    while(t--);
}
```

6. 库函数程序代码

应用库函数重新编写调光灯控制程序,在工程中需要包含 stm8s_gpio.c 和 stm8s_tim1.c 这两个文件。

main.c 中的程序代码如下:

```c
# include "stm8s.h"
/* 初始状态下 TIM1_CCR1＞TIM1_ARR,OC1 输出低,可控硅关断 */
unsigned int CCR1Value = 19300;
void Delay(unsigned int t);


void main(void)
{
  /* PB0、PB1 为按键 */
  GPIO_Init(GPIOB, GPIO_PIN_0|GPIO_PIN_1, GPIO_MODE_IN_PU_NO_IT);
  /* 定时器时钟为 2 MHz,不分频,向上计数,溢出时间为 9.5 ms */
  TIM1_TimeBaseInit(0, TIM1_COUNTERMODE_UP, 19000, 0);
  /* 通道 2 设置为上升沿捕获,不分频,不滤波 */
  TIM1_ICInit(TIM1_CHANNEL_2,
              TIM1_ICPOLARITY_RISING,
              TIM1_ICSELECTION_DIRECTTI,
              TIM1_ICPSC_DIV1,
              0);
  /* TI2FP2 触发 TIM1 开启 */
  TIM1_SelectInputTrigger(TIM1_TS_TI2FP2);
  TIM1_SelectSlaveMode(TIM1_SLAVEMODE_TRIGGER);
  /*OC1 设置为:PWM1 模式
              输出使能
              互补输出不使能
              TIM1_CCR1 = 20000
              OC1 输出高电平有效
              OC1 互补输出高电平有效(无意义)
              死区后 OC1 = 0
              死区后 OC1N = 0 */
  TIM1_OC1Init(TIM1_OCMODE_PWM2,
              TIM1_OUTPUTSTATE_ENABLE,
              TIM1_OUTPUTNSTATE_DISABLE,
              20000,
              TIM1_OCPOLARITY_LOW,
              TIM1_OCNPOLARITY_HIGH,
              TIM1_OCIDLESTATE_RESET,
```

```
                        TIM1_OCIDLESTATE_RESET);
  /* 选择单脉冲模式 */
  TIM1_SelectOnePulseMode(TIM1_OPMODE_SINGLE);
  /* 产生更新事件,更新各寄存器 */
  TIM1_GenerateEvent(TIM1_EVENTSOURCE_UPDATE);
  /* 主输出使能 */
  TIM1_CtrlPWMOutputs(ENABLE);
  /* 使能输出1,捕获2 */
  TIM1_CCxCmd(TIM1_CHANNEL_1|TIM1_CHANNEL_2, ENABLE);
  while(1)
  {
    /* 当PB0按下,增加导通角,可控硅输出电压增大 */
    if(GPIO_ReadInputPin(GPIOB, GPIO_PIN_0) == RESET)
    {
      Delay(100);
      if(GPIO_ReadInputPin(GPIOB, GPIO_PIN_0) == RESET)
      {
        while(GPIO_ReadInputPin(GPIOB, GPIO_PIN_0) == RESET);
        if(CCR1Value >= 1000)  CCR1Value - = 1000;
        TIM1_SetCompare1(CCR1Value);
      }
    }
    /* 当PB1按下,减小导通角,可控硅输出电压减小 */
    if(GPIO_ReadInputPin(GPIOB, GPIO_PIN_1) == RESET)
    {
      Delay(100);
      if(GPIO_ReadInputPin(GPIOB, GPIO_PIN_1) == RESET)
      {
        while(GPIO_ReadInputPin(GPIOB, GPIO_PIN_1) == RESET);
        if(CCR1Value < 20000)  CCR1Value + = 1000;
        TIM1_SetCompare1(CCR1Value);
      }
    }
  }
}
void Delay(unsigned int t)
{
  while(t--);
}


#ifdef USE_FULL_ASSERT
```

```
void assert_failed(u8 * file, u32 line)
{
    while (1)
    {
    }
}
# endif
```

7. 实验现象

(1) 可控硅彻底关断

当 TIM1_CCR1＞TIM1_ARR 时,OC1 输出高,可控硅彻底关断。从图 7-34 中可以看出来,交流电过零检测信号是正常的,而触发双向可控硅的信号始终为高电平。

(2) 白炽灯两端电压开始升高

当 TIM1_CCR1 中的值开始减小,减小到小于 TIM1_ARR 时,一旦计数器的值大于 TIM1_CCR1 并小于 TIM1_ARR 时,OC1 输出低电平,此时双向可控硅微导通,即双向可控硅此时导通的时间很短。如图 7-35 所示,每次交流电过零检测信号的上升沿到来时启动定时器,而直到下一次过零信号都快要到来时才发出双向可控硅触发导通的触发信号。

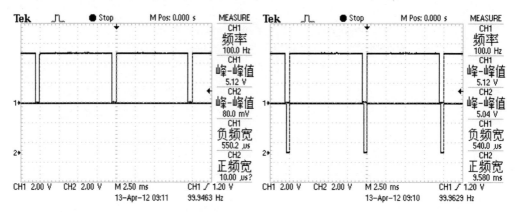

图 7-34 OC1 输出高电平   图 7-35 双向可控硅微导通

(3) 白炽灯两端电压达到最大值

当比较寄存器 TIM1_CCR1 中的值减到 0 时,OC1 一直输出低电平,如图 7-36 所示。所以此时双向可控硅一直导通,相当于 220 V 交流电直接接到白炽灯两端,灯泡达到最亮。

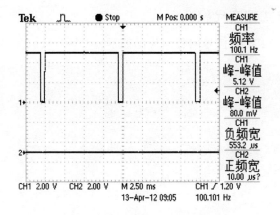

图7-36 双向可控硅一直导通

7.4.5 产生3路SPWM信号

应用TIM1的3路PWM输出来产生相位差120°的3路SPWM信号。然后对SPWM信号进行滤波处理后。可以得到3路正弦信号。以半个周期为例，SPWM信号与正弦信号的对应关系如图7-37所示。

1. 电路图

电路原理图如图7-38所示，PC1、PC2和PC3分别输出相位互差120°的SPWM信号，分别经过3 kΩ电阻和0.47 μF电容滤波后，产生3路互差120°的正弦信号。示波器探头卡在TP1、TP2、TP3上。

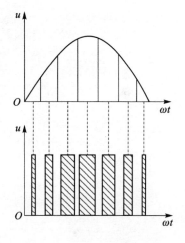

图7-37 SPWM信号波形

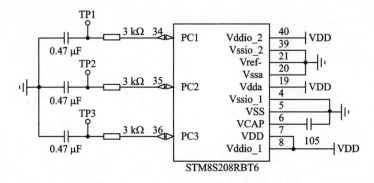

图7-38 SPWM信号输出的电路原理图

2. 寄存器方式程序代码

实现输出 3 路 SPWM 信号的程序代码如下：

```
#include "stm8s208rb.h"
#include "math.h"
/* 取消注视可产生 100 Hz 正弦波,否则为 50 Hz */
//#define Freq_100Hz 1
/* 存放算好的正弦数据 */
unsigned int pwm_duty[100];
void TIM1_Init(void);

void main(void)
{
    unsigned char i;
    /* HSI 不分频,工作频率 16 MHz */
    CLK_CKDIVR = 0x00;
    /* 计算正弦表 */
    for(i = 0; i<100; i++)
    {
    #if Freq_100 Hz
        pwm_duty[i] = (unsigned int)(800 + (float)800 * sin(2 * 3.1415926 * (float)i *
0.2/(float)20));
        #else
        pwm_duty[i] = (unsigned int)(1600 + (float)1600 * sin(2 * 3.1415926 * (float)i
* 0.2/(float)20));
        #endif
    }
    TIM1_Init();
    _asm("rim");
    while(1);
}
void TIM1_Init(void)
{
    #if  Freq_100Hz
    /* TIM1_ARR = 1600,溢出一次 0.1 ms */
    TIM1_ARRH    = 0x06;
    TIM1_ARRL    = 0x40;
    #else
    /* TIM1_ARR = 3200,溢出一次 0.2 ms */
    TIM1_ARRH    = 0x0c;
```

```
    TIM1_ARRL    = 0x80;
   #endif
   /* OC1、OC2、OC3 都工作在 PWM1 模式 */
   TIM1_CCMR1 |= 0x60;
   TIM1_CCMR2 |= 0x60;
   TIM1_CCMR3 |= 0x60;
   /* OC1、OC2、OC3 输出使能 */
   TIM1_CCER1 = 0x11;
   TIM1_CCER2 = 0x01;
   /* 开启更新中断 */
   TIM1_IER = 0x01;

   /* 主输出使能 */
   TIM1_BKR    |= 0x80;
   /* 开启 TIM1 */
   TIM1_CR1    |= 0x01;
   /* 产生更新事件 */
   TIM1_EGR    |= 0x01;
}
@far @interrupt void TIM1_UPD_OVF_TRG_BRK_IRQHandler (void)
{
   static unsigned char i = 0;
   static unsigned char j = 33;
   static unsigned char k = 67;

   TIM1_SR1 &= ~0x01;

   if(i>= 100)i=0;
   TIM1_CCR1H = (unsigned char)(pwm_duty[i]>>8);
   TIM1_CCR1L = (unsigned char)(pwm_duty[i]&0x00ff);
   i++;

   if(j>= 100) j=0;
   TIM1_CCR2H = (unsigned char)(pwm_duty[j]>>8);
   TIM1_CCR2L = (unsigned char)(pwm_duty[j]&0x00ff);
   j++;

   if(k>= 100) k=0;
   TIM1_CCR3H = (unsigned char)(pwm_duty[k]>>8);
   TIM1_CCR3L = (unsigned char)(pwm_duty[k]&0x00ff);
   k++;
}
```

stm8_interrupt_vector. c 中的代码:

```
...
extern @far @interrupt void TIM1_UPD_OVF_TRG_BRK_IRQHandler (void);
...
{0x82, TIM1_UPD_OVF_TRG_BRK_IRQHandler}, /* irq11 */
...
```

3. 实验现象

因为示波器是两路,只能显示其中两路,图 7 - 39 为 50 Hz 时波形图。图 7 - 40 为 100 Hz 时输出波形图。

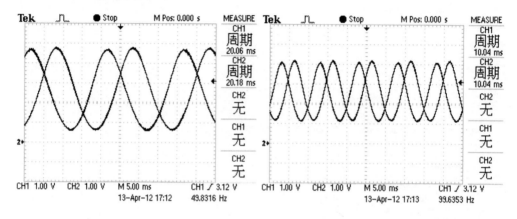

图 7 - 39　50 Hz 波形图　　　　图 7 - 40　100 Hz 波形图

7.5　编码器接口

编码器接口模式一般用于电机控制,将编码器和电机通过齿轮配合在一起即可计算电机的当前转速。

7.5.1　编码器原理

这里的编码器指的是增量式编码器,当编码器旋转时,两跟信号线输出具有一定相位差的 TTL 电平,根据相位差的不同和脉冲的个数,即可判断出当前编码器的旋转方向和转速。如图 7 - 41 所示,编码器信号线接在 TIM1_CH1 和 TIM2_CH2 上,计数器在 TI1 和 TI2 边沿上计数,当 TI1 相位比 TI2 提前,计数器值增加,反之则减小。可以通过读取当前计数器的值得到编码器的旋转情况。

设置编码器的方法是:如果计数器只在 TI2 的边沿计数,则置 TIM1_SMCR 寄存器中的 SMS=001;如果只在 TI1 边沿计数,则置 SMS=010;如果计数器同时在

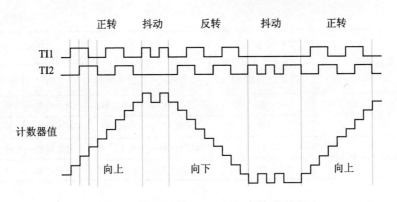

图 7-41　编码器模式下的计数器操作实例

TI1 和 TI2 边沿计数,则置 SMS=011。还可以通过设置 TIM1_CCER1 寄存器中的 CC1P 和 CC2P 位,可以选择 TI1 和 TI2 极性。

　　两个输入 TI1 和 TI2 被用来作为增量编码器的接口,如表 7-2 所列,假定计数器已经启动(TIM1_CR1 寄存器中的 CEN=1),则计数器在每次 TI1FP1 或 TI2FP2 上产生有效跳变时计数。TI1FP1 和 TI2FP2 是 TI1 和 TI2 在通过输入滤波器和极性控制后的信号;如果没有滤波和极性变换,则 TI1FP1=TI1,TI2FP2=TI2。根据两个输入信号的跳变顺序,产生了计数脉冲和方向信号。依据两个输入信号的跳变顺序,计数器向上或向下计数,同时硬件对 TIM1_CR1 寄存器的 DIR 位进行相应的设置。不管计数器是依靠 TI1 计数还是依靠 TI2 计数或者同时依靠 TI1 和 TI2 计数,在任一输入端(TI1 或者 TI2)的跳变都会重新计算 DIR 位。

　　编码器接口模式基本上相当于使用了一个带有方向选择的外部时钟。这意味着计数器只在 0~TIM1_ARR 寄存器的自动装载值之间连续计数(根据方向,或是 0~ARR 计数,或是 ARR~0 计数)。所以在开始计数之前必须配置 TIM1_ARR;同样,捕获器、比较器、预分频器、重复计数器、触发输出特性等仍工作如常。编码器模式和外部时钟模式 2 不兼容,因此不能同时操作。

　　在这个模式下,计数器依照增量编码器的速度和方向被自动修改,因此计数器的内容始终指示着编码器的位置。计数方向与相连的传感器旋转的方向对应。

表 7-2　计数方向与编码器信号的关系

有效边沿	相对信号的电平 (TI1FP1 对应 TI2 TI2FP2 对应 TI1)	TI1FP1 信号		TI2FP2 信号	
		上升	下降	上升	下降
仅在 TI1 计数	高	向下计数	向上计数	不计数	不计数
	低	向上计数	向下计数	不计数	不计数

续表 7－2

有效边沿	相对信号的电平 (TI1FP1 对应 TI2 TI2FP2 对应 TI1)	TI1FP1 信号		TI2FP2 信号	
		上升	下降	上升	下降
仅在 TI2 计数	高	不计数	不计数	向上计数	向下计数
	低	不计数	不计数	向下计数	向上计数
在 TI1 和 TI2 上计数	高	向下计数	向上计数	向上计数	向下计数
	低	向上计数	向下计数	向下计数	向上计数

图 7－41 是一个计数器操作的实例,显示了计数信号的产生和方向控制。它还显示了当选择了双边沿时,输入抖动是如何被抑制的;抖动可能会在传感器的位置靠近一个转换点时产生。在这个例子中,假定配置如下:

➤ CC1S＝01(TIM1_CCMR1 寄存器,IC1FP1 映射到 TI1);
➤ CC2S＝01(TIM1_CCMR2 寄存器,IC2FP2 映射到 TI2);
➤ CC1P＝0(TIM1_CCER1 寄存器,IC1 不反相,IC1＝TI1);
➤ CC2P＝0(TIM1_CCER1 寄存器,IC2 不反相,IC2＝TI2);
➤ SMS＝011(TIM1_SMCR 寄存器,所有的输入均在上升沿和下降沿有效);
➤ CEN＝1(TIM1_CR1 寄存器,计数器使能)。

图 7－42 是 IC1 极性反相时计数器的操作实例(CC1P＝1,其他配置与上例相同),其他配置与之前的相同。

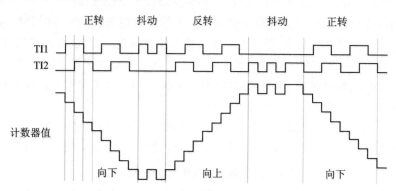

图 7－42 IC1 反相的编码器接口模式实例

7.5.2 电路图

编码器的两个脉冲输出引脚分别与单片机的 PC1 和 PC2 相连,PG 口连接数码管段选,PB 口连接数码管位选。具体电路如图 7－43 所示。

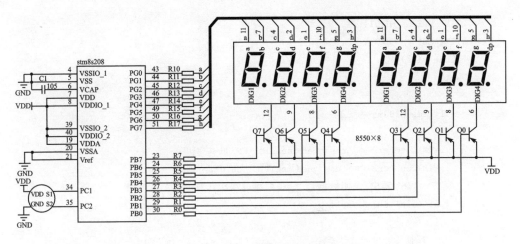

图 7-43 编码器原理图

7.5.3 程序代码

main.c 中的程序代码如下：

```
# include "stm8s208rb.h"
_Bool TimeUp200ms = 0;
/*  旋转方向,0 正转 1 反转  */
_Bool direction = 0;
unsigned int revolvingSpeed,TIM1Counter1 = 0,TIM1Counter2 = 0;
unsigned char gewei,shiwei,baiwei,qianwei;
unsigned char dis[] = {0xc0,0xf9,0xa4,0xb0,0x99,0x92,0x82,0xf8,0x80,0x90};

void TIM1_Init(void);
void TIM4_Init(void);
void GPIO_Init(void);
void Display(void);
void Delay(unsigned int t);

main()
{
  /*  内部 HSI,16 MHz  */
  CLK_CKDIVR = 0x00;
  GPIO_Init();
  TIM1_Init();
  TIM4_Init();
  /*  定时器 1、4 启动  */
```

```
    TIM1_CR1 |= 0x01;
    TIM4_CR1 |= 0x01;
    _asm("rim");
    while (1)
    {
        if(TimeUp200ms == 1)
        {
            TIM1Counter2 = (unsigned int)TIM1_CNTRH << 8;
            TIM1Counter2 |= (unsigned int)TIM1_CNTRL;
            /* TIM1 溢出,说明数据过 0 点,则跳过本次计算 */
            if((TIM1_SR1 & 0x01) != 0)
            {
                TIM1_SR1 &= ~0x01;
                goto next;
            }
            /* TIM1_CR1 中的 DIR 表示方向,0 为正转,1 为反转 */
            if((TIM1_CR1 & 0x10) == 0)
            {
                /* 正转时数据增大,如果出现数据减小的情况,说明
                   方向寄存器出错,则跳过本次计算 */
                if(TIM1Counter2 >= TIM1Counter1)
                {
                    revolvingSpeed = (TIM1Counter2 - TIM1Counter1)/24U;
                    direction = 0;
                }
            }
            else
            {
                /* 反转时数据减小,如果出现数据增大的情况,说明
                   方向寄存器出错,则跳过本次计算 */
                if(TIM1Counter1 >= TIM1Counter2)
                {
                    revolvingSpeed = (TIM1Counter1 - TIM1Counter2)/24;
                    direction = 1;
                }
            }
next:       TIM1Counter1 = TIM1Counter2;
            TimeUp200ms = 0;
            TIM1_CR1 |= 0x01;
            TIM4_CR1 |= 0x01;
```

```
    }
    Display();
  }
}

void TIM1_Init(void)
{
  /* TIM1 工作在编码器模式 1 */
  TIM1_SMCR = 0x01;
  /* 开启通道 1 和通道 2 */
  TIM1_CCER1 = 0x11;
  /* 置位 UG 位不产生中断 */
  TIM1_CR1 = 0x04;
  /* 产生更新事件而不产生更新中断,更新各寄存器 */
  TIM1_EGR = 0x01;
}

void TIM4_Init(void)
{
  /* 2^7 = 128 分频,溢出值 250,每次 250/(16000000/128)s = 2 ms */
  TIM4_ARR = 250;
  TIM4_PSCR = 0x07;
  /* 开启溢出中断 */
  TIM4_IER = 0x01;
  /* 置位 UG 位不产生中断 */
  TIM4_CR1 = 0x04;
  /* 产生更新事件而不产生更新中断,更新各寄存器 */
  TIM4_EGR = 0x01;
}

@far @interrupt void TIM4_UPD_OVF_IRQHandler(void)
{
  static unsigned char UPDCounter = 0;
  TIM4_SR &= ~0x01;
  UPDCounter ++ ;
  /* 2 ms 溢出一次,200 ms 计算一次 */
  if(UPDCounter == 100)
  {
    UPDCounter = 0;
    TIM1_CR1 &= ~0x01;
    TIM4_CR1 &= ~0x01;
    TimeUp200ms = 1;
  }
```

```
}
void GPIO_Init(void)
{
    /* 数码管段选 */
    PG_ODR = 0xff;
    PG_DDR = 0xff;
    PG_CR1 = 0xff;
    PG_CR2 = 0xff;
    /* 数码管位选 */
    PB_ODR = 0xff;
    PB_DDR = 0xff;
    PB_CR1 = 0xff;
    PB_CR2 = 0xff;
}
void Display(void)
{
    qianwei = revolvingSpeed/1000;
    baiwei = (revolvingSpeed % 1000)/100;
    shiwei = (revolvingSpeed % 100)/10;
    gewei = revolvingSpeed % 10;
    /* 反转是显示负号 */
    if(direction == 1)
    {
    PG_ODR = 0xbf;
    PB_ODR = 0xef;
    Delay(100);
    PB_ODR = 0xff;
    }
    PG_ODR = dis[gewei];
    PB_ODR = 0xfe;
    Delay(100);
    PB_ODR = 0xff;
    /* 十位亮小数点 */
    PG_ODR = dis[shiwei] & 0x7f;
    PB_ODR = 0xfd;
    Delay(100);
    PB_ODR = 0xff;
    PG_ODR = dis[baiwei];
    PB_ODR = 0xfb;
    Delay(100);
```

```
    PB_ODR = 0xff;

    PG_ODR = dis[qianwei];

    PB_ODR = 0xf7;

    Delay(100);

    PB_ODR = 0xff;
}
void Delay(unsigned int t)
{

    while(t--);
}
```

stm8_interrupt_vector.c 程序代码如下：

```
...
extern @far @interrupt void TIM4_UPD_OVF_IRQHandler(void);

...
{0x82, TIM4_UPD_OVF_IRQHandler}, /* irq23 */

...
```

第**8**章

通用串行接口 UART 的应用

STM8 单片机的通用同步异步收发器提供了一种灵活的方法与外部设备进行通信。STM8S 系列最多提供 3 个 UART 通信接口,其中 STM8S208(STM8S207)具有 UART1 和 UART3 两个通信接口。STM8S208 单片机中的 UART 提供了异步通信、多处理器通信、智能卡、IrDA 以及 LIN 局域网络等功能。本章中主要介绍基本的异步通信功能。

8.1 UART 配置步骤及通信过程

UART 以一个起始位开始通信,起始的方法是由 TX 引脚输出低电平。跟着起始位之后的就是要发送的 8 位或者 9 位数据,至于是 8 位还是 9 位数据可以通过设置寄存器 UART_CR1 来配置。当然,如果启动了奇偶校验功能,在数据后面是奇偶校验的数据信息,最后就是停止位,停止位的位数可以设置为一个停止位、2 个停止位或者 1.5 个停止位。下面以 STM8S208 单片机的 UART3 为例分别介绍单字节通信时的收发 UART 口配置步骤及通信过程。

8.1.1 发送器的配置及单字节通信过程

发送器的初始化设置主要包括数据位数的设定、停止位位数的设定以及波特率的设置等,具体如下:

1. 配置发送数据的位数

配置发送数据位数是通过设置寄存器 UART3_CR1 的 bit4 位,设置该位为 0 表示 8 位数据字长,如果设置该位为 1,则设置的是 9 位字长。本例中设置为 8 位字长,则有 UART3_CR1 = 0X00。

2. 配置停止位的位数

停止位的位数由寄存器 UART3_CR3 的 bit5 和 bit4 这两位决定。当这两位设置成 00 时表示选择一个停止位;当这两位设置为 10 时表示选择 2 位停止位;当这两位设置成 11 时表示选择 1.5 个停止位。本例中选择设置 2 个停止位,则有 UART3_CR3 = 0X20。

3. 设置波特率

波特率的大小由寄存器 UART_BRR2 和 UART_BRR1 中的值决定，对于 UART3 对应的是 UART3_BRR2 和 UART3_BRR1。UART3_BRR2 和 UART3_ BRR1 中的值通过下面的计算公式计算得到：$f_{master}/baudrate$。

其中 f_{master} 是系统的主时钟频率，baudrate 是要设定的波特率的值。例如，当前系统主时钟频率是 10 MHz，要设定的波特率是 9 600，则计算出来的值就是 100 000/9 600，约等于 1 042。但是需要注意的是不可以把 1 042 直接赋值给寄存器 UART3_ BRR2 和 UART3_BRR1，而是需要将十进制数据 1 042 转换为十六进制数据 0412，并将转换后的十六进制数据的最高位和最低位组成新的数据赋值给 UART3_ BRR2，把中间的两个十六进制数据赋值给 UART3_BRR1。还有一点也需要注意，一定要先对寄存器 UART3_BRR2 进行赋值，然后再对寄存器 UART3_BRR1 进行赋值。因此，主频是 10 MHz，设置波特率是 9 600 时需要对寄存器 UART3_BRR2 和 UART3_BRR1 赋值的程序语句为："UART3_BRR2 = 0X02；UART3_BRR1 = 0X41；"。

4. 设置 UART3_CR2 中的 TEN 使能发送模式

只有设置了 TEN 位才使能 UART 的发送功能，设置的程序代码：UART3_CR2 |= 0X08，通过此代码，就将 UART3_CR2 寄存器的 TEN 位设置为 1，即使能 UART3 的发送功能。

5. 发送数据

把要发送的数据写进 UART3_DR 寄存器，数据就被发送出去了。例如要发送一个数据 0X55，对应的程序为 UART3_DR = 0X55 即可。

6. 等待发送数据寄存器空

当发送寄存器为空时，然后给数据寄存器重新赋值下一次要发送的数据。具体判断发送寄存器是否为空的方法是判断 UART3_SR 寄存器的最高位 TXE 位是否为 1，如果该位是 1 则表明可以向数据寄存器 UART3_DR 中赋新值进行发送了，对应的判断程序为："while((UART3_SR & 0X80) == 0)；"。

8.1.2 接收器的配置及单字节通信过程

接收器的初始化设置主要包括数据位数的设定、停止位位数的设定以及波特率的设置等，具体如下：

1. 配置接收数据的位数

配置接收数据位数是通过设置寄存器 UART3_CR1 的 bit4 位，设置该位为 0 表示 8 位数据字长，如果设置该位为 1，则设置的是 9 位字长。本例中设置为 8 位字长,则有 UART3_CR1 = 0x00。

2. 配置停止位的位数

停止位的位数由寄存器 UART3_CR3 的 bit5 和 bit4 这两位的设置决定的。当这两位设置成 00 时表示选择一个停止位;当这两位设置为 10 时表示选择 2 位停止位;当这两位设置成 11 时表示选择 1.5 个停止位。本例中选择设置 2 个停止位,则有 UART3_CR3 = 0X20。

3. 设置波特率

接收器的波特率的大小要与发送方的波特率相同,因此设置的对应代码为:"UART3_BRR2 = 0X02; UART3_BRR1 = 0X41;"。

4. 设置 UART3_CR2 中的 REN 使能接收模式

只有设置了 REN 位才使能 UART 的接收功能,设置的程序代码为:UART3_CR2 |= 0X04,通过此代码,就将 UART3_CR2 寄存器的 REN 位设置为 1,即使能 UART3 的接收功能。一旦设置好接收使能控制位,接收器就开始查询起始位,当监测到起始位时就开始接收发送器发送的数据。

5. 等待接收数据

当采用查询方式等待接收数据时,通过程序不断判断寄存器 UART3_SR 的 RXNE 位是否为 1,如果该位是 1 则表明接收寄存器非空,即接收到了新数据,这时就可以通过读取数据寄存器来获得接收数据,然后通过返回指令获得接收的数据。之后需要软件清除该标志位。具体代码为:"while((UART3_SR & 0x20) == 0); return(UART3_DR);"。

通过本节的内容可以掌握 UART 的基本设置方法,并了解了该接口的单字节通信过程。当然,与 UART 相关的寄存器还有一些,这里就不一一介绍了,读者可以自行查阅官方的数据手册学习。

8.2　STM8 单片机与 PC 机之间通信

通过 8.1 节的学习已经初步了解了 STM8 单片机 UART 接口的基本设置方法,下面通过一个实例演示 STM8 单片机的 UART 口的应用,实现 STM8 单片机与 PC 机的通信。开机后 STM8 单片机首先通过 UART 口向 PC 机发送两句提示信息,然后向 PC 机发送自己的唯一 ID 号,PC 机通过 UART 口接收这些信息并通过串口调试助手软件在 PC 机屏幕上显示这些信息。然后 STM8 单片机进入主循环程序部分,向 PC 机发送提示信息,要求 PC 机通过键盘输入字母"a"或者"b",当用 PC 机的键盘输入后,上位机会将信息发送给单片机,单片机接收到的是"a"时就将 LED 发光管都熄灭。如果单片机接收的是"b"时就将 LED 发光管都点亮。

8.2.1　硬件电路图

电路如图 8 - 1 所示。图中用到 STM8S208 单片机的 PD6 和 PD5 引脚（UART3 的串行收发引脚），但是单片机的逻辑电平和 PC 机的不同，因此需要一个电平转换电路，同时由于现在很多个人笔记本电脑没有 UART 口，因此需要用到 USB 转 UART 电路。这部分电路由芯片 2303 和必要的外围电路实现，即图 8 - 1 中上半部分。

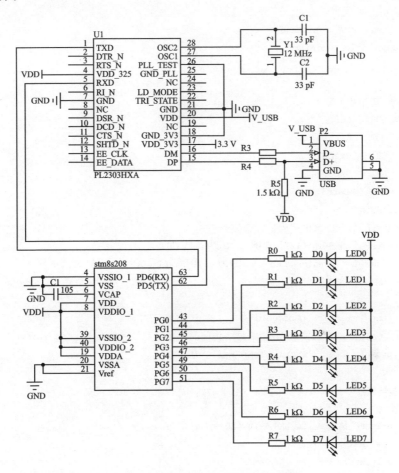

图 8 - 1　UART3 与 PC 机通信电路图

8.2.2　直接操作寄存器方式的程序

采用寄存器操作方式编写程序时，需要非常仔细地分析每个寄存器的设置是否正确，同时程序的可读性也不是很好，但是优点是通过设置寄存器可以对 UART 口的设置方法掌握得更透彻，所以本节还是先给出采用操作寄存器方式的程序，具体代

码如下:

```
# include "stm8s208rb.h"
# include "stdio.h"
/* 芯片唯一 ID 地址,共 96 位 */
# define UNIQUE_ID_START_ADDR        0x48CD
unsigned char i;
int temp;
char t;
unsigned char * pUniqueId;
void Uart3_Init(void);
main()
{
  /* 初始化 LED */
  PG_ODR = 0xff;
  PG_DDR = 0xff;
  PG_CR1 = 0xff;
  PG_CR2 = 0x00;
  /* 初始化 Uart3 */
  Uart3_Init();
  printf("系统初始化完成! \r\n");
  printf("芯片 96 位(12 字节)唯一 ID 为:\r\n");
  pUniqueId = (unsigned char * )UNIQUE_ID_START_ADDR;
  for(i = 0; i<12; i++)
  {
    temp = (int) * (pUniqueId++);
    /* 以十六进制输出 2 位,不足 2 位前面补 0 */
    printf("0x%0.2x\r\n", temp);
  }
  while (1)
  {
    printf("请输入:(a:LED 亮;b:LED 灭)\r\n");
    t = getchar();
    switch(t)
    {
      case 'a':
        printf("LED 灭\r\n");
        PG_ODR = 0xff;
        break;
      case 'b':
```

```
        printf("LED 亮\r\n");
        PG_ODR = 0x00;
        break;
      default:
        printf("输入错误,请重新输入! \r\n");
        break;
    }
  }
}


void Uart3_Init(void)
{
  //8 位数据位,无奇偶校验
  UART3_CR1 = 0x00;
  //使能发送、接收
  UART3_CR2 = 0x0c;
  //2 位停止位
  UART3_CR3 = 0x20;
  //2MHz 时钟下 9600 波特率
  UART3_BRR2 = 0x00;
  UART3_BRR1 = 0x0d;
}


char putchar(char c)
{
  UART3_DR = c;
  while((UART3_SR & 0x80) == 0);
  return c;
}
char getchar(void)
{
  char c;
  while((UART3_SR & 0x20) == 0);
  return(UART3_DR);
}
```

8.2.3 采用库函数方式的程序

正因为用寄存器方式设置相关寄存器时比较不方便,所以本小节应用官方提供的库函数重新完成 STM8 单片机与 PC 机通信的程序,实现的功能完全相同。同时也可以通过对比两种方式的程序,深入理解 UART 的设置方法。

首先建立一个包含库的工程,并添加库中的 stm8s_gpio. c、stm8s_uart3. c、stm8s_clk. c 文件。并添加 stm8_interrupt_vector. c 和 stm8s_it. c 文件。

打开 main. c,输入如下程序代码:

```
# include "stm8s.h"
# include "stdio.h"

/* 芯片唯一 ID 地址,共 96 位 */
# define UNIQUE_ID_START_ADDR      0x48CD
/* Private defines ---------------------------------*/
/* Private function prototypes ----------------*/
/* Private functions ------------------------*/
u8 i;
s16 temp;
s8 t;
u8 * pUniqueId;
void main(void)
{
  /* 初始化 LED */
  GPIO_Init(GPIOG, GPIO_PIN_ALL, GPIO_MODE_OUT_PP_HIGH_SLOW);
  /* Uart3 为 9 600 波特率、8 位数据位 2 位停止位、无奇偶校验、发送接收使能 */
  UART3_Init(9600,
            UART3_WORDLENGTH_8D,
            UART3_STOPBITS_2,
            UART3_PARITY_NO,
            UART3_MODE_TXRX_ENABLE);
  printf("系统初始化完成! \r\n");
  printf("芯片 96 位(12 字节)唯一 ID 为:\r\n");
  pUniqueId = (u8 *)UNIQUE_ID_START_ADDR;
  for(i = 0; i<12; i++)
  {
    temp = (int) * (pUniqueId++);
    /* 以十六进制输出 2 位,不足 2 位前面补 0 */
    printf("0x%0.2x\r\n", temp);
  }
  /* Infinite loop */
  while (1)
  {
    printf("请输入:(a:LED 亮;b:LED 灭)\r\n");
    t = getchar();
```

```
    switch(t)
    {
      case 'a':
        printf("LED 灭\r\n");
        GPIO_WriteHigh(GPIOG, GPIO_PIN_ALL);
        break;
      case 'b':
        printf("LED 亮\r\n");
        GPIO_WriteLow(GPIOG, GPIO_PIN_ALL);
        break;
      default:
        printf("输入错误,请重新输入! \r\n");
        break;
    }
  }
}
char getchar(void)
{
  char c = 0;
  /* 等待读缓冲区非空标志置 1(RxNE == 1) */
  while (UART3_GetFlagStatus(UART3_FLAG_RXNE) == RESET);
    c = UART3_ReceiveData8();
  return (c);
}
char putchar(char c)
{
  /* 向 Uart3 写入一个字节 */
  UART3_SendData8(c);
  /* 等待发送缓冲区空标志置 1(TxE == 1) */
  while (UART3_GetFlagStatus(UART3_FLAG_TXE) == RESET);
  return (c);
}
# ifdef USE_FULL_ASSERT
/* *
  * @brief  Reports the name of the source file and the source line number
  *    where the assert_param error has occurred.
  * @param file: pointer to the source file name
  * @param line: assert_param error line source number
  * @retval : None
  * /
```

```
    void assert_failed(u8 *  file, u32 line)
    {
      / *  User can add his own implementation to report the file name and line number,
         ex: printf("Wrong parameters value: file % s on line % d\r\n", file, line) * /
      / *  Infinite loop * /
      while (1)
      {
      }
    }
    # endif
```

第 **9** 章

模数转换器的应用

9.1　模拟世界与数字世界

我们生活的空间是一个"模拟的物理空间",而所处的时代又是一个"数字时代"。那么,什么是模拟,什么又是数字呢? 在单片机的数字世界里又是如何让模拟的世界闯进它的"内芯"的呢?

9.1.1　何为模拟、何为数字

1. 模拟信号

在生活中我们常接触很多物理量,例如温度、速度、压力等。它们都有一个相同的特点,即都呈连续变化。这种连续变化的物理量就被称为模拟量,而表示这种模拟量的信号就称为模拟信号。模拟量在坐标系中的图像是一段连续的曲线。

2. 数字信号

另一类信号就是数字信号。数字信号是一系列时间离散、数值也离散的信号,通常用数字"0"和"1"的组合表示。而实现将模拟量转换为数字量的设备为 A/D 转换器。如图 9-1 所示。如果想将数字信号还原回模拟信号,再通过 D/A 转化器就可以了。

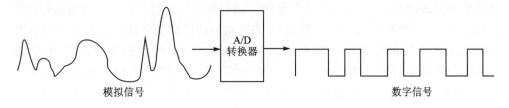

图 9-1　数字信号与模拟信号

在生活中,实现模拟信号和数字信号相互转换的例子很多。如我们听歌用的 MP3 里面的歌曲文件可以理解为数字信号,经过解调传出的信号就是模拟信号了,这样我们就可以通过耳机或者外放听到优美的旋律了。

9.1.2　模拟量与数字量是怎么转换的

　　模拟量和数字量之间是怎样转换的呢？例如,有一个电压范围为 0～5 V 的模拟信号,假定 0～0.5 V 都看作 0 V,0.5～1.5 V 看作 1 V,1.5～2.5 V 看作 2 V,2.5～3.5 V 看作 3 V。如图 9-2 所示,这样就将 0～5 V 之间的连续的电压值转换成了若干个离散的值,然后,再将这些离散的值用二进制数表示出来,就实现了模拟量到数字量的转换。例如 2.5～3.5 V 看作 3 V,可以用 8 位二进制数"00000011"表示。

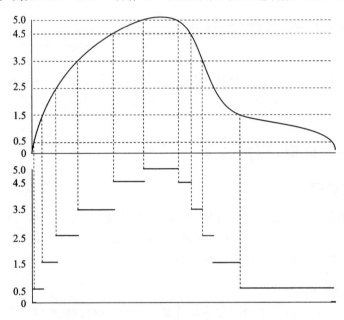

图 9-2　模拟量和数字量的对应图

　　当然,在实际应用中会比图 9-2 中分段分得更细,这样量化后的数字量的数值才会更接近实际的模拟值。例如 STM8 中的 A/D 转换器是 10 位的,即转换后的数字量最小二进制数是"0000000000";最大二进制数是"1111111111"。即输出的数据范围是 0～1 023(共 1 024 个)。现在,如果有被测的模拟电压是 3 V,那么 STM8 是如何把这个 3 V 的模拟电压转换成数字量的呢？这里的转换涉及参考电压,即 STM8 的引脚 VREF＋和 VREF－之间加的电压值,如果把 VREF＋接在 5 V 电压上,VREF－接在 GND 上,那么参考电压就是 5 V。单片机测得的数据其实是当前电压占参考电压的百分比。

　　根据 $\dfrac{3}{5}=\dfrac{x}{1\,024}$,即得到 $x=614.4$。

　　所以如果一个 3 V 的电压,在 5 V 的参考电压下进行 10 位 ADC 转换之后,单片机所测得的结果应该是 614,用二进制表示就是 1001100110。实际测量中其实不知道被测电压是 3 V,但可以从 STM8 单片机的转换结果中读出 614 这一值。所以计

算方式要反过来,即

$$\frac{x}{5} = \frac{614}{1\,024}, x = 3\text{ V}$$

9.2 STM8 单片机的"北冥神功"是如何练成的

金庸迷们都知道,逍遥派是个神秘而又强大的门派,其武功强大飘逸洒脱,极具观赏力,顶级武功北冥神功更是其中典范,丁老怪会也只会第一步——化功,能杀人吓人,却少了最大的实惠,就这样也是江湖上数一数二独霸一方的魔头了。在 STM8 单片机中也有一套"北冥神功",即 ADC 的模数转换功能,它可以将外部输入的模拟信号转换为数字信号,其强大的功能在 8 位单片机中也可以说是"独步天下"了,在 STM8S208 单片机中只有 ADC2 这一个 10 位模数转换器。该单片机提供了最多可达 16 个输入通道。A/D 转换的各个通道可以执行单次和连续的转换模式。

9.2.1 主要功能

本书中以 STM8S208RB 单片机为例,简单介绍 ADC2 的主要功能,如下:

① 10 位的分辨率。

② 单次和连续的转换模式。单次转换方式,转换一次就停止转换;连续转换方式,一旦开启,一直转换。

③ 预分频可编程设置。ADC 时钟可由系统主时钟经分频后提供,时钟选择更灵活。

④ 可以选择外部中断(ADC_ETR)或者定时器触发信号(TRGO)作为 A/D 转换启动触发信号。不仅可以手动开启 ADC 转换,也可由外部中断或者 TIM1 的触发信号来开启 ADC 转换。

⑤ 模拟放大。可以通过减小参考电压来提高转换精度。参考电压输入的两个引脚的电压范围分别是:$0\text{ V} \leqslant V_{REF-} \leqslant 0.5\text{ V}, 2.7\text{ V} \leqslant V_{REF+} \leqslant VDDA$。

⑥ 转换结束时可产生中断。可以通过设置寄存器,开启转换结束中断。

⑦ 灵活的数据对齐方式。有两种转换后的数据对齐方式,分别是左对齐和右对齐。数据处理更灵活,需要注意的是选择不同的对齐方式时,在读转换结果寄存器时是有严格先后顺序的。

9.2.2 A/D 转换过程

STM8 单片机的 A/D 转换器的结构如图 9-3 所示。图中各个引脚简介如表 9-1 所列。

图 9-3 中各个引脚简介如表 9-1 所列。

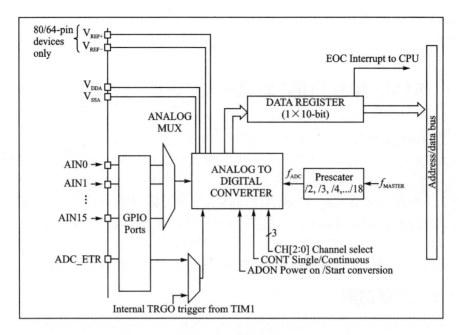

图 9-3　ADC 结构框图

表 9-1　ADC 引脚简介表

名　称	信号类型	注　解
V_{DDA}	输入,模拟电源	模拟电源供电端
V_{SSA}	输入,模拟电源地	模拟电源地
V_{REF-}	输入,模拟参考电压负极	ADC 使用的参考电压负极,$0\,V \leqslant V_{REF-} \leqslant 0.5\,V$,一般接在 V_{SSA} 端即可
V_{REF+}	输入,模拟参考电压正极	ADC 使用的参考电压正极,$2.7V \leqslant V_{REF+} \leqslant V_{DDA}$,一般接在 V_{DDA} 端即可
AIN[15:0]	模拟输入通道	16 个通道选择,每次只能有一个通道进行 ADC 转换
ADC_ETR	数字输入通道	外部触发信号

　　首先,为了保证 A/D 转换器的正常工作,需要给 A/D 转换器提供模拟电源,其中 V_{DDA} 是模拟电源供电端,而 V_{SSA} 是模拟电源地。

　　其次,需要给 A/D 转换器提供合适的参考电压,这个参考电压需要加在 V_{REF+} 和 V_{REF-} 引脚上,其中 V_{REF+} 是模拟参考电压的正极,V_{REF-} 是模拟参考电压的负极,为了保证此电压的稳定性,通常将模拟电源电压经过基准源稳压芯片稳压后接在 V_{REF+} 和 V_{REF-} 引脚上。一般应用时,也可以将 V_{REF+} 接在 V_{DDA} 上,V_{REF-} 接在 V_{SSA} 上。

　　选择好参考源后,将模拟输入信号连接在 AIN[15:0]中被选择的通道上,模拟信号进入模拟数字转化器中,选择转换方式(单次或者连续),设置预分频值,选择转换后的数据的对齐方式(左对齐或者右对齐),最后开启转换(ADON),转换后的数据存入数据寄存器 ADC_DRH 和 ADC_DRL 中,同时硬件置位 EOC 告诉 CPU 转换结束。下面分步详细分析 A/D 转换器的设置及工作过程。

① 首先,选择一个模拟信号输入通道。STM8 有 16 个通道(AIN[15∶0])可选。通过设置 ADC_CSR 寄存器的 CH[3∶0]选择输入通道,具体设置情况见表 9-2 所列。ADC_CSR 寄存器还有其他功能,如果需要开启 A/D 转换中断,可以置位 EO-CIE,这样每次转换结束都产生一次中断,这里要注意的是,一旦通道被选定,对应通道的 I/O 功能将被禁用。

表 9-2　模拟输入通道选择

序　号	CH[3∶0]	模拟输入通道	序　号	CH[3∶0]	模拟输入通道
0	0000	AIN0	8	1000	AIN8
1	0001	AIN1	9	1001	AIN9
2	0010	AIN2	10	1010	AIN10
3	0011	AIN3	11	1011	AIN11
4	0100	AIN4	12	1100	AIN12
5	0101	AIN5	13	1101	AIN13
6	0110	AIN6	14	1110	AIN14
7	0111	AIN7	16	1111	AIN15

② 设置寄存器 ADC_CR1 的 SPSEL[2∶0]位选择预分频值,具体如表 9-3 所列。

表 9-3　A/D 转换器预分频因子配置

序　号	SPSEL[2∶0]	预分频因数	序　号	SPSEL[2∶0]	预分频因数
1	000	$f_{ADC} = f_{MASTER}/2$	5	100	$f_{ADC} = f_{MASTER}/8$
2	001	$f_{ADC} = f_{MASTER}/3$	6	101	$f_{ADC} = f_{MASTER}/10$
3	010	$f_{ADC} = f_{MASTER}/4$	7	110	$f_{ADC} = f_{MASTER}/12$
4	011	$f_{ADC} = f_{MASTER}/6$	8	111	$f_{ADC} = f_{MASTER}/18$

③ 设置寄存器 ADC_CR1 的 CONT 位用于配置 A/D 转换器的工作方式,当 CONT 位置 1 时 A/D 转换器工作在连续转换方式;当 CONT 位置 0 时 A/D 转换器工作在单次转换方式。

④ 设置寄存器 ADC_CR2 的 ALIGN 位选择 A/D 转换器转换后的数据的对齐方式。ALIGN 位置 0 时配置为左对齐方式,ALIGN 位置 1 时配置为右对齐方式。

⑤ 通过设置寄存器 ADC_CR1 中的 ADON 位为 1,开启 A/D 转换,模拟信号就

转换为数字信号并存储在 ADC_DRH 和 ADC_DRL 寄存器中。每次转换结束时寄存器 ADC_CSR 中的 EOC 位都由硬件自动置 1,可以通过查询此位判断转换是否结束。但 EOC 位需要软件手动清零。对 EOC 位写零,清除此标志位。

也可以通过外部触发方式启动 ADC2 进行模数转换,但是需要置位寄存器 ADC_CR2 中的 EXTTRIG,选择外部触发使能。EXTTRIG 置 1 表示使能外部触发转换;EXTTRIG 置 0 表示禁止外部触发转换。然后通过设置 EXTSEL[1:0]位选择触发事件,当配置 EXTSEL[1:0]位为 00 时表示选择内部定时器 1 的 TRG 事件启动 A/D 转换器;当配置 EXTSEL[1:0]位为 01 时表示选择单片机外部引脚 ADC_ETR 上的信号启动 A/D 转换器。

如果需要提高分辨率,还可通过减小参考电压来实现,V_{REF+} 的范围为 2.75 V~ V_{DDA},V_{REF-} 的范围为 V_{SSA}~0.5 V。

注意:通过置位 ADC_CR1 寄存器的 ADON 位来开启 ADC 时,首次置位 ADON,ADC 从低功耗模式唤醒,为了启动转换必须第二次使用写指令置位 ADC_CR1 寄存器的 ADON 位。当转换结束时 ADC 保持上电状态,如果需要继续转换,只需要置位 ADON 一次来启动下次转换即可。通过清零 ADON 位可以实现 ADC 的低功耗状态。

9.3　简易数字电压表

通过前面的学习我们已经对 ADC 转换器有了初步认识,下面结合实际例子详细学习 ADC 的应用和程序设计方法。本节将设计一个简易的数字电压表,用数码管显示被测电压的数值,被测电压的范围是 0~5 V。当然可以用一个电位器来模拟这个外部输入的电压信号,方便学习验证。

9.3.1　硬件电路

硬件电路设计如图 9-4 所示。在单片机的 PB0(AIN0)引脚接一个电位器,输入一个模拟电压,通过程序读取该模拟电压值,简单处理后用数码管显示所测得的电压值。

9.3.2　寄存器方式实现的程序代码

结合 9.2 节中的硬件电路图设计程序,程序主要包括 ADC 转换器初始化代码,此外还要初始化控制数码管相关的 I/O 口的推挽输出方式。执行完初始化代码后程序就进入主循环,在主循环中主要完成 3 个任务,一个是对输入电压信号进行采样,通过 ADC 连续采集 10 次,并将所采集的电压存储在一个数组中;另一个任务是对采集的 10 个值进行数字滤波,从而得到相对接近真值的一个数据。最后,将这个数据用数码管显示出来。具体程序代码如下:

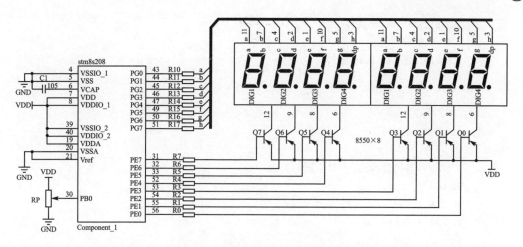

图 9 - 4 简易数字电压表电路图

```
#include<stm8s208rb.h>

unsigned char const shumaguan[] = {0xc0,0xf9,0xa4,0xb0,0x99,0x92,
                                   0x82,0xf8,0x80,0x90};
/* ADCValue 数组存放 A/D 采样值,voltageADC 为数字滤波后的结果 */
unsigned int ADCValue[10] = {0}, voltageADC = 0;
/* voltage 为电压计算结果,单位 mV */
unsigned int voltage = 0;

void GPIO_Init(void);
void ADC_Init(void);
void ADConvert(void);
void DigitalFiltering(void);
void Display(void);
void Delay(unsigned int t);

main()
{
  unsigned char i;
  GPIO_Init();
  ADC_Init();
  while (1)
  {
    /* 连续转换 10 次 */
    ADConvert();
    /* 数字滤波 */
```

```
    DigitalFiltering();
    i = 200;
    while(i--)  Display();
  }
}


void GPIO_Init(void)
{
  /* PG 口数码管段选,PE 口数码口位选 */
  PG_ODR = 0xff;
  PG_DDR = 0xff;
  PG_CR1 = 0xff;
  PE_ODR = 0xff;
  PE_DDR = 0xff;
  PE_CR1 = 0xff;
}


void ADC_Init(void)
{
  /* fADC = fMaster/2,连续转换模式 */
  ADC_CR1 = 0x02;
  /* 选择通道 0(PB0) */
  ADC_CSR = 0x00;
  /* 数据右对齐 */
  ADC_CR2 |= 0x08;
  /* 从低功耗模式唤醒 */
  ADC_CR1 |= 0x01;
}


void ADConvert(void)
{
  unsigned char count = 0;
  /* 开启连续转换,不可直接写入 0x03 */
  ADC_CR1 |= 0x02;
  ADC_CR1 |= 0x01;
ADC_CR1 |= 0x01;
  while(count < 10)
  {
    /* 等待转换结束 */
    while((ADC_CSR & 0x80) == 0);
```

```
       /* 清除转换结束标志位 */
       ADC_CSR & = ~0x80;
       ADCValue[count] = (unsigned int)ADC_DRL;
       ADCValue[count] |= (unsigned int)ADC_DRH << 8;
       count ++ ;
    }
    /* 关闭连续转换 */
    ADC_CR1 & = ~0x02;
}


void DigitalFiltering(void)
{
    unsigned char i,j;
    unsigned int temp;
    /* 对数组排序 */
    for(i = 10; i > = 1; i -- )
    {
      for(j = 0; j < (i - 1); j ++ )
      {
        if(ADCValue[j] > ADCValue[j + 1])
        {
          temp = ADCValue[j];
          ADCValue[j] = ADCValue[j + 1];
          ADCValue[j + 1] = temp;
        }
      }
    }
    /* 舍弃最大和最小的两个数,然后求平均值 */
    voltageADC = 0;
    for(i = 2; i < = 7; i ++ )  voltageADC + = ADCValue[i];
    voltageADC / = 6;
}
void Display(void)
{
    unsigned char displayArray[4], i;
    /* voltage/3300(mV) = voltageADC/1023 */
    voltage = (unsigned int)((unsigned long)voltageADC * 3240UL / 1023UL);
    /* 拆分数据,使用数码管显示 */
    displayArray[3] = voltage / 1000;
    displayArray[2] = (voltage % 1000) / 100;
```

```
    displayArray[1] = (voltage % 100) / 10;
    displayArray[0] = voltage % 10;
    /* 使用数码管显示电压值,单位 mV */
    for(i = 0; i<4; i++)
    {
        PG_ODR = shumaguan[displayArray[i]];
        PE_ODR = ~(0x01 << i);
        Delay(100);
        PE_ODR = 0xff;
    }
}
void Delay(unsigned int t)
{
    while(t -- );
}
```

9.3.3 库函数方式实现的程序代码

为了比较学习,这里把简易数字电压表的库函数操作方式的代码也贴出来,程序的设计思想与 9.3.2 小节中的程序完全相同,主要是在程序中把初始化程序和 ADC 采集的数据读取等内容用库函数来完成了。需要注意的是,由于在 main 程序中用到了 ADC 库函数及 GPIO 操作等函数,因此需要在设计的程序工程中包含库函数中的 stm8s_adc2. c、stm8s_gpio. c、stm8s_it. c 及 stm8_interrupt_vector. c 等文件,别忘记包含头文件 stm8s. h。把这些需要的文件都包含进入这个工程后,把下面的程序代码复制到 main. c 文件中,编译即可下载到实验板上验证试验了。

```
/* Includes -----------------------------------*/
# include "stm8s. h"

/* Private defines -----------------------------*/
unsigned char const shumaguan[] = {0xc0,0xf9,0xa4,0xb0,0x99,0x92,
                                    0x82,0xf8,0x80,0x90};
/* ADCValue 数组存放 A/D 采样值,voltageADC 为数字滤波后的结果 */
unsigned int ADCValue[10] = {0}, voltageADC = 0;
/* voltage 为电压计算结果,单位 mV */
unsigned int voltage = 0;

/* Private function prototypes ---------------*/
void ADConvert(void);
void DigitalFiltering(void);
```

```
void Display(void);
void Delay(unsigned int t);
/* Private functions -------------------------*/

void main(void)
{
  unsigned char i;
  /* PG 口数码管段选,PE 口数码口位选 */
  GPIO_Init(GPIOG, GPIO_PIN_ALL, GPIO_MODE_OUT_PP_HIGH_SLOW);
  GPIO_Init(GPIOE, GPIO_PIN_ALL, GPIO_MODE_OUT_PP_HIGH_SLOW);
  /* ADC2 配置为:
                - 连续转换模式
                - 通道 0(PB0)
                - f_ADC = f_Master/2
                - 触发模式为定时器
                - 触发关
                - 数据右对齐
                - 选择通道 0 上的施密特触发器
                - 施密特触发器关 */
  ADC2_Init(ADC2_CONVERSIONMODE_CONTINUOUS,
            ADC2_CHANNEL_0,
            ADC2_PRESSEL_FCPU_D2,
            ADC2_EXTTRIG_TIM,
            DISABLE,
            ADC2_ALIGN_RIGHT,
            ADC2_SCHMITTTRIG_CHANNEL0,
            DISABLE);
  /* Infinite loop */
  while (1)
  {
    /* 连续转换 10 次 */
    ADConvert();
    /* 数字滤波 */
    DigitalFiltering();
    i = 200;
    while(i--) Display();
  }

}
```

```
void ADConvert(void)
{
  unsigned char count = 0;
  /* 连续转换 */
  ADC2->CR1 |= 0x02;
  ADC2_StartConversion();
  while(count < 10)
  {
    /* 等待转换结束 */
    while(ADC2_GetFlagStatus() == RESET);
    /* 清除转换结束标志位 */
    ADC2_ClearFlag();
    ADCValue[count] = ADC2_GetConversionValue();
    count++;
  }
  /* 关闭连续转换 */
  ADC2->CR1 &= ~0x02;
}
void DigitalFiltering(void)
{
  unsigned char i,j;
  unsigned int temp;
  /* 对数组排序 */
  for(i=10; i>=1; i--)
  {
    for(j=0; j<(i-1); j++)
    {
      if(ADCValue[j] > ADCValue[j+1])
      {
        temp = ADCValue[j];
        ADCValue[j] = ADCValue[j+1];
        ADCValue[j+1] = temp;
      }
    }
  }
  /* 舍弃最大和最小的两个数,然后求平均值 */
  voltageADC = 0;
  for(i=2; i<=7; i++)  voltageADC += ADCValue[i];
  voltageADC /= 6;
}
```

```
void Display(void)
{
    unsigned char displayArray[4], i;
    /* voltage/3300(mV) = voltageADC/1023 */
    voltage = (unsigned int)((unsigned long)voltageADC * 3240UL / 1023UL);
    /* 拆分数据,使用数码管显示 */
    displayArray[3] = voltage / 1000;
    displayArray[2] = (voltage % 1000) / 100;
    displayArray[1] = (voltage % 100) / 10;
    displayArray[0] = voltage % 10;
    /* 使用数码管显示电压值,单位 mV */
    for(i = 0; i<4; i++)
    {
        GPIOG->ODR = shumaguan[displayArray[i]];
        GPIOE->ODR = ~(0x01 << i);
        Delay(100);
        GPIOE->ODR = 0xff;
    }
}
void Delay(unsigned int t)
{
    while(t--);
}
#ifdef USE_FULL_ASSERT

/**
  * @brief  Reports the name of the source file and the source line number
  *    where the assert_param error has occurred.
  * @param file: pointer to the source file name
  * @param line: assert_param error line source number
  * @retval : None
  */
void assert_failed(u8 * file, u32 line)
{
    /* User can add his own implementation to report the file name and line number,
       ex: printf("Wrong parameters value: file %s on line %d\r\n", file, line) */

    /* Infinite loop */
    while (1)
    {
```

```
    }
  }
  #endif
```

关于上面的程序再提示读者注意以下几点：

① 在第一次置位 ADON（ADC2 使能位）时会把 A/D 转换从低功耗模式中唤醒，此时并没有真正使能 A/D 转换，必须第二次置位才是真正使能 A/D 转换，同时我们强烈建议读者在长时间不使用 A/D 的时候把其设置为低功耗模式，只需要清零 ADON 位就进入低功耗模式。

② ADC 模块上电之后，所选的转换通道对应的 I/O 功能是被禁止使用的，所以推荐在使能 ADC 转换模块之前就要选择好 A/D 转换通道。

③ ADC 在低功耗模式下被唤醒到开始 A/D 转换需要一个稳定时间，这个时间是 14 个时钟周期。

9.4 PC 机上绘图显示声音信号

声音是用来听的，但是在这里笔者要和大家一起看看声音长得是什么样子？本节将继续研究 ADC 的应用，并结合第 8 章中学过的 UART 知识，把 ADC 采集的声音信号通过 UART 口传给 PC 机，在 PC 机中以波形的形式显示出声音的样子。通过本节的学习可以进一步熟练应用 ADC，同时也可以复习 UART 的应用。

硬件电路如图 9-5 所示，主要包括 3 个芯片 MAX293、STM8 和 PL2303。应用 MAX293 对麦克输入的声音信号进行滤波处理，然后通过 STM8 单片机的 A/D 转换器进行采集，并将采集的数据通过 UART1 上传 PC 机，通过上位机的串口调试助手软件对声音信号进行绘图，这样我们就可以"看到"声音了。

程序代码如下：

```
#include <stm8s208rb.h>
/* 零页(Zero Page)最大 256 字节,所以使用关键字@near */
unsigned char @near adcBuffer[512];
unsigned char dataReady = 0;
unsigned int numOfADC = 0;


void ADC2_Config(void);
void UART1_Config(void);
void UART1_TransmitData(void);
void delay(volatile unsigned int t);


main()
```

```
{
    /* fMaster = 16 MHz */
    CLK_CKDIVR = 0x00;
    ADC2_Config();
    UART1_Config();
    _asm("rim\n");
    /* 开启转换 */
    ADC_CR1 | = 0x01;
    while (1)
    {
        if(dataReady == 1)
        {
            dataReady = 0;
            UART1_TransmitData();
        /* 连续转换模式 */
        ADC_CR1 | = 0x02;
        /* 开启转换 */
        ADC_CR1 | = 0x01;
        }
    }
}
void ADC2_Config(void)
{
    /* 连续转换模式 */
    ADC_CR1 = 0x42;
    /* 选择通道0,开转换结束中断 */
    ADC_CSR = 0x20;
    /* 数据左对齐,舍弃低2位 */
    ADC_CR2 = 0x00;
    /* 从低功耗模式唤醒 */
    ADC_CR1 | = 0x01;
}
void UART1_Config(void)
{
    /* UART1 配置为:
            - 波特率 = 9 600
            - 数据长度 = 8
            - 一位停止位
            - 无校验
            - 收、发使能
```

```
        - LINUART 时钟禁止
    */
    UART1_CR1   = 0x00;
    UART1_CR3   = 0x00;
    UART1_BRR2  = 0x02;
    UART1_BRR1  = 0x68;
    UART1_CR2   = 0x0C;
}
void UART1_TransmitData(void)
{
    unsigned int i;
    for(i = 0; i != 512; i++)
    {
        while (!(UART1_SR & 0x40));
        UART1_DR = adcBuffer[i];
    }
}
void delay(volatile unsigned int t)
{
    unsigned int j;
    for(; t != 0; t--)
        for(j = 1100; j != 0; j--);
}
@far @interrupt void ADC2_IRQHandler(void)
{
    unsigned char temp;
    /* 清楚中断标志位 */
    ADC_CSR &= 0x7f;
    /* 读 ADC 数据,舍弃低 2 位 */
    adcBuffer[numOfADC++] = ADC_DRH;
    temp = ADC_DRL;
    if(numOfADC == 512)
    {
        dataReady = 1;
        numOfADC = 0;
    /* 关连续转换 */
        ADC_CR1 &= 0xFD;
    }
}
```

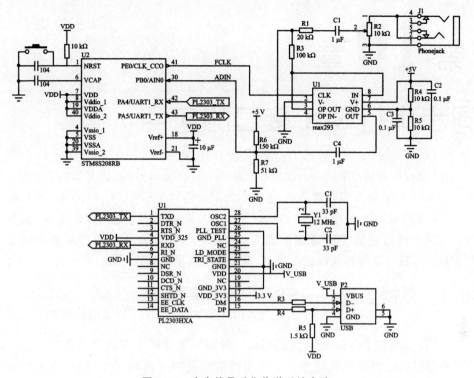

图 9 - 5   声音信号采集传送系统电路

第 **10** 章

同步串行 SPI 接口的应用

SPI 接口的英文全称是 Serial Peripheral Interface，可以翻译为"串行外围设备接口"。因为它是同步串行通信的，通常称为同步串口。SPI 接口为 STM8 单片机与许多具有 SPI 接口的外围设备（如 AD、DA、SD 卡、温度传感器、存储器等）及其他 CPU 之间的通信建立了高速通信通道。STM8 单片机的 SPI 接口最高速度可达 10 MHz，并且可以与其他设备以半/全双工、同步、串行方式通信。

10.1 互换信物——SPI 的传输原理

SPI 接口是原 Freescale 公司提出的一种采用串行同步方式通信接口。该接口使用的信号线主要有使能信号（NSS，即通常所说的片选）、同步时钟（SCK）、同步数据输出（主机是 MOSI，从机是 MISO）及同步数据输入（主机是 MISO，从机是 MOSI）。图 10-1 是两个 STM8 单片机 SPI 接口相连的示意图。

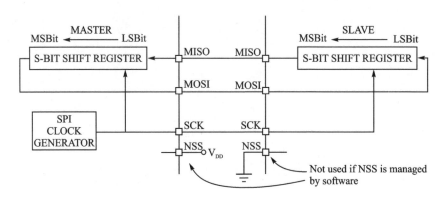

图 10-1 两个 STM8 单片机 SPI 口连接图

SPI 的传输原理比较容易理解，笔者称之为"互换信物"。即每个具有 SPI 接口的设备都有一个移位寄存器，如图 10-1 所示。通过将两个设备的 MOSI 引脚对应相连、MISO 引脚对应相连，从而使得两个移位寄存器首尾相连，在主设备时钟发生器发出的脉冲 SCK 的"统一指挥"下，实现两个寄存器中的数据逐位移位，数据从主

设备的 MOSI 引脚移出,在从设备的 MOSI 引脚
移入,从设备寄存器中的数据从 MISO 引脚被
"挤"出,在主设备的 MISO 引脚"挤"入,最终实现
主从设备移位寄存器中的数据交换,故称之为"互
换信物"原理。关于 STM8 单片机 SPI 接口的更
多知识请参考官方数据手册,下面结合具体应用实
例分析 STM8 单片机 SPI 接口的设置方法和
应用。

10.2 SPI 接口应用举例

为了弄清楚 STM8 单片机的应用,在接下来的几个小节中通过具体实际例程详
细分析 SPI 接口的应用方法。

10.2.1 查询法实现两个单片机的 SPI 接口之间通信

应用 STM8 单片机的 SPI 接口实现两个单片机之间传输数据,为了验证通信是
否成功,我们采用 8 个 LED 发光二级管显示发送和接收的数据,具体电路如图 10-2
所示。

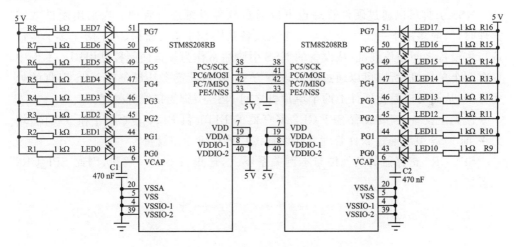

图 10-2 两片 STM8 单片机通过 SPI 接口通信

下面结合 SPI 接口的初始化设置代码分析主设备的配置步骤:

1. 设置 SPI 所用到的 I/O 引脚的输入输出工作方式

将 PC5(SPI_CSK)和 PC6(SPI_MOSI)设置为推挽输出,PC7(SPI_MISO)设置
为上拉输入。

```
PC_DDR |= (1 << 5) | (1 << 6);
PC_CR1 |= (1 << 5) | (1 << 6) | (1 << 7);
```

2. 设置 SPI 控制寄存器 SPI_CR1 相关位

➤ 设置 SPI_CR1 寄存器的 BIT7 位 LSBFIRST 为 0,即数据发送时高位数据在前先发送;

➤ 设置 SPI_CR1 寄存器的 BIT6 位 SPE 为 0,禁止 SPI 设备的功能(等都设置好后再启动)。

➤ 设置 SPI_CR1 寄存器的 BIT5:BIT3 这 3 位为 001,即配置波特率为 $f_{Master}/4$ (其他波特率配置请参考官方手册,这里不详细给出了);

➤ 设置 SPI_CR1 寄存器的 BIT2 位 MSTR 为 1,即设置为主设备工作方式;

➤ 设置 SPI_CR1 寄存器的 BIT1:BIT0(CPOL 和 CPHA)这两位为 00(这两位用于设置 SPI 的时钟极性和时钟相位,具体参考官方数据手册有关 SPI 时钟极性和相位图)。

```
SPI_CR1 = 0x0C;
```

3. 设置引脚 NSS 的管理方式

NSS 引脚可以通过硬件管理也可以通过软件设置进行管理。当采用硬件方式管理时,一般多用于一个主设备与多个从设备共用 SPI 总线通信,为了防止多个从设备与主设备之间通信混乱,从设备的 NSS 引脚通常作为片选使能控制引脚。本例中只有两个单片机,所以可以通过软件设置方式,分别设置主从设备的 NSS 引脚的处理方法,从而可以简化硬件上两个单片机之间 NSS 引脚的接线等处理。

作为主设备,需要设置 SPI_CR2 寄存器的 BIT1 和 BIT0 位(SSM 和 SSI 位)均为 1,即 NSS 引脚通过软件管理方式设置该片单片机为主设备。

SPI_CR2 寄存器的其他位与本例关系不大,这里暂不一一解释,因此 SPI_CR2 配置如下:

```
SPI_CR2 = 0x03;
```

4. 使能 SPI 功能

当与 SPI 功能相关的寄存器都设置好后,通过设置 SPI_CR1 寄存器的 BIT6 位 SPE 为 1 启动 SPI 接口,具体设置如下所示:

```
SPI_CR1 |= 0x40;
```

需要注意的是要将 SPI_CR1 寄存器与 0X40 进行"按位或"操作,而不要马虎直接用赋值语句"SPI_CR1 = 0X40",否则第 2 步中设置的 SPI_CR1 的其他位就被重新改写为"0"。

另外需要注意的是当使用 SPI 的高速模式时,SPI 输出端口对应的 I/O 必须配置为快速摆率输出,以满足要求的总线速度。

除了设置与 SPI 接口相关的寄存器和相关的引脚外,在图 10 - 2 中还用到了控制 LED 发光二级管的 I/O 口,需要设置这几个 I/O 口的工作方式,具体代码如下:

```
PG_ODR = 0xff;
PG_DDR = 0xff;
PG_CR1 = 0xff;
PG_CR2 = 0x00;
```

主设备所完成的任务就是将数组中的数据逐个通过 SPI 接口发送给从设备,当发送完数组的最后一个数据时再重新发送数组中的第一个数据,如此循环。为了证明发送是否成功,主设备在每次发送时也将本次发送的数据输出到 PG 口,用 LED 发光二级管显示发送的数据。此外,为了让我们的肉眼能够看清楚每次发送数据的内容,在每完成一次发送任务时都调用一个延时。

主设备单片机的全部程序代码如下:

```
# include <stm8s208r.h>
unsigned char Data[8],dataIndex = 0;
void SPI_MasterInit(void);
void GPIO_Init(void);
void Delay(unsigned int t);
main()
{
  unsigned char i;
  GPIO_Init();
  SPI_MasterInit();
  /* 将数据写入数组 */
  for(i = 0; i < 8; i++)
  {
    Data[i] = ~(0x01 << i);
  }
  while (1)
  {
    if(dataIndex == 8)  dataIndex = 0;
    PG_ODR = Data[dataIndex];
    /* 判断发送缓冲区非空时等待 */
```

```
    while((SPI_SR & 0x02) == 0);
    /* 将数据写入发送缓冲区 */
    SPI_DR = Data[dataIndex++];
    Delay(50000);
  }
}
void SPI_MasterInit(void)
{
  /* PC5(SPI_CSK),PC6(SPI_MOSI)推挽输出,PC7(SPI_MISO)上拉输入 */
  PC_DDR |= (1 << 5) | (1 << 6);
  PC_CR1 |= (1 << 5) | (1 << 6) | (1 << 7);
  /* LSBFIRST=0 高位数据在前,波特率为 f_Master/4,MSTR=1 为主机,
     数据传输和串行时钟选择 CPOL 和 CPHA 都为 0 */
  SPI_CR1 = 0x0C;
  /* NSS 由软件配置,并设置为主机 */
  SPI_CR2 = 0x03;
  /* 使能 SPI */
  SPI_CR1 |= 0x40;
}
void GPIO_Init(void)
{
  PG_ODR = 0xff;
  PG_DDR = 0xff;
  PG_CR1 = 0xff;
  PG_CR2 = 0x00;
}
void Delay(unsigned int t)
{
  while(t--);
}
```

下面结合 SPI 接口的初始化设置代码分析从设备的配置步骤:

1. 设置 SPI 所用到的 I/O 引脚的输入输出工作方式

将 PC5(SPI_CSK)和 PC6(SPI_MOSI)设置为上拉输入,PC7(SPI_MISO)设置为推挽输出。

```
PC_DDR |= (1 << 7);
PC_CR1 |= (1 << 5) | (1 << 6) | (1 << 7);
```

2. 设置 SPI 控制寄存器 SPI_CR1 相关位

➤ 设置 SPI_CR1 寄存器的 BIT7 位 LSBFIRST 为 0,即数据发送时高位数据在
前先发送;

➤ 设置 SPI_CR1 寄存器的 BIT6 位 SPE 为 0,禁止 SPI 设备的功能(等都设置好
后再启动);

➤ 设置 SPI_CR1 寄存器的 BIT5:BIT3 这 3 位不需要设置,因为从设备的 CLK
是由主设备提供的,因此这里可以默认设置为"000";

➤ 设置 SPI_CR1 寄存器的 BIT2 位 MSTR 为 0,即设置为从设备工作方式;

➤ 设置 SPI_CR1 寄存器的 BIT1:BIT0(CPOL 和 CPHA)这两位为 00(这两位
用于设置 SPI 的时钟极性和时钟相位,具体参考官方数据手册有关 SPI 时钟
极性和相位图)。

综上,从设备的 SPI_CR1 寄存器可以暂时设置为 0X00;具体代码如下:

```
SPI_CR1 = 0x00;
```

3. 设置引脚 NSS 的管理方式

作为从设备,并且采用软件管理方式,需要设置 SPI_CR2 寄存器的 BIT1 和
BIT0 位(SSM 和 SSI 位),设置 BIT1(SSM)位为 1,即使用软件管理方式;设置 BIT0
(SSI)位为 0,即设置该片单片机为从设备。

SPI_CR2 寄存器的其他位与本例关系不大,这里暂不一一解释,因此 SPI_CR2
配置如下:

```
SPI_CR2 = 0x02;
```

4. 使能 SPI 功能

当与 SPI 功能相关的寄存器都设置好后,通过设置 SPI_CR1 寄存器的 BIT6 位
SPE 为 1 启动 SPI 接口。具体设置如下所示:

```
SPI_CR1 | = 0x40;
```

从设备主要完成的任务是等待接收主设备 SPI 接口发送的数据,当接收到数据
时将数据存储在一个数组中,同时将数据输出到 PG 口,用 LED 发光二级管显示所
接收到的数据。从设备单片机的全部程序代码如下:

```
#include <stm8s208r.h>
unsigned char Data[8],dataIndex = 0;
```

```
void SPI_SlaveInit(void);
void GPIO_Init(void);
void Delay(unsigned int t);
main()
{
  unsigned char i;
  GPIO_Init();
  SPI_SlaveInit();
  while (1)
  {
    if(dataIndex == 8)  dataIndex = 0;
    /* 写入无效数据以开启 SPI 传送 */
    SPI_DR = 0xff;
    /* 判断接收缓冲区空时等待 */
    while((SPI_SR & 0x01) == 0);
    /* 将接收到的数据存入数组 */
    Data[dataIndex] = SPI_DR;
    /* 将数据送小灯显示 */
    PG_ODR = Data[dataIndex++];
  }
}
void SPI_SlaveInit(void)
{
  /* PC5(SPI_CSK),PC6(SPI_MOSI)上拉输入,PC7(SPI_MISO)推挽输出 */
  PC_DDR |= (1 << 7);
  PC_CR1 |= (1 << 5) | (1 << 6) | (1 << 7);
  /* CPOL 和 CPHA 都为 0,MSB 在前,NSS 由软件管理,本机为从机 */
  SPI_CR2 = 0x02;
  /* 使能 SPI */
  SPI_CR1 |= 0x40;
}
void GPIO_Init(void)
{
  PG_ODR = 0xff;
  PG_DDR = 0xff;
  PG_CR1 = 0xff;
  PG_CR2 = 0x00;
}
void Delay(unsigned int t)
{
  while(t--);
}
```

10.2.2 中断法实现两个单片机的 SPI 接口之间通信

前面采用查询法实现了主从两个单片机之间通过 SPI 接口通信的设计,下面将从设备的接收程序改为中断方式接收,并且将主从设备两个单片机的程序都改为库函数重新编写程序代码。

下面结合 SPI 接口的初始化设置代码分析主设备的配置步骤:

1. 设置 SPI 所用到的 I/O 引脚的输入/输出工作方式

将 PC5(SPI_CSK)和 PC6(SPI_MOSI)设置为推挽输出,PC7(SPI_MISO)设置为上拉输入。

```
GPIO_Init(GPIOC, GPIO_PIN_5|GPIO_PIN_6, GPIO_MODE_OUT_PP_HIGH_FAST);
GPIO_Init(GPIOC, GPIO_PIN_7, GPIO_MODE_IN_PU_NO_IT);
```

2. 设置 SPI 控制寄存器 SPI_CR1 相关位

➤ 设置 SPI_CR1 寄存器的 BIT7 位 LSBFIRST 为 0(SPI_FIRSTBIT_MSB),即数据发送时高位数据在前先发送;
➤ 设置 SPI_CR1 寄存器的 BIT5:BIT3 这 3 位为 001,即配置波特率为 SPI_BAUDRATEPRESCALER_4(其他波特率配置请参考官方手册,这里不详细给出了);
➤ 设置 SPI_CR1 寄存器的 BIT2 位为 1(SPI_MODE_MASTER),即设置为主设备工作方式;
➤ 设置 SPI_CR1 寄存器的 BIT1:BIT0(CPOL 和 CPHA)这两位为 00(这两位用于设置 SPI 的时钟极性和时钟相位,具体参考官方数据手册有关 SPI 时钟极性和相位图);
➤ 设置 SPI_CR2 寄存器的 BIT1 和 BIT0 位(SSM 和 SSI 位)均为 1,即 NSS 引脚通过软件管理方式设置该片单片机为主设备;
➤ 设置 SPI_CRCPR 多项式寄存器的值为 0x07,该寄存器默认设置值为 0x07,可以根据需要设置其他的值,有关 CRC 校验的问题在下一节中详细分析。

```
SPI_Init(SPI_FIRSTBIT_MSB,
         SPI_BAUDRATEPRESCALER_4,
         SPI_MODE_MASTER,
         SPI_CLOCKPOLARITY_LOW,
         SPI_CLOCKPHASE_1EDGE,
         SPI_DATADIRECTION_2LINES_FULLDUPLEX,
         SPI_NSS_SOFT,
         0x07);
```

3. 使能 SPI 功能

当与 SPI 功能相关的寄存器都设置好后,通过设置 SPI_CR1 寄存器的 BIT6 位 SPE 为 1 启动 SPI 接口。具体设置如下所示:

```
SPI_Cmd(ENABLE);
```

除了设置与 SPI 接口相关的寄存器和相关的引脚外,在图 10 - 2 中还用到了控制 LED 发光二级管的 I/O 口,需要设置这几个 I/O 口的工作方式。具体代码如下:

```
GPIO_Init(GPIOG, GPIO_PIN_ALL, GPIO_MODE_OUT_PP_HIGH_SLOW);
```

主设备所完成的任务就是将数组中的数据逐个通过 SPI 接口发送给从设备,当发送完数组的最后一个数据时再重新发送数组中的第一个数据,如此循环。为了证明发送的是否成功,主设备在每次发送时也将本次发送的数据输出到 PG 口,用 LED 发光二级管显示发送的数据。此外,为了让我们的肉眼能够看清楚每次发送数据的内容,在每完成一次发送任务时都调用一个延时。

主设备单片机的全部程序代码如下:

```
#include "stm8s.h"
u8 Data[8], dataIndex = 0;
void Delay(unsigned int t);
void main(void)
{
  u8 i;
  for(i = 0; i < 8; i++)
  {
    Data[i] = ~(0x01 << i);
  }
  /* PG 连接 LED */
  GPIO_Init(GPIOG, GPIO_PIN_ALL, GPIO_MODE_OUT_PP_HIGH_SLOW);
  /* PC5(SPI_CSK),PC6(SPI_MOSI)推挽输出,PC7(SPI_MISO)上拉输入 */
  GPIO_Init(GPIOC, GPIO_PIN_5|GPIO_PIN_6, GPIO_MODE_OUT_PP_HIGH_FAST);
  GPIO_Init(GPIOC, GPIO_PIN_7, GPIO_MODE_IN_PU_NO_IT);
  /* SPI 初始化:高位在前;
                波特率为主时钟 1/4;
                主机模式;
                CPOL = 0;
                CPHA = 0;
                全双工模式;
                软件管理 NSS;
```

```
                    CRC 校验多项式为 0x07(注意不可为 0x00) */
    SPI_Init(SPI_FIRSTBIT_MSB,
             SPI_BAUDRATEPRESCALER_4,
             SPI_MODE_MASTER,
             SPI_CLOCKPOLARITY_LOW,
             SPI_CLOCKPHASE_1EDGE,
             SPI_DATADIRECTION_2LINES_FULLDUPLEX,
             SPI_NSS_SOFT,
             0x07);
    /* 使能 SPI */
    SPI_Cmd(ENABLE);
    /* Infinite loop */
    while(1)
    {
      if(dataIndex == 8)  dataIndex = 0;
      /* 将数据显示在 LED 上 */
      GPIO_Write(GPIOG, Data[dataIndex]);
      /* 判断发送缓器非空则等待 */
      while((SPI->SR & 0x02) == 0);
      /* 将数据写入发送缓冲器 */
      SPI_SendData(Data[dataIndex++]);
      Delay(50000);
    }
}
void Delay(unsigned int t)
{
  while(t--);
}
#ifdef USE_FULL_ASSERT
void assert_failed(u8 * file, u32 line)
{
  while(1)
  {
  }
}
#endif
```

下面结合 SPI 接口的初始化设置代码分析从设备的配置步骤：

1. 设置 SPI 所用到的 I/O 引脚的输入输出工作方式

将 PC5(SPI_CSK)和 PC6(SPI_MOSI)设置为上拉输入，PC7(SPI_MISO)设置

为推挽输出。

```
GPIO_Init(GPIOC, GPIO_PIN_5|GPIO_PIN_6, GPIO_MODE_IN_PU_NO_IT);
  GPIO_Init(GPIOC, GPIO_PIN_7, GPIO_MODE_OUT_PP_HIGH_FAST);
```

2. 设置 SPI 控制寄存器 SPI_CR1 相关位

➢ 设置 SPI_CR1 寄存器的 BIT7 位 LSBFIRST 为 0，即数据发送时高位数据在前先发送；

➢ 设置 SPI_CR1 寄存器的 BIT5：BIT3 这 3 位不需要设置，因为从设备的 CLK是由主设备提供的，但是在本例中对这 3 位设置的值是 SPI_BAUDRATEPRESCALER_4，该值在函数库中的宏定义是 frequency(CPU)/4，其实没有什么实际意义；

➢ 设置 SPI_CR1 寄存器的 BIT2 位为 0(SPI_MODE_SLAVE)，即设置为从设备工作方式；

➢ 设置 SPI_CR1 寄存器的 BIT1：BIT0(CPOL 和 CPHA)这两位为 00(这两位用于设置 SPI 的时钟极性和时钟相位，具体参考官方数据手册有关 SPI 时钟极性和相位图)；

➢ 设置 SPI_CR2 寄存器的 BIT1 和 BIT0 位(SSM 和 SSI 位)，设置 BIT1(SSM)位为 1，即使用软件管理方式；设置 BIT0(SSI)位为 0，即设置该片单片机为从设备；

➢ 设置 SPI_CRCPR 多项式寄存器的值为 0X07，该寄存器默认设置值为 0X07，可以根据需要设置其他的值。

具体代码如下：

```
SPI_Init(SPI_FIRSTBIT_MSB,
         SPI_BAUDRATEPRESCALER_4,
         SPI_MODE_SLAVE,
         SPI_CLOCKPOLARITY_LOW,
         SPI_CLOCKPHASE_1EDGE,
         SPI_DATADIRECTION_2LINES_FULLDUPLEX,
         SPI_NSS_SOFT,
         0x07);
```

3. SPI 接收缓冲器非空中断使能

由于从设备采用中断方式接收数据，因此要使能 SPI 接收缓冲器非空中断，具体如下：

```
SPI_ITConfig(SPI_IT_RXNE, ENABLE);
```

4. 使能 SPI 功能

当与 SPI 功能相关的寄存器都设置好后,通过设置 SPI_CR1 寄存器的 BIT6 位 SPE 为 1 启动 SPI 接口。具体设置如下所示:

```
SPI_Cmd(ENABLE);
```

5. 开启总中断

使能总中断,具体设置代码如下:

```
rim();
```

由于从设备采用中断工作方式接收数据,因此从设备的 main.c 文件中的程序主要完成对 SPI 的相关设置。具体接收数据及处理接收到的数据的程序在 stm8s_it.c 文件中。main.c 文件中的程序代码如下:

```
# include "stm8s.h"
u8 Data[8], dataIndex = 0;

void main(void)
{
  /* PG 口连接 LED */
  GPIO_Init(GPIOG, GPIO_PIN_ALL, GPIO_MODE_OUT_PP_HIGH_SLOW);
  /* PC5(SPI_CSK),PC6(SPI_MOSI)上拉输入,PC7(SPI_MISO)推挽输出 */
  GPIO_Init(GPIOC, GPIO_PIN_5|GPIO_PIN_6, GPIO_MODE_IN_PU_NO_IT);
  GPIO_Init(GPIOC, GPIO_PIN_7, GPIO_MODE_OUT_PP_HIGH_FAST);
  /* SPI 初始化:高位在前;
               波特率为主时钟 1/4;
               从机模式;
               CPOL = 0;
               CPHA = 0;
               全双工模式;
               软件管理 NSS;
               CRC 校验多项式为 0x07(注意不可为 0x00) */
  SPI_Init(SPI_FIRSTBIT_MSB,
           SPI_BAUDRATEPRESCALER_4,
           SPI_MODE_SLAVE,
           SPI_CLOCKPOLARITY_LOW,
           SPI_CLOCKPHASE_1EDGE,
           SPI_DATADIRECTION_2LINES_FULLDUPLEX,
```

```
                SPI_NSS_SOFT,
                0x07);
     /* 开接收缓冲器非空中断 */
     SPI_ITConfig(SPI_IT_RXNE, ENABLE);
     /* 使能 SPI */
     SPI_Cmd(ENABLE);
     /* 开启总中断 */
     rim();
     /* Infinite loop */
     while (1)
     {
     }
}
#ifdef USE_FULL_ASSERT
void assert_failed(u8 * file, u32 line)
{
   while (1)
   {
   }
}
#endif
```

　　stm8s_it.c 文件中的程序主要就是 SPI 接收缓冲器非空中断函数,当接收到数据时,执行中断函数,中断函数中的主要任务是将接收到的数据存储在一个数组中,同时将该数据输出到 PG 口,用 LED 发光二级管显示所接收到的数据。stm8s_it.c 文件中的程序代码如下:

```
#include "stm8s_it.h"
extern u8 Data[8], dataIndex;
INTERRUPT_HANDLER(SPI_IRQHandler, 10)
{
   /* 判断接收缓冲器非空标志位 RXNE 是否为 1 */
   if((SPI->SR & 0x01) != 0)
   {
     if(dataIndex == 8)  dataIndex = 0;
     /* 读取接收到的数据 */
     Data[dataIndex] = SPI->DR;
     /* 用 LED 显示数据 */
     GPIOG->ODR = Data[dataIndex++];
   }
}
```

10.2.3　加入 CRC 功能实现两个单片机的 SPI 接口通信

循环冗余码校验英文名称为 Cyclical Redundancy Check,简称 CRC,是利用除法及余数的原理来作错误侦测(Error Detecting)的。实际应用时,发送装置计算出 CRC 值并随数据一同发送给接收装置,接收装置对收到的数据重新计算 CRC 并与收到的 CRC 相比较,若两个 CRC 值不同,则说明数据通信出现错误。有关 CRC 校验的详细实现原理请读者自行参考相关资料学习,本节中主要是学习如何使用 STM8 单片机 SPI 外设提供的硬件 CRC 功能。

下面结合一个实例说明 SPI 接口通信时是如何使用 CRC 校验的。实验要完成的任务是主设备将数组中的 100 个数据发送给从设备,在发完最后一个数据后,紧接着发送 CRC 校验码,从设备根据接收到的这 100 个数据计算 CRC 校验码,并与主设备发送给从设备的 CRC 校验码进行比较,如果不相符,则证明发送的数据不正确,通过点亮 PG 口上的 LED 指示灯表明接收的数据存在问题。具体硬件电路如图 10-2 所示。

下面结合 SPI 接口的初始化设置代码分析主设备的配置步骤:

主设备单片机的程序与上一节中的程序几乎一样,主要是多了一个使能 CRC 校验功能,使能的方法是将 SPI_CR2 寄存器中的 BIT5 位 CRCEN 置 1,通过调用库函数可以实现,具体代码如下:

```
SPI_CalculateCRCCmd(ENABLE);
```

完整的主设备程序代码如下:

```
#include "stm8s.h"
u8 Data[100], dataIndex = 0;
void Delay(unsigned int t);

void main(void)
{
  u8 i;
  for(i = 0; i < 100; i++)
  {
    Data[i] = i;
  }
  /* PC5(SPI_CSK),PC6(SPI_MOSI)推挽输出,PC7(SPI_MISO)上拉输入 */
  GPIO_Init(GPIOC, GPIO_PIN_5|GPIO_PIN_6, GPIO_MODE_OUT_PP_HIGH_FAST);
  GPIO_Init(GPIOC, GPIO_PIN_7, GPIO_MODE_IN_PU_NO_IT);
  /* SPI 初始化:高位在前;
              波特率为主时钟 1/4;
```

```
                    主机模式;
                    CPOL = 0;
                    CPHA = 0;
                    全双工模式;
                    软件管理 NSS;
                    CRC 校验多项式为 0x07(注意不可为 0x00) */
    SPI_Init(SPI_FIRSTBIT_MSB,
            SPI_BAUDRATEPRESCALER_4,
            SPI_MODE_MASTER,
            SPI_CLOCKPOLARITY_LOW,
            SPI_CLOCKPHASE_1EDGE,
            SPI_DATADIRECTION_2LINES_FULLDUPLEX,
            SPI_NSS_SOFT,
            0x07);
    /* 使能 CRC 计算 */
    SPI_CalculateCRCCmd(ENABLE);
    /* 使能 SPI */
    SPI_Cmd(ENABLE);
    /* 发送 100 个数据 + 1Byte CRC */
    while(1)
    {
        if(dataIndex == 100)
        {
            dataIndex = 0;
            SPI_TransmitCRC();
            break;
        }
        /* 判断发送缓器非空则等待 */
        while((SPI->SR & 0x02) == 0);
        /* 考虑到从机的数据处理时间,减慢发送速度 */
        Delay(100);
        /* 将数据写入发送缓冲器 */
        SPI_SendData(Data[dataIndex++]);
    }
    while(1);
}
void Delay(unsigned int t)
{
    while(t--);
}
```

```
#ifdef USE_FULL_ASSERT
void assert_failed(u8 * file, u32 line)
{
  while (1)
  {
  }
}
#endif
```

　　需要强调的是当发送到最后一个数据时,需要通知 SPI 接口发完最后一个数据后要紧接着发送主设备计算的 CRC 校验寄存器中的校验码。即在上面的程序中通过"if(dataIndex == 100)"判断当前正在发送的数据是第 100 个(其实就是数组中的 Data[99]),如果是最后一个数据,则调用 stm8_spi.c 文件中的库函数"SPI_TransmitCRC()",通过该函数设置 SPI_CR2 寄存器中的 BIT4 位 CRCNEXT 位置 1,即通知 SPI 接口发送完当前这个最后一个数据后发送 CRC 校验寄存器中的校验码。

　　从设备的 SPI 接口的初始化设置与上一节中的从设备初始化设置也几乎相同,所不同的是本节中的从设备的初始化设置代码中要加上以下几个设置内容:

1. 使能 CRC 校验功能

　　使能 CRC 校验功能的方法是将 SPI_CR2 寄存器中的 BIT5 位 CRCEN 位置 1,可以通过调用库函数实现,具体代码如下:

```
SPI_CalculateCRCCmd(ENABLE);
```

2. 使能接收缓冲器非空中断

　　使能接收缓冲器非空中断的方法是将 SPI_ICR 寄存器中的 BIT6 位 RXIE 位置 1,可以通过调用库函数实现,具体代码如下:

```
SPI_ITConfig(SPI_IT_RXNE, ENABLE);
```

3. 使能 SPI 错误中断

　　使能 SPI 错误中断,当发生 CRC 校验错误时可以产生中断。通过设置 SPI_ICR 寄存器中的 BIT5 位 ERRIE 位为 1 使能错误中断,通过调用库函数可以实现使能设置,具体代码如下:

```
SPI_ITConfig(SPI_IT_ERR, ENABLE);
```

4. 开总中断

通过调用下面的函数实现开总中断:

```
rim();
```

从设备的 main.c 程序主要完成对 SPI 接口的初始化任务,具体代码如下:

```
#include "stm8s.h"
u8 Data[100], dataIndex = 0, checkFlag = 0;
void Delay(unsigned int t);
void main(void)
{
  u8 i;
  /* PG 口连接 LED */
  GPIO_Init(GPIOG, GPIO_PIN_ALL, GPIO_MODE_OUT_PP_HIGH_SLOW);
  /* PC5(SPI_CSK),PC6(SPI_MOSI)上拉输入,PC7(SPI_MISO)推挽输出 */
  GPIO_Init(GPIOC, GPIO_PIN_5|GPIO_PIN_6, GPIO_MODE_IN_PU_NO_IT);
  GPIO_Init(GPIOC, GPIO_PIN_7, GPIO_MODE_OUT_PP_HIGH_FAST);
  /* SPI 初始化:高位在前;
              波特率为主时钟 1/4;
              主机模式;
              CPOL - 0;
              CPHA = 0;
              全双工模式;
              软件管理 NSS;
              CRC 校验多项式为 0x07(注意不可为 0x00) */
  SPI_Init(SPI_FIRSTBIT_MSB,
          SPI_BAUDRATEPRESCALER_4,
          SPI_MODE_SLAVE,
          SPI_CLOCKPOLARITY_LOW,
          SPI_CLOCKPHASE_1EDGE,
          SPI_DATADIRECTION_2LINES_FULLDUPLEX,
          SPI_NSS_SOFT,
          0x07);
  /* 使能 CRC 计算 */
  SPI_CalculateCRCCmd(ENABLE);
  /* 开接收缓冲器非空中断 */
  SPI_ITConfig(SPI_IT_RXNE, ENABLE);
  /* 开错误中断 */
  SPI_ITConfig(SPI_IT_ERR, ENABLE);
```

```
/* 使能 SPI */
SPI_Cmd(ENABLE);
/* 开总中断 */
rim();
/* 等待 100 个数据传送完成 */
while(dataIndex != 100);
/* 校验数据，出错一个标志位 +1 */
for(i = 0; i < 100; i++)
{
    if(Data[i] != i)
    {
        checkFlag++;
    }
}
/* Infinite loop */
while(1)
{
    /* 使用 LED 显示错误数据个数 */
    GPIO_Write(GPIOG, checkFlag);
}
}
void Delay(unsigned int t)
{
    while(t--);
}
#ifdef USE_FULL_ASSERT
void assert_failed(u8 * file, u32 line)
{
    while (1)
    {
    }
}
#endif
```

　　由于从设备采用中断方式接收数据，因此当接收缓冲器非空时即会产生中断，在中断函数中判断 SPI_SR 寄存器的 BIT0 位 RXNE 位是否为"1"，如果是"1"，则表示接收到了新数据，将这个新数据从数据寄存器 SPI_DR 中将数据读出并存储在数组 Data 中，当接收完 100 个数据时就发送 CRC 校验码给主设备。

　　当然，当 SPI 传送数据发生错误时，CRC 校验也会有问题，这时会产生 CRC 校验错误中断，此时中断函数"INTERRUPT_HANDLER(SPI_IRQHandler, 10)"同样会得到执行,这时需要判断 SPI_SR 寄存器的 BIT4 位 CRCERR 位是否为"1",如果该位为"1",则表明发生了 CRC 校验错误。由于单片机执行速度非常快,为了在做实验时能够看清楚发生了 CRC 校验错误,我们在中断程序中对 CRC 校验错误标志位进行判断,如果发生了 CRC 校验错误,可以点亮 PG 口空着的 LED 发光二级管,从而指示出发生了 CRC 校验错误,并让程序"死"在中断函数中。中断函数位于文件stm8s_it.c 中,具体程序代码如下:

```
#include "stm8s_it.h"
extern u8 Data[100], dataIndex;
INTERRUPT_HANDLER(SPI_IRQHandler, 10)
{
  if((SPI->SR & 0x01) != 0)
  {
    /* 读取接收到的数据 */
    Data[dataIndex++] = SPI->DR;
    if(dataIndex == 100)
    {
      SPI_TransmitCRC();
dataIndex = 0;
    }
  }
  /* CRC 校验出错 */
  if((SPI->SR & 0x10) != 0)
  {
    while(1)
    {
      GPIO_Write(GPIOG, 0xaa);
    }
  }
}
```

　　由于 STM8 单片机的 SPI 接口的通信可靠性高,一般在传输数据时不会发生CRC 校验错误的现象,为了验证实验的正确性,我们在两片单片机通过 SPI 传输数据的过程中,将数据线拔下来,这样发送的数据和接收的就不一样了,从而会发生CRC 校验错误。这时会发现接在 PG 口的 LED 指示灯会点亮,从而验证了 CRC 校验功能。

第**11**章

I²C 总线接口的应用

I²C(Inter-Integrated Circuit)总线是由 PHILIPS 公司开发的两线式串行总线，用于连接微控制器及其外围设备，是微电子通信控制领域广泛采用的一种总线标准。它是同步通信的一种特殊形式，具有接口线少、控制方式简单、通信速率较高等优点。因此，这种接口在 A/D 转换器、EEPROM 存储器及温度传感器中都有广泛应用。本章中将详细分析此接口的工作原理和 STM8 单片机中的 I²C 总线的使用方法。

11.1　I²C 总线接口简介

I²C 总线是一种二线制通信协议，两根线分别是 SDA(串行数据线)和 SCL(串行时钟线)。所有参与通信的器件的 SDA 和 SCL 都对应接在一起，如图 11-1 所示。每个设备都可以当主机，也可以当从机。主机并不是只负责发送，从机也并不是只负责接收，在一次通信过程中主机和从机都可以接收也可以发送。看到图 11-1 也许读者会有这样几点疑问：

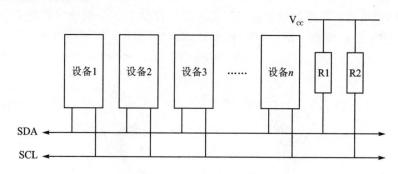

图 11-1　I²C 总线设备连接示意图

① 这么多设备都接到这两条线上，那么它们之间通信不会乱吗？是这样的，每个设备都有自己唯一的地址，在一次通信过程中，"抢上"主机宝座的那个设备会发出一个地址，所有设备接到这个地址后会和自己的地址比较，比较匹配上的才会继续和主机进行接下来的数据通信。在一次通信过程中，主机负责在 SCL 时钟线上产生时钟，控制通信过程的"节奏"。主机和从机都是在主机 SCL 线上产生的时钟的"节拍"下完成接收数据或发送数据的。

② 图 11-1 中画的那两个夸张的电阻是干什么的？I²C 总线接口内部采用开漏输出。因此，为了得到确定的电平，需要在总线上接上拉电阻。在总线没有工作的情况下，两根线都默认为高电平。

③ 如果哪个设备想当主机，发起一次通信，它是如何"抢"上这个主机的位置的呢？关于这个问题请继续看下一节有关 I²C 总线工作原理的详细分析。

11.2　I²C 总线是怎么工作的

I²C 总线的通信传输过程和人类日常生活中的一些事儿很相似，为了让读者能够更好地理解 I²C 总线的工作过程，先给读者来一段生活中的对话，然后再一起详细分析 I²C 总线的工作过程。

张三："喂！李四儿啊，把那 8 个网球给我扔过来呗。"

李四："OK，8 个网球我都扔过去了。"

张三："OK，都接到了，没事儿了。"

分析一下上面的对话，首先由张三发起对话（相当于张三是主机），张三大声"喂"了一下，表示要开始了一段对话。当然如果在同一个时刻，有多个人"喂"了一下，那么就要总线仲裁一下，决定让谁继续讲话，被裁下去的就要暂时"消停"一会儿，不能当主机了，只能先听人家讲什么了。咱们继续说如果张三说"喂"的事儿。这一嗓子够大声的，全都听见了，都以为和自己说话呢。紧接着张三喊了一句"李四儿啊"，其他人一看和自己没关系，就不再听下去了，只有李四接下来继续听张三要干什么。张三说"你把那 8 个网球给我扔过来呗。"，这时，李四回应了一句"OK"，表示他听见了张三的话，然后就将 8 个网球给撤了过去。张三接到了 8 个网球后回复了李四儿一句"OK"，表示自己收到了那 8 个网球，然后就说"没事儿了"，表示本次对话结束。

其实，I²C 总线的通信过程和上面的生活对话过程很相似，一般也需要有开始，

通信完成后要有结束,中间传输数据时,如果对方接收到数据要应一声表示成功接收了。下面结合图 11 - 2 再具体分析一下 I²C 总线工作过程。

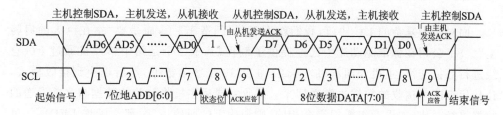

图 11 - 2 I²C 总线工作过程

① 首先由主机发起始信号,即在 SCL 线为高电平时将 SDA 线拉低。当各个设备检测到此起始信号后就进入通信准备状态中。

② 接下来主机发送一个字节的信息,其中前 7 位是将要与之通信的从机地址,最后 1 位是状态位,用来告诉从机接下来进行的是读操作还是写操作。最后一位是 1 表示读,即表示接下来由从机发送数据,主机接收;是 0 表示写,即表示接下来由主机发送数据,从机接收。主机发送完这个字节后会在 SCL 线上的第 9 个脉冲位置释放 SDA 的使用权。

③ 除了主机以外的各个设备都会接收到上一步中主机发送的那一个字节的信息。分别用这个字节前 7 位和自己的地址编号进行比较,地址匹配上的将继续和主机通信,地址不匹配的则对接下来的通信"视而不见"。

④ 接到的 7 位地址与自己的地址编号匹配上的从机设备会在主机发送的第 9 个时钟信号时通过将 SDA 线拉低给主机一个 ACK 应答信号,表示自己成功地接到了主机发送的这个字节信息。

⑤ 以图 11 - 2 为例,图中第 8 个脉冲位置的状态位是 1,表示主机要读从机。所以,从机给主机发送了 ACK 应答信号后会接着给主机传送 8 位数据。从机发送完数据后会释放 SDA 线。

⑥ 主机接收完 8 位数据后会给从机发送一个 ACK 应答信号,表示主机读到了从机发送的 8 位数据。

⑦ 最后,由主机在 SCL 线为高电平时将 SDA 线从低电平改为高电平作为结束信号结束本次通信。

还有一种情况,主机可以给所有从机设备同时发送数据,这时主机首先发送的是广播地址,这个广播地址会和所有其他设备匹配,接下来,主机发送数据时所有从机设备就都能收到了。但是,如果主机发送了广播地址,并且要求读从机数据,这时就没有意义了,因为所有从机同时在一个 SDA 线上给主机传数据,可想而知,这个数据就乱了,是不能使用的。

11.3 两个 STM8 单片机之间通信

面对较为复杂的 I²C 协议,我们就不能"闭门造车"了,而是要"站在巨人的肩膀上"。ST 公司在标准驱动库中已经提供了例程,其中一个是两个单片机通过 I²C 总线进行数据交换,主机先向从机发送 0～9 共 10 个字节数据,然后切换到接收模式,让从机把刚才接收的数据再发送回来。接收完成后主机将接收的数据与之前发送的数据进行对比;如果两组数据完全相同,则说明 I²C 通信正常,那么闪烁 LED1;如果两组数据不同,说明通信过程出错,则闪烁 LED2,从机在通信的过程中判断错误标志位;如果通信出现错误,则闪烁 LED3,如图 11 - 3 所示。

stm8_stdperiph_lib2.0.0\Project\STM8S_StdPeriph_Examples\I2C\I2C_TwoBoards 目录中的 I2C_DataExchange 为该例程,接下来在实战中学习 STM8 单片机中 I²C 总线的应用方法。

11.3.1 硬件电路图

电路图比较简单,只要把两个板子的 SCL(PE1)、SDA(PE2) 和 GND 对应连接起来就可以了,电路图如图 11 - 3 所示。

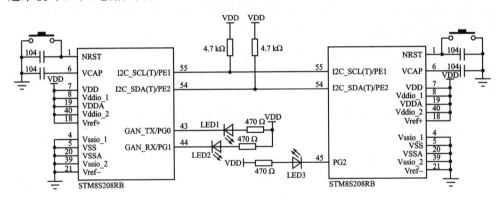

图 11 - 3 I²C 两机通信电路图

11.3.2 建立工程

根据 ST 公司提供的标准驱动库建立工程,步骤如下:

1. 建立主机工程

首先建立一个包含库的工程,并添加库中的 stm8s_gpio.c、stm8s_i2c.c、stm8s_clk.c 文件。将目录 stm8_stdperiph_lib2.0.0\Project\STM8S_StdPeriph_Examples\I2C\I2C_TwoBoards\I2C_DataExchange\Master 中的所有文件复制到工程目录中,覆盖粘贴。

打开 main. c,需要做一些修改,首先注释掉第 23 行,因为 stm8s_eval. h 中包含的主要是初始化 LED 的相应程序,写得较为复杂,我们使用自己写的初始化 LED 程序即可。

```
23      //# include "stm8s_eval.h"
```

注释掉 69～77 行初始化 LED 的程序,并添加自己编写的初始化程序。

```
69      //    STM_EVAL_LEDInit(LED1);
70      //    STM_EVAL_LEDInit(LED2);
71      //    STM_EVAL_LEDInit(LED3);
72      //    STM_EVAL_LEDInit(LED4);
73
74      //    STM_EVAL_LEDOff(LED1);
75      //    STM_EVAL_LEDOff(LED2);
76      //    STM_EVAL_LEDOff(LED3);
77      //    STM_EVAL_LEDOff(LED4);
78          GPIO_Init(GPIOG, GPIO_PIN_0|GPIO_PIN_1|GPIO_PIN_2,
79                      GPIO_MODE_OUT_PP_HIGH_SLOW);
```

注释掉 246 行,并添加取反 PG0 程序:

```
246     //        STM_EVAL_LEDToggle(LED1);
247              GPIO_WriteReverse(GPIOG, GPIO_PIN_0);
```

注释掉 257 行,并添加取反 PG1 程序:

```
257     //        STM_EVAL_LEDToggle(LED4);
258              GPIO_WriteReverse(GPIOG, GPIO_PIN_1);
```

经过上面步骤的修改,工程已经可以编译通过了。

2. 建立从机工程

在当前工作空间下,通过"Project→Add New Project To WorkSpace"添加新工程。

建立一个包含库的工程,并添加库中的 stm8s_gpio. c、stm8s_i2c. c、stm8s_clk. c 文件。将目录 stm8_stdperiph_lib2. 0. 0\Project\STM8S_StdPeriph_Examples\I2C \I2C_TwoBoards\I2C_DataExchange\Slave 中的所有文件复制到工程目录中,覆盖粘贴。

打开 main. c 进行修改如下:

注释掉第 23 行,不需要该头文件:

```
23      //# include "stm8s_eval.h"
```

注释第 54 和 55 行,并添加初始化 PG2 程序:

```
54      //   STM_EVAL_LEDInit(LED2);
55      //     STM_EVAL_LEDOff(LED2);
56           GPIO_Init(GPIOG, GPIO_PIN_2, GPIO_MODE_OUT_PP_HIGH_SLOW);
```

打开 stm8s_it.c 进行修改。
注释第 24 行,不需要该头文件:

```
24      //# include "stm8s_eval.h"
```

在第 37 行前添加关键字@near,将数组定义到零页外,否则零页溢出。

```
37      @near __IO uint8_t Slave_Buffer_Rx[255];
```

注释第 393 行,添加清零 PG2 程序,使 LED3 亮:

```
393     //     STM_EVAL_LEDOn(LED2);
394          GPIO_WriteLow(GPIOG, GPIO_PIN_2);
```

经过上面修改,从机程序即可编译通过。

11.3.3　程序流程分析

为了更好地理解 ST 官方给出的这个例程,在本节配上程序流程图进行分析,便于读者阅读下一节中的程序代码。

1. 主机程序流程图

主机主程序流程图如图 11-4 所示。首先对 I/O 口、I^2C 总线相关寄存器及时钟进行初始化,设置 I^2C 发送中断使能,并且使能总中断,然后发送起始信号启动 I^2C 总线工作。每当在 I^2C 发送中断程序中发送一个数据后就更新一次发送数据个数的变量,当都发完以后就停止发送。延时一段时间后,将 I^2C 总线工作模式设置为主机接收方式,重新发送起始信号后采用查询方法查询接收,当所有数据都接收完以后,把刚才发送出去的数据和接收回来的数据逐个进行比较,如果完全相同则 LED1 灯闪烁,表示成功,如果不完全相同,则让 LED2 灯闪烁。

2. 主机中断发送程序流程图

主机采用中断方式发送数据,其中断程序流程图如图 11-5 所示。当主机成功发送了起始信号后会产生中断,在中断中根据初始化里面设置的情况选择发送 7 位从机地址或者 10 位从机地址,当地址发送成功后再次进入中断,发送第一个数据,每次成功发送完数据后都会再次进入中断发送下一个数据,直到发送完所有数据后关闭中断,并发送停止信号结束数据发送。

3. 从机主程序流程图

从机主程序流程图如图 11 - 6 所示。主程序的主要任务就是对时钟、I/O 口及 I²C 总线相关寄存器进行设置,并且开启 I²C 总线的中断和总中断,然后就停在一个地方"空等",每当接收或发送数据成功等事件发生时都会产生中断,转而去执行中断中的程序,中断程序执行完以后还是会回到这个地方"空等"。

4. 从机收发数据中断程序流程图

从机中断程序负责发送和接收数据,程序流程图如图 11 - 7 所示。每次响应中断程序时首先判断本次中断是不是由于出错引发的,如果是则点亮 LED3 发光二尽管,指示出现错误。如果不是出错引发的中断,则要读出触发中断事件的标志,判断是哪个事件,从而进一步去执行相应的程序。如果启动发送程序,就把发送数据的个数置为 0,即清零发送数据索引变量;如果是发送数据,就把指定的数据发送出去,然后调整发送数据索引变量;如果是接收数据引发的中断,就接收数据,并调整接收数据索引变量;如果是停止信号引发的中断,则在发送完一个字节后发送应答信号,结束发送。

11.3.4 程序代码

有了上一节的程序流程图,我们对程序的设计思想已经比较了解了,下面再看程序代码就应

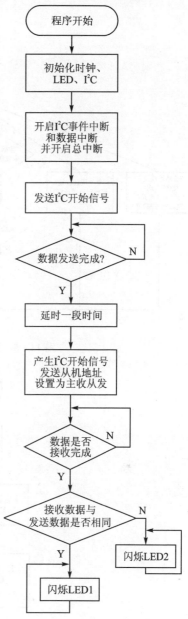

图 11 - 4 主机中断发送和主机查询接收主程序流程图

该比较清楚些。以下内容就是 ST 公司提供的程序代码,只是笔者做实验的硬件和公司给的例程有些不同,所以稍加修改,具体改变的地方已经在 11.3.2 小节中说明了。

STM8 单片机自学笔记(第 2 版)

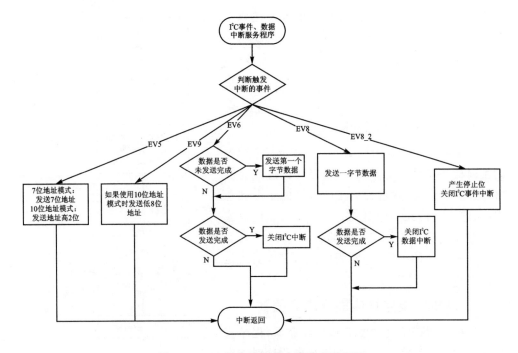

图 11 - 5　主机发送数据中断程序流程图

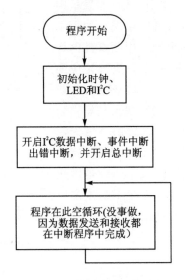

图 11 - 6　从机主程序流程图

1. 主机程序代码

主程序代码包括的文件有 main. h、main. c 和 stm8s_it. c 这 3 个文件。

main. h 中主要定义了 main. c 中用到的宏及枚举类型的数据变量,具体代码如下:

•250•

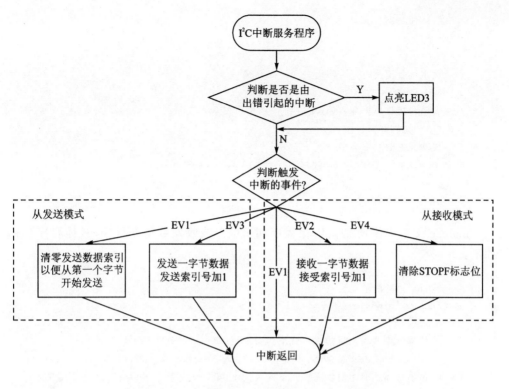

图 11 - 7 从机接收和发送数据中断程序流程图

```
# ifndef __MAIN_H
# define __MAIN_H

/ *  设置为快速模式或标准模式(注释掉为标准模式) * /
# define FAST_I2C_MODE
/ *  快速模式下通信速度为 300 kHz,标准模式为 100 kHz * /
# ifdef FAST_I2C_MODE
# define I2C_SPEED 300000
# else
# define I2C_SPEED 100000
# endif


/ *  是否使用 10 位地址模式,取消下行注释则设置为 10 位地址模式  * /
/ *  # define TEN_BITS_ADDRESS * /
/ *  10 位地址模式时从地址为 0x330,7 位地址模式时从地址为 0x30 * /
# ifdef TEN_BITS_ADDRESS
# define SLAVE_ADDRESS    0x330
# else
```

```
#define SLAVE_ADDRESS    0x30
#endif


/* 在主接收模式时是否使用安全处理方式 */
#define SAFE_PROCEDURE
/* 发送和接收数据个数为 10 字节 */
#define BUFFERSIZE  10
/* 成功或失败枚举类型 */
typedef enum {FAILED = 0, PASSED = ! FAILED} TestStatus;


#endif /* __MAIN_H */
```

main.c 文件中主要是初始化程序和 I^{2}C 总线收发数据的程序,具体程序代码
如下:

```
#include "stm8s.h"
//#include "stm8s_eval.h"
#include "main.h"
/* 10 位地址模式时主机接收模式下的头地址(第一个字节) */
extern uint8_t HEADER_ADDRESS_Read = ((((SLAVE_ADDRESS & 0xFF00) >> 7) | 0xF1);
    /* 10 位地址模式时主机发送模式下的头地址(第一个字节),在 stm8s_it.c 中定义 */
extern uint8_t HEADER_ADDRESS_Write;
/* 发送和接收数据索引号 */
__IO uint8_t Rx_Idx = 0, Tx_Idx = 0;
    /* 发送和接收数据个数,BUFFERSIZE 是在 main.h 中定义的常量 */
__IO uint8_t NumByteToRead = BUFFERSIZE;
__IO uint8_t NumOfBytes = BUFFERSIZE;
/* i 用于 for 循环 */
uint8_t i = 0;
/* 接收数据缓冲区 */
__IO uint8_t RxBuffer[BUFFERSIZE];
/* 数据校验结果 */
TestStatus TransferStatus1 = FAILED;
/* 发送数据缓冲区 */
extern __IO uint8_t TxBuffer[BUFFERSIZE];
/* 比较两个数组内容是否相同,用于比较发送和接收缓冲区数据,从而判断 I²C 通信是否
成功 */
TestStatus Buffercmp(uint8_t * pBuffer1, uint8_t * pBuffer2, uint16_t BufferLength);
void Delay(__IO uint32_t nCount);
void main()
{
```

```
/* FAST_I2C_MODE 是在 main.h 中定义的常量,快速模式下将系统时钟设置为 1 分频即 16 MHz */
#ifdef FAST_I2C_MODE
  CLK_HSIPrescalerConfig(CLK_PRESCALER_HSIDIV1);
#else
  /* 普通模式下系统时钟设置为 2 分频即 8 MHz */
  CLK_HSIPrescalerConfig(CLK_PRESCALER_HSIDIV2);
#endif
  GPIO_Init(GPIOG, GPIO_PIN_0|GPIO_PIN_1|GPIO_PIN_2,
            GPIO_MODE_OUT_PP_HIGH_SLOW);
  /* 初始化 I²C,参数依次为
     通信速度(Hz)
     本机地址
     快速模式下时钟信号的占空比(1/2 或 9/16,此处是 1/2)
     应答方式(不应答、本次数据应答、下个数据应答,此处是本次数据应答)
     7 位/10 位地址模式,此处为 7 位地址模式
     I²C 外设时钟(MHz) */
  I2C_Init(I2C_SPEED, 0xA0, I2C_DUTYCYCLE_2, I2C_ACK_CURR, I2C_ADDMODE_7BIT, 16);
  /* 开启 I²C 缓冲和事件中断 */
  I2C_ITConfig((I2C_IT_TypeDef)(I2C_IT_EVT | I2C_IT_BUF), ENABLE);
  /* 开启总中断 */
  enableInterrupts();
  /* 将发送缓冲区初始化为 0 到 BUFFERSIZE */
  for(i = 0; i < BUFFERSIZE; i++)
    TxBuffer[i] = i;
  /* 产生开始信号 */
  I2C_GenerateSTART(ENABLE);
  /* NumOfBytes 在 I²C 中断中变化,每发送一字节数据则减 1,当数据发送完成后减为 0
  则跳过 while */
  while(NumOfBytes);
  /* 总线忙则等待 */
  while(I2C_GetFlagStatus(I2C_FLAG_BUSBUSY));
  /* 延时一段时间 */
  Delay(0xFFFF);
  /* 总线忙则等待 */
  while(I2C_GetFlagStatus(I2C_FLAG_BUSBUSY));
  /* 产生开始信号 */
  I2C_GenerateSTART(ENABLE);
  /* 等待 EV5 事件(开始信号发送成功),并清除标志位 */
  while(!I2C_CheckEvent(I2C_EVENT_MASTER_MODE_SELECT));
```

```
/* TEN_BITS_ADDRESS 是 main.h 中的宏,取消其注释则使用 10 位地址模式 */
#ifdef TEN_BITS_ADDRESS
    /* 发送地址头,并配置为写模式(第一个字节最低位为 0) */
    I2C_SendData(HEADER_ADDRESS_Write);
    /* 等待 EV9 事件(10 位地址模式第一字节发送完成)并清除标志位 */
    while (! I2C_CheckEvent(I2C_EVENT_MASTER_MODE_ADDRESS10));
    /* 发送从地址低 8 位 */
    I2C_Send7bitAddress(SLAVE_ADDRESS, I2C_DIRECTION_TX);
    /* 等待 EV6 事件(主接收模式设置成功),并清除标志位 */
    while (! I2C_CheckEvent(I2C_EVENT_MASTER_RECEIVER_MODE_SELECTED));
    /* 产生重复开始信号 */
    I2C_GenerateSTART(ENABLE);
    /* 等待 EV5 事件(重复开始信号发送成功),并清除标志位 */
    while (! I2C_CheckEvent(I2C_EVENT_MASTER_MODE_SELECT));
    /* 第二次发送地址头,并配置为读模式(子一个字节最低位为 1) */
    I2C_SendData(HEADER_ADDRESS_Read);
    /* 等待 EV6 事件(从地址发送完成),并清除标志位 */
    while (! I2C_CheckEvent(I2C_EVENT_MASTER_RECEIVER_MODE_SELECTED));
/* 7 位地址模式 */
#else
    /* 发送从机地址,并配置为主机接收模式(最低位为 1) */
    I2C_Send7bitAddress(SLAVE_ADDRESS, I2C_DIRECTION_RX);
    /* 等待 EV6 事件(从地址发送完成),并清除标志位 */
    while (! I2C_CheckEvent(I2C_EVENT_MASTER_RECEIVER_MODE_SELECTED));
#endif /* TEN_BITS_ADDRESS */
    /* 等待数据读取完成 */
    while (NumByteToRead)
    {
    /* SAFE_PROCEDURE 是在 main.h 中的宏,安全处理方式主要用于快速 I²C 模式下,为确保
       NACK 正确发送,ST 官方的一种推荐操作方式 */
#ifdef SAFE_PROCEDURE
        if (NumByteToRead != 3) /* 接收 1～N-3 个数据 */
        {
            while ((I2C_GetFlagStatus(I2C_FLAG_TRANSFERFINISHED) == RESET));
            /* 等待 BTF 位 */
            /* 读取一个字节数据 */
            RxBuffer[Rx_Idx] = I2C_ReceiveData();
            /* 读数据索引号加 1,使下个数据存放在数组的下一位 */
            Rx_Idx ++ ;
            /* 还需要读的数据个数减 1 */
```

```
            NumByteToRead -- ;
        }

    if (NumByteToRead == 3)   /* 最后 3 个数据 */
    {
        /* 第 N-2 个数据在 DR 寄存器中,第 N-1 个数据在移位寄存器中 */
        while ((I2C_GetFlagStatus(I2C_FLAG_TRANSFERFINISHED) == RESET));
        /* 等待 BTF 位 */
        /* 设置为不应答 */
        I2C_AcknowledgeConfig(I2C_ACK_NONE);
        /* 关总中断 */
        disableInterrupts();
        /* 读第 N-2 个数据 */
        RxBuffer[Rx_Idx] = I2C_ReceiveData();
        /* 索引号加 1 */
        Rx_Idx ++ ;
        /* 产生 STOP 信号位置 1 */
        I2C_GenerateSTOP(ENABLE);
        /* 读第 N-1 个数据 */
        RxBuffer[Rx_Idx] = I2C_ReceiveData();
        /* 开启总中断 */
        enableInterrupts();
        /* 索引号加 1 */
        Rx_Idx ++ ;
        while ((I2C_GetFlagStatus(I2C_FLAG_RXNOTEMPTY) == RESET));  /* 等待 RxNE 位 */
        /* 读最后一个字节 */
        RxBuffer[Rx_Idx] = I2C_ReceiveData();
        /* 需要读取的数据个数清零,完成读取 */
        NumByteToRead = 0;

    }
/* 常规处理方式,即在第 N-1 个数据时设置为 NACK(不应答) */
#else
    if (NumByteToRead == 1)
    {
        /* 设置为不应答 */
        I2C_AcknowledgeConfig(I2C_ACK_NONE);
        /* 发送停止信号 */
        I2C_GenerateSTOP(ENABLE);
        /* 等待 RxNE 位 */
```

```
        while ((I2C_GetFlagStatus(I2C_FLAG_RXNOTEMPTY) == RESET));
        /* 读最后一个字节 */
        RxBuffer[Rx_Idx] = I2C_ReceiveData();
        /* 索引号加 1 */
        Rx_Idx ++ ;
        /* 需要读取的数据个数减 1,此时减为 0 */
        NumByteToRead -- ;
    }
    /* 等待 EV7 事件(接收到 1 字节数据) */
    if (I2C_CheckEvent(I2C_EVENT_MASTER_BYTE_RECEIVED))
    {
        /* 读一个字节数据 */
        RxBuffer[Rx_Idx] = I2C_ReceiveData();
        /* 索引号加 1 */
        Rx_Idx ++ ;
        /* 需要读取的数据个数减 1 */
        NumByteToRead -- ;
    }
#endif /* SAFE_PROCEDURE */
}


/* 校验发送和接收的数据是否相同 */
TransferStatus1 = Buffercmp((uint8_t *)TxBuffer, (uint8_t *) RxBuffer, BUFFER-
                           SIZE);
/* 数据相同,则说明 I²C 通信正常,闪烁 LED1 */
if (TransferStatus1 != FAILED)
{
    while (1)
    {
        GPIO_WriteReverse(GPIOG, GPIO_PIN_0);
        Delay(0x7FFF);
    }
}
/* 否则说明 I²C 通信出错,闪烁 LED2 */
else
{
    while (1)
    {
        GPIO_WriteReverse(GPIOG, GPIO_PIN_1);
        Delay(0x7FFF);
```

```
      }
    }
  }

  /* 判断两个数据数据是否相同 */
  TestStatus Buffercmp(uint8_t * pBuffer1, uint8_t * pBuffer2, uint16_t BufferLength)
  {
    while (BufferLength -- )
    {
      if ( * pBuffer1 ! = * pBuffer2)
      {
        return FAILED;
      }

      pBuffer1 ++ ;
      pBuffer2 ++ ;
    }

    return PASSED;
  }

  /* 延时函数 */
  void Delay(__IO uint32_t nCount)
  {
    for ( ; nCount ! = 0; nCount -- );
  }

  # ifdef   USE_FULL_ASSERT
  void assert_failed(uint8_t * file, uint32_t line)
  {
    while (1)
    {}
  }
  # endif
```

stm8s_it.c 中主要是 I²C 中断发送数据程序,具体代码如下:

```
  # include "stm8s_it.h"
  # include "main.h"
  /* 10 位地址模式时主机发送模式下的头地址(第一个字节) */
  extern uint8_t HEADER_ADDRESS_Write = (((SLAVE_ADDRESS & 0xFF00) >> 7) | 0xF0);
```

```
/* 10 位地址模式时主机接收模式下的头地址(第一个字节),在 main.c 中定义 */
extern uint8_t HEADER_ADDRESS_Read;
/* 发送缓冲区声明 */
__IO uint8_t TxBuffer[BUFFERSIZE];
extern __IO uint8_t NumOfBytes;
extern __IO uint8_t Tx_Idx;

....../* 省略无用中断服务程序 */

/* I²C 中断服务程序 */
INTERRUPT_HANDLER(I2C_IRQHandler, 19)
{
  switch (I2C_GetLastEvent())
  {
      /* EV5 */
    case I2C_EVENT_MASTER_MODE_SELECT :

#ifdef TEN_BITS_ADDRESS
      /* 10 位地址模式下发送地址头,并配置为主机发送 */
      I2C_SendData(HEADER_ADDRESS_Write);
      break;
      /* EV9 */
    case I2C_EVENT_MASTER_MODE_ADDRESS10:
      /* 10 位地址模式是发送从地址第 8 位 */
      I2C_Send7bitAddress(SLAVE_ADDRESS, I2C_DIRECTION_TX);
      break;
#else
      /* 7 位地址模式下发送从地址,并设置为主机发送 */
      I2C_Send7bitAddress(SLAVE_ADDRESS, I2C_DIRECTION_TX);
      break;
#endif
      /* EV6 */
    case I2C_EVENT_MASTER_TRANSMITTER_MODE_SELECTED:
      if (NumOfBytes != 0)
      {
        /* 发送第一个字节数据 */
        I2C_SendData(TxBuffer[Tx_Idx ++]);
        /* 需要发送的数据个数减 1 */
        NumOfBytes -- ;
      }
```

```
        if (NumOfBytes == 0)
        {
            I2C_ITConfig(I2C_IT_BUF, DISABLE);
        }
        break;


        /* EV8 */
    case I2C_EVENT_MASTER_BYTE_TRANSMITTING:
        /* 发送一字节数据 */
        I2C_SendData(TxBuffer[Tx_Idx ++ ]);
        /* 需要发送的数据个数减 1 */
        NumOfBytes -- ;
        if (NumOfBytes == 0)
        {
            I2C_ITConfig(I2C_IT_BUF, DISABLE);
        }
        break;
        /* EV8_2 */
    case I2C_EVENT_MASTER_BYTE_TRANSMITTED:
        /* 产生停止信号 */
        I2C_GenerateSTOP(ENABLE);
        /* 关闭 I²C 事件中断 */
        I2C_ITConfig(I2C_IT_EVT, DISABLE);
        break;
    default:
        break;
    }
}


......./* 省略无用中断服务程序 */
```

2. 从机程序代码

从机程序包括 3 个文件,分别是 main. h、main. c 和 stm8s_it. c。

main. h 中主要定义了 main. c 中用到的宏及枚举类型的数据变量,具体代码
如下:

```
#ifndef __MAIN_H
#define __MAIN_H
/* I²C 地址模式,注释下行则使用 10 位地址模式,否则为 7 位 */
```

```
# define I2C_slave_7Bits_Address

/* 10 位地址模式时从地址为 0x330,7 位地址模式时为 0x30 */
# ifdef I2C_slave_7Bits_Address
# define SLAVE_ADDRESS 0x30
# else
# define SLAVE_ADDRESS 0x330
# endif


# endif /* __MAIN_H */
```

main. c 文件中主要是初始化程序 I^2C 总线及相关 I/O 口的工作方式,具体程序如下:

```
# include "stm8s. h"
// # include "stm8s_eval. h"
# include "main. h"
void main(void)
{
    /* 设置系统时钟为 16 MHz */
    CLK_HSIPrescalerConfig(CLK_PRESCALER_HSIDIV1);
    /* 初始化 LED */
    GPIO_Init(GPIOG, GPIO_PIN_2, GPIO_MODE_OUT_PP_HIGH_SLOW);
    /* I²C 复位 */
    I2C_DeInit();
    /* 初始化 I²C */
/* 7 位地址模式初始化 */
# ifdef I2C_slave_7Bits_Address
    I2C_Init(100000, SLAVE_ADDRESS, I2C_DUTYCYCLE_2, I2C_ACK_CURR, I2C_ADDMODE_7BIT, 16);
# else
/* 10 位地址模式初始化 */
    I2C_Init(100000, SLAVE_ADDRESS, I2C_DUTYCYCLE_2, I2C_ACK_CURR, I2C_ADDMODE_10BIT, 16);
# endif
    /* 开启错误中断、事件中断、数据中断 */
    I2C_ITConfig((I2C_IT_TypeDef)(I2C_IT_ERR | I2C_IT_EVT | I2C_IT_BUF), ENABLE);
    /* 开启总中断 */
    enableInterrupts();
    while (1)
    {
    }
```

```
}

#ifdef   USE_FULL_ASSERT
void assert_failed(uint8_t * file, uint32_t line)
{
  while (1)
  {}
}
#endif
```

从机 stm8s_it.c 文件中的程序主要是 I²C 总线收发数据的中断程序。中断程序中分别判断是否出现错误,如果出现错误就点亮 LED3 小灯指示;如果是收数据就将收到的数据存储下来;如果是发送数据,就从数组中取出来要发送的下一个数据进行发送,并分别调整发送数据索引变量。具体程序代码如下:

```
#include "stm8s_it.h"
//#include "stm8s_eval.h"
#include "main.h"
/* 接收缓冲区,变量个数超过零页内存,
   因此加@near 关键字将其定义到零页外 */
@near __IO uint8_t Slave_Buffer_Rx[255];
__IO uint8_t Tx_Idx = 0, Rx_Idx = 0;
__IO uint16_t Event = 0x00;

....../* 省略无用中断服务程序 */

/* I²C 中断服务程序 */
INTERRUPT_HANDLER(I2C_IRQHandler, 19)
{
  /* 判断 I2C_SR2 寄存器,如果不为零则表明通信过程出错 */
  if ((I2C->SR2) != 0)
  {
    /* 清除标志位 */
    I2C->SR2 = 0;
    GPIO_WriteLow(GPIOG, GPIO_PIN_2);
  }
  /* 得到触发中断的事件 */
  Event = I2C_GetLastEvent();
  switch (Event)
  {
```

```
/******* 从发送模式 ******/
/* EV1 */
case I2C_EVENT_SLAVE_TRANSMITTER_ADDRESS_MATCHED:
    Tx_Idx = 0;
    break;

    /* EV3 */
case I2C_EVENT_SLAVE_BYTE_TRANSMITTING:
    /* 发送一字节数据 */
    I2C_SendData(Slave_Buffer_Rx[Tx_Idx ++ ]);
    break;
    /******** 从接收模式 *********/
    /* EV1 */
case I2C_EVENT_SLAVE_RECEIVER_ADDRESS_MATCHED:
    break;

    /* EV2 */
case I2C_EVENT_SLAVE_BYTE_RECEIVED:
    /* 接收一字节数据 */
    Slave_Buffer_Rx[Rx_Idx ++ ] = I2C_ReceiveData();
    break;

    /* EV4 */
case (I2C_EVENT_SLAVE_STOP_DETECTED):
            /* 清除 STOPF 标志位 */
            I2C - >CR2 | = I2C_CR2_ACK;
    break;
default:
    break;
    }
}
...... /* 省略无用中断服务程序 */
```

11.3.5 通信时序图

为了进一步理解 I^2C 总线在通信时的工作时序,我们利用逻辑分析仪来观察记录了通信过程中的时序图,请读者结合本章前面几节的内容及下面逻辑分析仪记录的波形自行分析 I^2C 的工作过程。

1. 主发从收开始

主发从收开始发送数据时序图如图 11 - 8 所示,从地址为 0X30,所使用的逻辑分析仪自行截取"0X30"的高 7 位,然后在最高位前补 0,所以图 11-8 中显示的从机地址是"0X18"。在地址后面有一个"写标志",此时 SDA 线上是"0"。

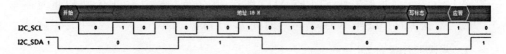

图 11-8　主发从收开始

2. 主发从收结束

时序图如图 11-9 所示。

图 11-9　主发从收结束

3. 主收从发开始

时序图如图 11-10 所示。在地址后面是读标志,即 SDA 线上是"1"。

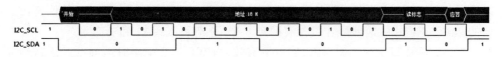

图 11-10　主收从发开始

4. 主收从发结束

时序图如图 11-11 所示。在主机收到了最后一个数据后的是"非应答"信号,然后是结束标志,通信结束。

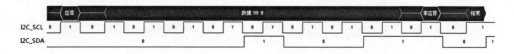

图 11-11　主收从发结束

11.4　STM8 单片机的 I²C 总线控制 EEPROM 存储器 AT24C256

STM8 单片机 I²C 总线可以非常灵活地控制一些具有 I²C 总线接口的器件。AT24C256 这个芯片就具有 I²C 总线接口,应用也比较广泛,因此,本节就以该芯片为例进一步学习 STM8 单片机的 I²C 总线接口的应用方法。

11.4.1 AT24C256 非易失性 EEPROM 存储器简介

AT24C256 是非易失性 EEPROM 存储器,其存储容量为 32 KB,可以重复擦写 10 万次,数据保存 100 年不丢失,写入时间为 10 ms。

1. 引脚功能介绍

AT24C256 的封装有 PDIP、SOIC、TSSOP 及 Leadles Array 共 4 种,如图 11 - 12 所示。这里以 PDIP 封装为例介绍各个引脚的功能。

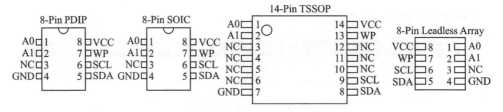

图 11 - 12　AT24C256 封装示意图

AT24C256 各个引脚的功能说明如表 11 - 1 所列。其中 A1 和 A0 用于配置 AT24C256 芯片的物理地址,即当多片具有 I²C 总线接口的芯片都接在总线上时,可以通过 A1 和 A0 这两个引脚的电平不同来区分各个芯片的地址。注意,其他公司生产的 24C256 芯片的地址配置引脚有的是 3 个,分别是 A2、A1 和 A0。

WP 为芯片写保护控制引脚,高电平有效,当 WP 为高电平时不可以对该芯片进行写入或者擦除操作。

VCC 和 GND 分别为电源供电的正和地端;SDA 和 SCL 分别是 I²C 总线的数据线和时钟线。

表 11 - 1　AT24C256 引脚功能说明

引脚名称	功能说明
A1、A0	器件地址设置引脚
SDA	I²C 接口数据线
SCL	I²C 接口时钟线
WP	写保护(高电平有效)
VCC	电源正
GND	电源地

2. AT24C256 的器件地址和片内存储器地址

AT24C256 的从机地址格式如下:

1	0	1	0	0	A1	A0	R/W

从机地址为 7 位,其中前 5 位是固定的"10100",低 2 位"A1A0"是由 AT24C256 芯片引脚 A1 和 A0 的电平(电路接法)决定。有些其他公司生产的 24C256 芯片的 7 位地址的前 4 位是固定的"1010",低 3 位是由芯片引脚"A2A1A0"上的电平决定的。"R/W"位是读写信号控制位,该位为"0"表示向从机写入;该位为"1"表示从从机读出。

24C256 芯片内部有 32 KB 的存储空间,地址范围是 0000H～7FFFH,因此需要 15 位地址对 24C256 片内存储空间进行寻址,即需要 2 个字节的地址进行寻址。那么如何实现向 AT24C256 内存地址 0X0FFF 处写入一个数据 0XF0 呢?下面结合 11-13 所示电路分析。

图 11-13 中 AT24C256 的 A1 和 A0 脚都接在电源地上,根据上段文字讲述的 AT24C256 作为从机的地址格式的规定,这片 AT24C256 的芯片的 7 位地址被配置为"1010000"。根据 I²C 总线协议,如果想向 AT24C256 内存地址 0X0FFF 处写入一个数据 0XFF,参考写入过程的时序,如图 11-14 所示。首先发送起始信号 (START),然后发送从机地址,并且别忘记在 7 位从机地址的后面加一位写标志 "0",表示要向 AT24C256 中写入数据,再接下来需要连续发送地址"0X0FFF"的高字节"0X0F"(FIRST WORD ADDRESS)和低字节"0XFF"(SECOND WORD ADDRESS),这样就指定了 AT24C256 的内存地址,最后把要写入该地址的数据 "0XF0"(DATA)写入到 AT24C256 中,这样就成功地实现了向 AT24C256 内存地址 "0X0FFF"中写入数据"0XF0"了。写完数据后,单片机发送一个停止位(STOP),结束本次操作。补充说明一点,单片机每发送完一个字节的地址后都会接到 AT24C256 返回来的一个应答信号(ACK),如图 11-14 所示。

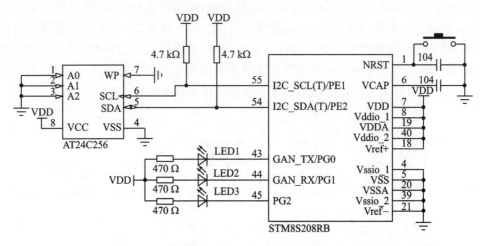

图 11-13 STM8 单片机与 AT24C256 通过 I²C 总线相连

上段提到 24C256 芯片内部有 32 KB 的存储空间,32 KB 存储空间分成 512 页,每一页有 64 个字节,这 32 KB 的存储空间需要 15 位地址进行寻址,其中地址的前 9

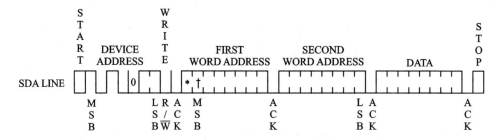

图 11 - 14　向 AT24C256 指定地址写入一个字节数据的时序

位表示页码(0～511),低 6 位用于表示每一页内的偏移量(0～63)。这 15 位地址就存储在 AT24C256 内部的一个地址指针寄存器中,每当对 AT24C256 内存进行一次读或者写操作时,该地址指针寄存器的值就会自动加 1 指向下一个存储单元,需要特别注意的是,在向 AT24C256 中写入数据时,该地址指针寄存器中的页地址是不能自加的,只有偏移量自加,因此,当向 AT24C256 中连续写入多个数据时要注意,写入数据的数量是否超出了当前页的范围,因为地址指针寄存器的值并不能自加指向下一页,因此,如果不计算好写入数据的数量,就会循环在一页内写数据,导致有些数据被覆盖。

3. 对 24C256 写时序分析

上文中已经分析了如何向 24C256 指定地址写入一个数据的时序,如图 11 - 14 所示。下面再介绍另外一种情况,就是页写入方式,这种方式可以连续向 AT24C256 中写入多个数据,具体时序如图 11 - 15 所示。页写入方式与向指定地址写入一个数据的时序几乎相同,差别就是采用页写入方式时,在指定地址之后,连续写入多个数据,直到把所有数据都写完后,才发送停止信号。再一次强调,由于在连续写入的过程中,地址指针寄存器中的值虽然可以自加调整,但是页地址是不能改变的,所以要保证写入的起始地址和写入数据的个数相加不能超出当前页的范围。因此,采用页写入方式时最好采用固定的起始地址和固定的写入数据个数。

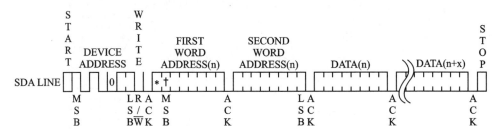

图 11 - 15　页写入方式向 AT24C256 写入多个数据的时序

4. 对 24C256 读时序分析

对 24C256 进行读操作主要分 3 种情况:读当前地址指针寄存器所指定的地址

中的数据;读一个新的指定地址单元中的数据;连续读多个相邻地址单元中的数据。

读当前地址指针寄存器所指定的地址中的数据的读时序如图 11 – 16 所示。图中,主设备向 24C256 发送一个起始信号,然后发送 24C256 芯片的 7 位地址,并在 7 位地址后加一个读信号,即加了一位"1",如果按照图 11 – 13 所示电路接法,则单片机需要向 24C256 发送"10100001",之后 24C256 会给出一个应答信号"ACK",然后 24C256 就会把当前地址处的数据发送给主设备。

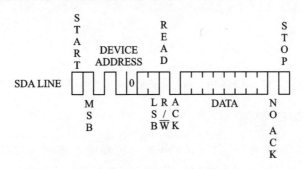

图 11 – 16 读 24C256 当前地址单元的数据

读 24C256 中指定存储单元处的数据的时序如图 11 – 17 所示。从图中可以看出,首先主机向 24C256 发送 START 起始信号,紧接着发送从机地址,并且在 7 位地址后加了一位写(WRITE)信号,然后就向 24C256 写入两个字节的地址(高位在前,低位在后),然后主机再一次重新发 START 起始信号,然后发送 24C256 的从机地址,只是这一次在这 7 位从机地址后加的是一位 READ("1")信号,在得到 24C256 的应答(ACK)信号后,24C256 就把指定地址处的数据发送给主机,当发送完数据后,主机发送一个"NO ACK"信号,再发送一个"STOP"停止信号,这样就完成了读指定地址处数据的任务了。

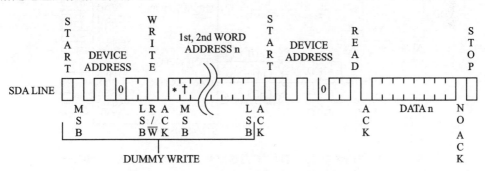

图 11 – 17 读 24C256 中指定存储单元的数据

读 24C256 当前地址开始后的连续多个数据的时序如图 11 – 18 所示。该时序与读当前地址单元中的单个字节数据的时序非常相似,所不同的是当主机接收到一个 24C256 发送来的数据后没有发送"NO ACK"信号,而是发送了"ACK"信号,直到连续读出来多个数据后才发送了"NO ACK"信号,以阻止 24C256 继续给主机发送数据,最后发送"STOP"信号彻底停止本次读数据操作。

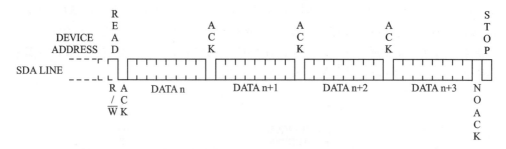

图 11 - 18 读 24C256 中当前地址开始后的连续存储单元中的多个数据

11.4.2 硬件电路图

通过上一小节的学习,我们对 AT24C256 的功能及控制方法就比较清楚了,下面通过一个实验实际练习一下如何应用 STM8 单片机的 I²C 总线控制 AT24C256。我们所完成的任务是向 AT24C256 写入两组数据,并分别再读回来这两组数据,对发送的数据和接收的数据进行比较,哪一组比较没有错误就点亮一个 LED 发光二极管,当两个 LED 都亮了以后说明写入和读出正确,任何一个 LED 不亮都说明写入或读出的数据有错误。电路原理图如图 11 - 19 所示。

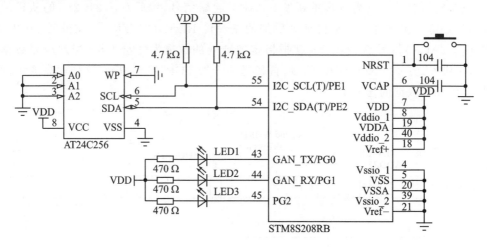

图 11 - 19 STM8 单片机通过 I²C 总线控制 EEPROM 存储器 AT24C256

11.4.3 建立工程

下面建立一个工程,并将 ST 官方提供的例程加入到本工程中,但是由于笔者在调试官方的例程时存在一些问题,并且和自己的硬件电路也不完全配套,所以对官方的例程进行了修改,下面就是笔者当时调试程序时的步骤。

1. 准备文件

① 首先建立一个包含库的工程,并添加库中的 stm8s_gpio.c、stm8s_i2c.c、stm8s_clk.c 文件。

② 复制 stm8_stdperiph_lib2.0.0\Utilities\STM8S_EVAL\Common 中的 stm8s_eval_i2c_ee.c 和 stm8s_eval_i2c_ee.h 到工程目录,并在工程中添加 stm8s_eval_i2c_ee.c。

③ 复制 stm8_stdperiph_lib2.0.0\Project\STM8S_StdPeriph_Examples\I2C\I2C_EEPROM 目录中的所有文件到工程目录,替换现有文件。

2. 修改 main.c 文件

① 打开 main.c,注释掉第 25 行和 37 行,不使用液晶。

```
25      //#include "stm8s_eval_lcd.h"
......
37      //#define ENABLE_LCD_MSG_DISPLAY
```

② 在第 50 行、78 行和 80 行前面加@near 关键字,将数组定义到零页外。

```
50      @near uint8_t Tx1_Buffer[] =
......
78      @near uint8_t Tx2_Buffer[] =
......
80      @near uint8_t Rx1_Buffer[BUFFER_SIZE1], Rx2_Buffer[BUFFER_SIZE2];
```

③ 添加初始化 LED 程序,可以添加到第 96 行,即 main 函数中。

```
GPIO_Init(GPIOG, GPIO_PIN_0|GPIO_PIN_1|GPIO_PIN_2,
          GPIO_MODE_OUT_PP_HIGH_SLOW);
```

④ 在 main 函数最后的 while(1)中添加以下代码,当 LED1、LED2 亮说明 EEPROM 操作正常。

```
if (TransferStatus1 == PASSED)
  GPIO_WriteLow(GPIOG, GPIO_PIN_0);
if (TransferStatus2 == PASSED)
  GPIO_WriteLow(GPIOG, GPIO_PIN_1);
```

⑤ 在 sEE_TIMEOUT_UserCallback 函数中的 while(1)中添加以下代码,当 LED3 亮说明 EEPROM 操作超时。

```
GPIO_WriteLow(GPIOG, GPIO_PIN_2);
```

3. 修改 stm8s_eval_i2c_ee. h 文件

① 打开 stm8s_eval_i2c_ee. h,注释第 28 行,并添加 stm8s. h 头文件。

```
28    //#include "stm8s_eval.h"
29    #include "stm8s.h"
```

② 第 85 行将 32 修改为 64,因为 AT24C256 的页大小为 64B。

```
#define sEE_PAGESIZE    64
```

③ 在 stm8_stdperiph_lib2. 0. 0\Utilities\STM8S_EVAL\STM8 – 128_EVAL 中找到并打开 stm8_128_eval. h,复制第 156～161 行内容到 stm8s_eval_i2c_ee. h 中的第 102 行。

```
#define sEE_I2C                    I2C
#define sEE_I2C_CLK                CLK_PERIPHERAL_I2C
#define sEE_I2C_SCL_PIN            GPIO_PIN_1        /* PC.01 */
#define sEE_I2C_SCL_GPIO_PORT      GPIOE            /* GPIOE */
#define sEE_I2C_SDA_PIN            GPIO_PIN_2        /* PC.00 */
#define sEE_I2C_SDA_GPIO_PORT      GPIOE            /* GPIOE */
```

4. 修改 stm8s_eval_i2c_ee. c 文件

① 将第 227 行中的 if 改成 while。

```
226    /* Read data from first byte until byte N – 3 */
227    while ((uint16_t)(*NumByteToRead)> 3)
```

② 第 292 行前面加 *,否则修改的是指针而非内容。

```
291    /* Reset the number of bytes to be read from the EEPROM */
292    *NumByteToRead = 0;
```

③ 第 347 行中"< 2"改为"== 1",小于 2 包涵了等于 0 的情况,因此改为等于 1。

```
346    /* One Byte Master Reception procedure (POLLING) --------------------*/
347    if ((uint16_t)(*NumByteToRead) == 1)
```

④ 第 663 行添加"pBuffer＋＋;",以便传送下一字节。

```
662  I2C_SendData( *pBuffer);
663  pBuffer ++;
```

⑤ 第 393 行的大括号移动到第 383 行,这样不论传送的数据个数是几,在程序最后都开启应答,以便下一次的读操作。

⑥ 在第 225 行添加以下内容,用来判断从机是否应答。

```
/ * Test on EV6 and clear it * /
sEETimeout = sEE_FLAG_TIMEOUT;
while (! I2C_CheckEvent(I2C_EVENT_MASTER_RECEIVER_MODE_SELECTED))
{
    if((sEETimeout - - ) == 0) return sEE_TIMEOUT_UserCallback();
}
```

⑦ 重写第 303 行"if ((uint16_t)(* NumByteToRead) == 2)"中的内容,原程序有问题。

```
if ((uint16_t)( * NumByteToRead) == 2)
{
    sEETimeout = sEE_FLAG_TIMEOUT;
    while ((I2C_GetFlagStatus(I2C_FLAG_RXNOTEMPTY) == RESET));
    {
        if((sEETimeout - - ) == 0) return sEE_TIMEOUT_UserCallback();
    }
    I2C_AcknowledgeConfig(I2C_ACK_NONE);
    I2C_GenerateSTOP(ENABLE);
    * pBuffer = I2C_ReceiveData();
    pBuffer + + ;
    sEETimeout = sEE_FLAG_TIMEOUT;
    while(I2C_GetFlagStatus( I2C_FLAG_RXNOTEMPTY) == RESET)
    {
        if((sEETimeout - - ) == 0) return sEE_TIMEOUT_UserCallback();
    }
    * pBuffer = I2C_ReceiveData();
    * NumByteToRead = 0;
}
```

⑧ 注释掉第 325 行"if ((uint16_t)(* NumByteToRead) == 1)"大括号中的前 5 行,因为在前面已经判断过地址匹配了。

```
//    sEETimeout = sEE_FLAG_TIMEOUT;
//    while(I2C_GetFlagStatus( I2C_FLAG_ADDRESSSENTMATCHED) == RESET)
//    {
//        if((sEETimeout - - ) == 0) return sEE_TIMEOUT_UserCallback();
//    }
```

⑨ 在 stm8_stdperiph_lib2. 0. 0\Utilities\STM8S_EVAL\STM8 – 128_EVAL 中找到并打开 stm8_128_eval. c 文件,将其中的第 258～292 行复制到 stm8s_eval_ i2c_ee. c 中 void sEE_DeInit(void) 函数前(第 111 行)。

```
/* *
  * @brief  DeInitializes peripherals used by the I2C EEPROM driver.
  * @param  None
  * @retval None
  */
void sEE_LowLevel_DeInit(void)
{
  /* sEE_I2C Peripheral Disable */
  I2C_Cmd(DISABLE);

  /* sEE_I2C DeInit */
  I2C_DeInit();

  /*! < sEE_I2C Peripheral clock disable */
  CLK_PeripheralClockConfig(sEE_I2C_CLK, DISABLE);

  /*! < GPIO configuration */
  /*! < Configure sEE_I2C pins: SCL */
  GPIO_Init(sEE_I2C_SCL_GPIO_PORT, sEE_I2C_SCL_PIN, GPIO_MODE_IN_PU_NO_IT);

  /*! < Configure sEE_I2C pins: SDA */
  GPIO_Init(sEE_I2C_SDA_GPIO_PORT, sEE_I2C_SDA_PIN, GPIO_MODE_IN_PU_NO_IT);
}

/* *
  * @brief  Initializes peripherals used by the I2C EEPROM driver.
  * @param  None
  * @retval None
  */
void sEE_LowLevel_Init(void)
{
  /*! < sEE_I2C Peripheral clock enable */
  CLK_PeripheralClockConfig(sEE_I2C_CLK, ENABLE);

}
```

11.4.4 EEPROM 操作函数

本节简单介绍 ST 官方提供的有关操作 EEPROM 存储器的库函数内容。

1. 常量

在操作 EEPROM 存储器的库函数中用到的常量如表 11 - 2 所列。

表 11 - 2   EEPROM 库函数中定义的常量

常量名	作 用
sEE_HW_ADDRESS	EEPROM 地址,由芯片引脚 A0、A1 电平状态决定,都为低时为 0xa0
I2C_SPEED	I²C 通信速度
I2C_SLAVE_ADDRESS7	仅在初始化 I²C 时用到,与 sEE_HW_ADDRESS 一致即可
sEE_PAGESIZE	EEPROM 页大小,不同型号页大小不同 如 AT24C08 页大小为 16 B,AT24C256 页大小则为 64 B
sEE_MAX_TRIALS_NUMBER	判断 EEPROM 数据是否操作完成的尝试次数, 在函数 sEE_WaitEepromStandbyState()中使用
sEE_FLAG_TIMEOUT	I²C 操作超时时间
sEE_LONG_TIMEOUT	I²C 操作长超时时间

2. 条件编译

在操作 EEPROM 存储器的库函数中用于条件编译的宏如表 11 - 3 所列。

表 11 - 3   用于条件编译所定义的宏

USE_DEFAULT_ CRITICAL_CALLBACK	Defined: 使用默认进入/离开临界段(关/开总中断)代码 在读取 EEPROM 函数 sEE_ReadBuffer()中,当读取到倒数第 3 个数据时为了正确地产生 NACK 信号,需要关闭总中断,即程序进入临界段
	Undefined: 不使用默认进入临界段代码,需要用户自己编写 sEE_EnterCriticalSec-tion_UserCallback()和 sEE_ExitCriticalSection_UserCallback()两个函数,否则程序编译出错
USE_DEFAULT_ TIMEOUT_CALLBACK	Defined: 使用默认超时函数,在 I²C 操作过程中经常使用 while 语句进行标志位判断,为了避免程序假死,都使用了超时跳出操作
	Undefined: 使用用户编写的 sEE_TIMEOUT_UserCallback()函数,用以指示操作超时

续表 11 - 3

sEE_M24C64_32	Defined： EEPROM 型号为 24C64 或 24C32。 不同型号的 EEPROM 页大小不同,同时操作时的内部地址字节数也不同,24C32 以下(不含自身)的型号,内部地址为 1 字节,而以上为 2 字节,因此操作函数不完全相同

3. 操作函数

操作 EEPROM 存储器的库函数主要有 5 个:

(1) sEE_Init 函数

sEE_Init 函数用于对 EEPROM 进行初始化。该函数无参数,也没有返回值,如表 11 - 4 所列。

(2) sEE_ReadBuffer 函数

sEE_ReadBuffer 函数负责从指定地址读取多个字节的数据,有关介绍如表 11 - 5 所列。

表 11 - 4　sEE_Init 函数简介表

函数名	sEE_Init
作　用	初始化 EEPROM
参　数	无
返回值	无

表 11 - 5　sEE_ReadBuffer 函数简介表

函数名	sEE_ReadBuffer
作　用	从指定地址读取多个字节数据
参数 1(pBuffer)	数据读出后存放的位置(指针)
参数 2(ReadAddr)	数据在 EEPROM 中的地址
参数 3(NumByteToRead)	指向存放数据个数的指针
返回值	操作成功则返回 sEE_OK (0)

(3) sEE_WritePage 函数

sEE_WritePag 函数用于向指定页内写入多个数据,有关介绍如表 11 - 6 所列。

表 11 - 6　See_WritePage 函数简介表

函数名	sEE_WritePage
作　用	向 EEPROM 写入多个字节数据,数据不能跨页。一般不直接调用该函数操作 EEPROM,而使用 sEE_WriteBuffer 函数,本函数被其调用
参数 1(pBuffer)	数据读出后存放的位置(指针)
参数 2(WriteAddr)	数据在 EEPROM 中的地址
参数 3(NumByteToRead)	指向存放数据个数的指针
返回值	操作成功则返回 sEE_OK(0)

(4) sEE_WriteBuffer 函数

sEE_WriteBuffer 函数用于向 EEPROM 写入多个字节数据而不需要考虑跨页

问题,具体如表 11 - 7 所列。

表 11 - 7   sEE_WriteBuffer 函数简介表

函数名	sEE_WriteBuffer
作　用	向 EEPROM 写入多个字节数据而不需要考虑跨页问题
参数 1(pBuffer)	数据读出后存放的位置(指针)
参数 2(WriteAddr)	数据在 EEPROM 中的地址
参数 3(NumByteToRead)	指向存放数据个数的指针
返回值	无

(5) sEE_WaitEepromStandbyState 函数

sEE_WaitEepromStandbyState 函数用于等待 EEPROM 写完成,具体如表 11 - 8 所列。

表 11 - 8   sEE_WaitEepromStandbyState 函数简介表

函数名	sEE_WaitEepromStandbyState
作　用	等待 EEPROM 写完成。当向 EEPROM 中写数据时数据并未直接写入 EEPROM,而是存放在高速缓存中,当其检测到 STOP 信号后才将数据写入,在此期间不能对 EEPROM 操作。该函数在 sEE_WriteBuffer 中已被调用,无须单独调用
参　数	无
返回值	无

11.4.5　程序流程

为了便于读者理解 ST 官方提供的这个例程,下面给程序配上了程序流程图。从流程图中可以看出,STM8 单片机首先需要对时钟、I²C 总线进行初始化,然后向 EEPROM 中写入第一组数据,然后再把数据读回来,之后把发送的数据和重新读回来的数据进行逐个比较,把比较结果存储在变量 TransferStatus1 中。然后再用同样的办法发送和接收第二组数据,并对发送的和接收的数据进行逐个比较,将比较结果存储在变量 TransferStatus2 中,最后根据比较的结果决定是否点亮 LED1 和 LED2 发光二级管,当发光二级管亮了说明发送数据和接收数据完全一样,即通信成功,如果有任何一个 LED 不亮,则说明发送数据和接收数据不相同,在数据传送过程中出现了错误。具体程序执行过程如图 11 - 20 所示。

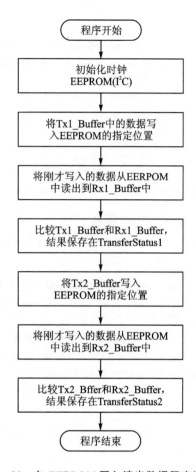

图 11 - 20　向 EEPROM 写入读出数据程序流程图

第 **12** 章

STM8 补充知识

通过前面章节的介绍,读者对 STM8 单片机的主要外设都已了解。在本章继续介绍有关 EEPROM、Option Byte、beep 及看门狗等内容的应用。

12.1　操作 STM8 内部 EEPROM

EEPROM 作为一种掉电后数据不丢失的存储芯片,用户可以把一些软件设置信息等希望下次上电后继续用的数据保存在 EEPROM 中,在每次启动时读取即可。STM8 单片机内部带有 EEPROM,本节就一起学习有关 EEPROM 的应用知识。

12.1.1　存储器组织结构

STM8S207RB 内部包含 128 KB 的 Flash,2 KB 的 EEPROM,存储器组织结构如图 12 - 1 所示。

12.1.2　存储器存取安全系统 MASS

从图 12 - 1 可以看出,EEPROM 的地址范围为 0X4000～0X47FF,也就是说只要把想要保存的数据写入到这个地址范围,数据在掉电后就不会丢失。但是,为了避免无意的写操作,在复位后,主程序和 EEPROM 区域都被自动保护,在试图修改其内容前必须对其解锁,一旦存储器内容被修改完毕,推荐将写保护使能以防止数据被破坏。

在器件复位后,可以通过向 FLASH_DUKR 寄存器连续写入两个被叫作 MASS 密钥的值来解锁 DATA EEPROM 区域(包括选项字节区域)的写保护。这两个写入 FLASH_DUKR 的值会和以下两个硬件密钥值相比较:

➤ 第一个硬件密钥:0b0101 0110(0X56)。
➤ 第二个硬件密钥:0b1010 1110(0XAE)。

对 DATA EEPROM 区域解锁步骤如下:

① 向 FLASH_DUKR 写入第一个 8 位密钥。在系统复位后,当这个寄存器被首次写入值时,数据总线上的值没有被直接锁存到这个寄存器中,而是和第一个硬件密钥值(0X56)相比较。

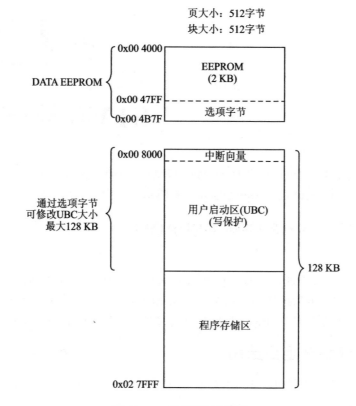

图 12 - 1　存储器组织结构

② 如果第一个硬件密钥正确,当这个寄存器被第二次写入值时,数据总线上的值没有被直接锁存到这个寄存器中,而是和第二个硬件密钥值(0XAE)相比较。

③ 如果密钥输入错误,DATA　EEPROM 区域在下一次系统复位之前将一直保持写保护状态。在下一次复位前,再向该寄存器进行的任何写操作都会被系统忽略掉。

④ 如果第二个硬件密钥正确,DATA 区域的写保护被解除,同时 FLASH_IAPSR 中的 DUL 位为 1。

> 在开始编程之前,应用程序可以通过校验 DUL 位是否为 1 来确认 DATA 区域是否已经解锁。应用程序可以在任意时刻通过清 DUL 位来重新禁止对 DATA 区域的写操作。

12.1.3　随时保存状态的流水灯

下面用一个简单的实验来说明如何操作 STM8 内部的 EEPROM。电路原理图如图 12-2 所示,每当按下按键 B2 后,小灯状态发生变化,同时将变换后的状态存储在 EEPROM 中。当单片机复位重新开机后,系统都会把 EEPROM 中存储的掉电前的 LED 发光管的点亮状态值读取出来,让 LED 发光管显示上一次掉电前的状态。

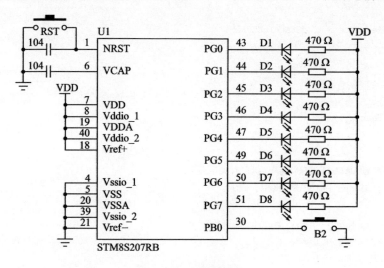

图 12-2 按键流水灯

1. 寄存器方式程序代码

```
#include "stm8s207rb.h"
/* EEPROM 起始地址是 0x4000,存放 LED 状态 */
/* @0x4000 指定变量存放地址,在 EEROM 中 */
unsigned char ledStateInEEPROM @0x4000;
/* 全局变量,LED 状态 */
unsigned char ledState = 0x01;
unsigned char UnlockEEPROM(void);
void ScanKey(void);
void Delay(unsigned int t);
main()
{
  /* 初始化 LED(PG 口推挽输出) */
  PG_ODR = 0xff;
  PG_DDR = 0xff;
  PG_CR1 = 0xff;
  PG_CR2 = 0x00;
  /* 初始化按键(PB0),上拉输入 */
  PB_DDR &= 0xfe;
  PB_CR1 |= 0x01;
  /* 解锁 EEROM */
```

```
      while(UnlockEEPROM());
      /* 判断是否为首次上电,如果不是,则读取 LED 状态 */
      if(ledStateInEEPROM ! = 0x00)
      {
        ledState = ledStateInEEPROM;
      }
      PG_ODR = ~ledState;
      while (1)
      {
        ScanKey();
      }
}
/* 解锁 DATA EEPROM,成功返回 0,失败返回 1 */
unsigned char UnlockEEPROM(void)
{
    /* 写入 MASS 密钥以解锁 DATA EEPROM */
    FLASH_DUKR = 0xAE;
    FLASH_DUKR = 0x56;
    /* 判断 FLASH_IAPSR 中 DUL 位,0 为写保护使能 */
    if(FLASH_IAPSR & 0x08)  return 1;
    else                    return 0;
}
/* 扫描按键,按键按下后 LED 状态发生变化 */
void ScanKey(void)
{
    /* 检测按键是否按下 */
    if((PB_IDR & 0x01) ! = 0x01)
    {
      /* 软件去抖 */
      Delay(100);
      if((PB_IDR & 0x01) ! = 0x01)
      {
        while((PB_IDR & 0x01) ! = 0x01);
        ledState << = 1;
        if(ledState == 0x00)
        {
          ledState = 0x01;
        }
        /* 数据存入 EEPROM */
        ledStateInEEPROM = ledState;
        /* 等待 EEROM 写操作完成 */
        while((FLASH_IAPSR & 0x04) == 0x00);
```

```
        PG_ODR = ~ledState;
      }
    }
}
void Delay(unsigned int t)
{
  while(t--);
}
```

2. 库函数方式程序代码

需要包含 stm8s_gpio.c 和 stm8s_flash.c 到工程中：

```
#include "stm8s.h"
/* 全局变量,LED 状态 */
u8 ledState = 0x01;
/* 全局变量,EEPROM 中 LED 状态值读取到内存中 */
u8 ledStateInEEPROM = 0;
/* LED 状态在 EEPROM 中的地址 */
#define LED_STATE_ADDR 0x4001
void ScanKey(void);
void Delay(u16 t);
void main(void)
{
  /* 初始化 LED(PG)和按键(PB0) */
  GPIO_Init(GPIOG, GPIO_PIN_ALL, GPIO_MODE_OUT_PP_HIGH_SLOW);
  GPIO_Init(GPIOB, GPIO_PIN_0, GPIO_MODE_IN_PU_NO_IT);
  /* 解锁 DATA EEPROM 区域 */
  FLASH_Unlock(FLASH_MEMTYPE_DATA);
  /* 读取 EEPROM 中的 LED 状态值 */
  ledStateInEEPROM = FLASH_ReadByte(LED_STATE_ADDR);
  /* 如果不是首次上电(EEPROM 中的值不为 0),则将值复制到内存中的全局变量中 */
  if(ledStateInEEPROM != 0x00)
  {
    ledState = ledStateInEEPROM;
  }
  GPIO_Write(GPIOG, ~ledState);
  /* Infinite loop */
  while (1)
  {
    ScanKey();
```

```
      }
    }
/* 按键扫描函数,实时检测 PB0 是否被按下 */
void ScanKey(void)
{
    if(GPIO_ReadInputPin(GPIOB, GPIO_PIN_0) == RESET)
    {
        /* 软件去抖 */
        Delay(100);
        if(GPIO_ReadInputPin(GPIOB, GPIO_PIN_0) == RESET)
        {
            /* 等待按键抬起 */
            while(GPIO_ReadInputPin(GPIOB, GPIO_PIN_0) == RESET);
            ledState <<= 1;
            if(ledState == 0x00)
            {
                ledState = 0x01;
            }
            /* 将按键状态值写入 EEPROM */
            FLASH_ProgramByte(LED_STATE_ADDR, ledState);
            /* 等待写操作完成 */
            while(FLASH_GetFlagStatus(FLASH_FLAG_EOP) == RESET);
            GPIO_Write(GPIOG, ~ledState);
        }
    }
}
/* 延时函数 */
void Delay(u16 t)
{
    while(t--);
}
#ifdef USE_FULL_ASSERT
void assert_failed(u8 * file, u32 line)
{
    while (1)
    {
    }
}
#endif
```

12. 2　什么是 Option Byte

　　Option Byte 的字面意思是选项字节，可以理解为单片机配置项。那单片机有哪些东西是可以配置的呢？我们看如图 12-3 所示的芯片引脚图。

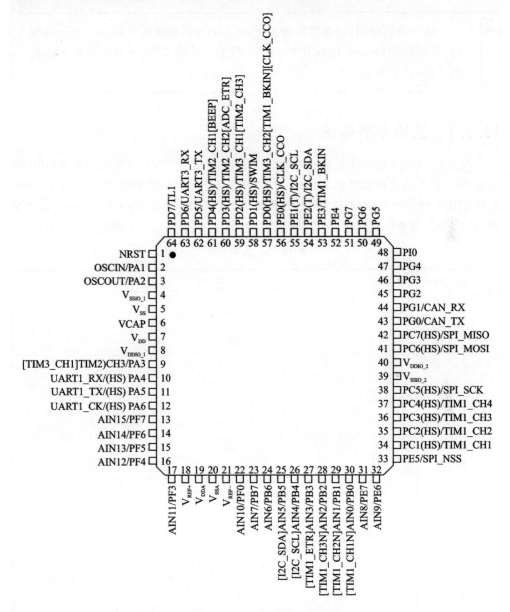

图 12-3　64 脚芯片引脚图

以 9 脚为例,它的 I/O 口功能为 PA3,默认外设功能为 TIM2_CH3(定时器 2 通道 3),但是在中括号中还有一项是 TIM3_CH1(定时器 3 通道 1)。那当我们使用该引脚的外设功能时到底是 TIM2_CH3 还是 TIM3_CH1,就需要对单片机进行配置,而方法就是修改 Option Byte 中的相应位。

这里特别说明,当系统时钟大于 16 MHz,例如使用外部 24 MHz 晶振时,必须修改 Option Byte 中的 OPT7 位为 1 等待周期,否则单片机不能正常工作,详见表 12-2。

12.2.1 选项字节描述

事实上,Option Byte 中的数据类似于 EEPROM 中的数据,地址也是在 EEPROM 地址之后,只不过这段特殊的 EEPROM 数据有其指定的格式和意义。STM8S207RB 地址范围为 0X4800~0X487F,共 17 个字节。除了 ROP(Read-Out Protection,读出保护)字节,每个选项字节都有一个用来备份的互补字节,如表 12-1 所列。

表 12-1 选项字节

地 址	选项名称	选项序号	选项位								复 位
			7	6	5	4	3	2	1	0	
4800h	读保护(ROP)	OPT0	ROP[7:0]								00h
4801h	用户启动区(UBC)	OPT1	UBC[7:0]								00h
4802h		NOPT1	NUBC[7:0]								FFh
4803h	引脚复用功能配置(AFR)	OPT2	AFR7	AFR6	AFR5	AFR4	AFR3	AFR2	AFR1	AFR0	00h
4804h		NOPT2	NAFR7	NAFR6	NAFR5	NAFR4	NAFR3	NAFR2	NAFR1	NAFR0	FFh
4805h	看门狗选项	OPT3	保留				LSI_EN	IWDG_HW	WWDG_HW	WWDG_HALT	00h
4806h		NOPT3	保留				NLSI_EN	NIWDG_HW	NWWDG_HW	NWWDG_HALT	FFh
4807h	时钟选项	OPT4	保留				EXTCLK	CKAWUSEL	PRSC1	PRSC0	00h
4808h		NOPT4	保留				NEXTCLK	NCKAWUSEL	NPRSC1	NPRSC0	FFh

地 址	选项名称	选项序号	选项位								复 位
			7	6	5	4	3	2	1	0	
4809h	晶振稳定时间	OPT5	HSECNT[7：0]								00h
480Ah		NOPT5	NHSECNT[7：0]								FFh
480Bh	保留	OPT6	保留								00h
480Ch		NOPT6	保留								FFh
480Dh	等待状态配置	OPT7	保留							Wait state	00h
480Eh		NOPT7	保留							Nwait state	FFh
487Eh	启动引导选项字节	OPTBL	BL[7：0]								00h
487Fh		NOPTBL	NBL[7：0]								FFh

选项字节中每一位的作用描述如表 12 - 2 所列。

表 12 - 2　选项字节描述

选项序号	描 述
OPT0	ROP[7：0] 存储器读出保护（ROP,read - out protection） 　　0xAA:读保护使能（通过 SWIM 协议写访问）
OPT1	UBC[7：0] 用户启动代码区域 　　0x00:没有 UBC,没有写保护 　　0x01:页 0～1 定义为 UBC,存储器写保护 　　0x02:页 0～3 定义为 UBC,存储器写保护 　　0x03:页 0～4 定义为 UBC,存储器写保护 　　… 　　0xFE:页 0～255 定义为 UBC,存储器写保护 　　0xFF:保留定义
OPT2	AFR7 被选功能重映射选项 7 　　0:端口 D4 备选功能为 TIM2_CH1 　　1:端口 D4 备选功能为 BEEP AFR6 被选功能重映射选项 6 　　0:端口 B5 备选功能为 AIN5,端口 B4 备选功能为 AIN4 　　1:端口 B5 备选功能为 I^2C_SDA,端口 B4 备选功能为 I^2C_SCL AFR5 被选功能重映射选项 5 　　0:端口 B3 备选功能为 AIN3,端口 B2 备选功能为 AIN2,端口 B1 备选功能 　　　为 AIN1,端口 B0 备选功能为 AIN0

选项序号	描　　述
OPT2	1:端口 B3 备选功能为 TIM1_ETR,端口 B2 备选功能为 TIM1_CH3N,端口 B1 备选功能为 TIM1_CH2N,端口 B0 备选功能为 TIM1_CH1N AFR4 被选功能重映射选项 4 　　0:端口 D7 备选功能为 TLI 　　1:端口 D7 备选功能为 TIM1_CH4 AFR3 被选功能重映射选项 3 　　0:端口 D0 备选功能为 TIM3_CH2 　　1:端口 D0 备选功能为 TIM1_BKIN AFR2 被选功能重映射选项 2 　　0:端口 D0 备选功能为 TIM3_CH2 　　1:端口 D0 备选功能为 CLK_CCO AFR1 被选功能重映射选项 1 　　0:端口 A3 备选功能为 TIM2_CH3,端口 D2 备选功能为 TIM3_CH1 　　1:端口 A3 备选功能为 TIM3_CH1,端口 D2 备选功能为 TIM2_CH3 AFR0 被选功能重映射选项 0 　　0:端口 D3 备选功能为 TIM2_CH2 　　1:端口 D3 备选功能为 ADC_ETR
OPT3	LSI_EN：低速内部时钟使能 　　0:LSI 时钟不能被用作 CPU 的时钟源 　　1:LSI 时钟可以被用作 CPU 的时钟源
	IWDG_HW：独立看门狗 　　0:IWDG 独立看门狗由软件激活 　　1:IWDG 独立看门狗由硬件激活
	WWDG_HW：窗口看门狗激活 　　0:WWDG 窗口看门狗由软件激活 　　1:WWDG 窗口看门狗由硬件激活
	WWDG_HALT：当芯片进入暂停模式时窗口看门狗的复位动作 　　0:如果窗口看门狗使能,当芯片进入暂停模式时不产生复位 　　1:如果窗口看门狗使能,当芯片进入暂停模式时可以产生复位
OPT4	EXT_CLK：外部时钟选择 　　0:外部晶体振荡器连接到 OSCIN/OSCOUT 引脚上 　　1:外部时钟连接到 OSCIN 引脚上
	CKAWUSEL：自动唤醒单元/时钟 　　0:LSI 时钟源作为 AWU 的时钟 　　1:HSE 分频后的时钟作为 AWU 的时钟源

续表 12－2

选项序号	描　述
OPT4	PRSC[1：0]：AWU 时钟预分频 00：24 MHz～128 kHz 分频 01：16 MHz～128 kHz 分频 10：8 MHz～128 kHz 分频 11：4 MHz～128 kHz 分频
OPT5	HSECNT[7:0]：HSE 晶体振荡器稳定时间 0x00：2 048 个 HSE 周期 0xB4：128 个 HSE 周期 0xD2：8 个 HSE 周期 0xE1：0.5 个 HSE 周期
OPT6	保留
OPT7	WAITSTATE：等待状态配置 这个选项设置从 Flash 或 EEPROM 存储器中读取数据时插入的等待 周期。当 $f_{CPU}>$ 16 MHz 时需要一个等待周期 0：无等待 1：1 等待周期
OPTBL	BL[7：0]：启动引导选项字节 复位后引导 ROM 中的程序检查这个选项。同时根据复位向量中的内容决定 CPU 跳到引导程序还是复位向量运行 0x55：启用 Bootloader 0x00：不启用 Bootloader

12.2.2　使用 STVP 修改 OPT

在安装 StToolset 的时候，有两个工具，其中的 STVP(ST Visual Programmer)就是用来配置选项字节的。软件图标如图 12－4 所示。

首次打开软件出现配置界面，按照图 12－5 所示配置，单击 OK 按钮即可。

从图 12－6 可以看出，STVP 可以读写程序存储区数据，EEPROM 数据和选项字节，通过图 12－6 中框选位置可以切换。

切换到 Option Byte 项，可以看到所有的单片机配置项，如图 12－7 所示。

图 12－4　STVP 图标

使用 STVP 修改 OPT 时，并不需要在意选项字节中每一位的作用，只需要根据自己需要配置好芯片，然后通过图 12－8 所示工具栏中的"写入当前 Tab"按钮将配置写入单片机即可。

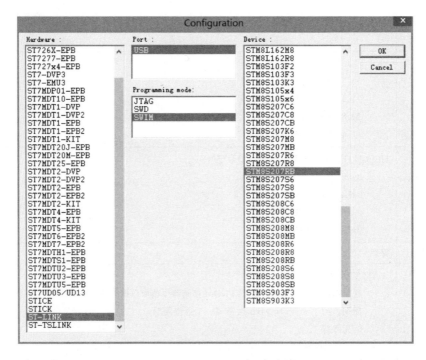

图 12 - 5 STVP 配置界面

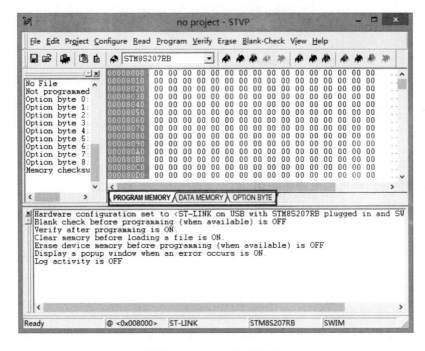

图 12 - 6 STVP 软件界面

```
Value  00 00 00 00 00 00 00 00 00

Name         Description
ROP          Read Out Protection OFF        ▼

UBC bit7     0
UBC bit6     0
UBC bit5     0
UBC bit4     0
UBC bit3     0
UBC bit2     0
UBC bit1     0
UBC bit0     0

AFR7         Port D4 Alternate Function = TIM2_CC1
AFR6         Port B5 Alternate Function = AIN5 , Port B4 Alternate Function = AIN4
AFR5         Port B3 Alternate Function = AIN3 , Port B2 Alternate Function = AIN2 , Port
AFR4         Port D7 Alternate Function = TLI
AFR3         Port D0 Alternate Function = TIM3_CC2
AFR2         Port D0 Alternate Function = TIM3_CC2
AFR1         Port A3 Alternate Function = TIM2_CC3 , Port D2 Alternate Function = TIM3_CC1
AFR0         Port D3 Alternate Function = TIM2_CC2

LSI_EN       LSI Clock not available as CPU clock source
IWDG_HW      Independant Watchdog activated by Software
WWDG_HW      Window Watchdog activated by Software
WWDG_HALT    No Reset generated on HALT if WWDG active

EXTCLK       External Crystal connected to OSCIN/OSCOUT
CKAWUSEL     LSI clock source selected for AWU
PRSC         24MHz to 128KHz Prescaler

HSECNT bit7  0
HSECNT bit6  0
HSECNT bit5  0
HSECNT bit4  0
HSECNT bit3  0
HSECNT bit2  0
HSECNT bit1  0
HSECNT bit0  0

<

\PROGRAM MEMORY \ DATA MEMORY \  OPTION BYTE /
```

图 12-7 Option Byte 项

读取当前Tab　　写入当前Tab　　校验当前Tab　　读取当前Tab　　写入当前Tab　　校验当前Tab

图 12-8 工具栏

> 当使用 STVP 出现读取或写入失败后,需要重新启动 STVP 软件然后重新配置,否则将出现连续的读或写错误。

12.2.3 通过程序修改 OPT

除了使用仿真器通过 STVP 软件修改 OPT 外,还可以通过程序来修改,操作方式类似于写数据到 EEPROM 中。下面给出一段程序,实现的功能是修改 OPT 使能 Bootloader。

```
# include "stm8s207rb.h"
# define OPTBL_ADDR 0x487e
# define NOPTBL_ADDR 0x487f
unsigned char UnlockDataEEPROM(void);
main()
{
    /* 解锁 DATA EEPROM 区域 */
    while(UnlockDataEEPROM());
    /* 使能选项字节写操作 */
    FLASH_CR2 = 0x80;
    FLASH_NCR2 = 0x7f;
    /* 使能 Bootloader */
    *((unsigned char * )OPTBL_ADDR) = 0x55;
    *((unsigned char * )NOPTBL_ADDR) = 0xAA;
    while (1);
}
/* 解锁 DATA EEPROM,成功返回 0,失败返回 1 */
unsigned char UnlockDataEEPROM(void)
{
    /* 写入 MASS 密钥以解锁 DATA EEPROM */
    FLASH_DUKR = 0xAE;
    FLASH_DUKR = 0x56;
    /* 判断 FLASH_IAPSR 中 DUL 位.0 为写保护使能 */
    if(FLASH_IAPSR & 0x08)  return 1;
    else                    return 0;
}
```

使用 STVP 可以修改所有的 Option Byte 项,但使用程序不能修改 ROP 和 UBC,即 OPT0、OPT1 和 NOPT1。

12.3　绿色节能从 STM8 做起——STM8 电源管理

默认情况下在系统或电源复位后,MCU 处于运行模式。在这种模式下,CPU 由 f_{CPU} 提供时钟并执行程序代码,系统时钟分别为各个处于激活状态的外设提供时钟,

MCU 功耗最大。

在运行模式下,为了保持 CPU 继续运行并执行代码,有下列几种途径可降低功率消耗:

> 降低系统时钟。
> 关闭未使用外设的时钟。
> 关闭所有未使用的模拟功能块。

但是,如果 CPU 不需要保持运行,可使用下列 3 种低功耗模式:

> 等待(Wait)。
> 活跃停机(Active Halt)(可配置为慢速或快速唤醒)。
> 停机(Halt)(可配置为慢速或快速唤醒)。

用户可选择以上 3 种模式中的一种,并合理配置,以在最低功耗、最快唤醒速度和可使用的唤醒源之间获得最佳平衡点。

12.3.1 常规降低功耗的办法

1. 降低系统时钟

在运行模式,为了既能满足系统性能又能降低功耗,选择合适的系统时钟源是很重要的。可通过写时钟控制寄存器选择时钟源。

通过写时钟分频寄存器 CLK_CKDIVR 的位 CPUDIV[2:0],可降低 f_{CPU} 的时钟频率。这会降低 CPU 的速度,但同时可降低 CPU 的功耗。其他外设(由 f_{MASTER} 提供时钟)不会受此设置影响。

在运行模式下,任何时候需要恢复全速运行,将 CPUDIV[2:0]清 0 即可。

2. 关闭不使用的外设时钟

为了更进一步降低功耗,可使用时钟门控。用户可在任意时间打开或关闭 f_{MASTER} 与各个外设的连接。此设置在运行模式和等待模式均有效。

12.3.2 STM8 低功耗模式

除了在时钟上做文章,STM8 还有 4 种低功耗模式,更进一步降低单片机功耗,4 种低功耗模式的主要特性如表 12-3 所列。

表 12-3 低功耗模式

模式 (功耗等级)	主电压 调节器	振荡器	CPU	外设	唤醒触发事件
等待(Wait) (一)	开	开	关	开	所有内部中断(包括AWU)或外部中断,复位

续表 12－3

模式 （功耗等级）	主电压 调节器	振荡器	CPU	外设	唤醒触发事件
快速活跃停机 （Active Halt） （——）	开	关 除 LSI(或 HSE)	关	仅 AWU 和 WDG （如果已被激活）	AWU 或外部 中断,复位
慢速活跃停机 （Active Halt） （———）	关 （低电压调 节器开）	关 仅 LSI 除外	关	仅 AWU 和 WDG （如果已被激活）	AWU 或外部 中断,复位
停机（Halt） （————）	关 （低电压 调节器开）	关	关	关	外部中断,复位

1. 等待(Wait)模式

在运行模式下执行 WFI(等待中断)指令,可进入等待模式。WFI 为汇编指令,执行方法与开关总中断类似,使用下面的程序代码。

```
_asm("WFI");
```

此时 CPU 停止运行,但外设与中断控制器仍保持运行,因此功耗会有所降低。等待模式可与 PCG(外设时钟门控),降低 CPU 时钟频率,以及选择低功耗时钟源(LSI,HSI)相结合使用,以进一步降低系统功耗。参见时钟控制(CLK)的说明。

在等待模式下,所有寄存器与 RAM 的内容保持不变,之前所定义的时钟配置也保持不变(主时钟状态寄存器 CLK_CMSR)。

当一个内部或外部中断请求产生时,CPU 从等待模式唤醒并恢复工作。

2. 停机(Halt)模式

在该模式下主时钟停止。即由 f_{MASTER} 提供时钟的 CPU 及所有外设均被关闭。因此,所有外设均没有时钟,MCU 的数字部分不消耗能量。

在停机模式下,所有寄存器与 RAM 的内容保持不变,默认情况下时钟配置也保持不变(主时钟状态寄存器 CLK_CMSR)。

MCU 可通过执行 HALT 指令进入停机模式。

```
_asm("HALT");
```

外部中断可将 MCU 从停机模式唤醒。外部中断指配置为中断输入的 GPIO 端口或具有触发外设中断能力的端口。

快速唤醒时钟:

　　HSI RC 的启动速度比 HSE 快,因此,为了减少 MCU 的唤醒时间,建议在进入暂停模式前选择 HSI 作为 f_{MASTER} 的时钟源。

　　除了切换时钟外,还可以在进入停机模式前,设置时钟寄存器 CLK_ICKR 的 FHWU 位为 1,选择 HSI 作为 f_{MASTER} 的时钟源,而无需时钟切换。

3. 活跃停机(Active Halt)模式

　　与停机模式不同的是,除了外部中断唤醒外,还可以使用自动唤醒单元(AWU)唤醒。而 AWU 其实就是一个在停机模式下工作的计数器,计数器时间一到,单片机就被唤醒,因此,AWU 可以理解为一个低功耗的硬件延时。

　　在活跃暂停模式下,HIS RC、CPU 及几乎所有外设都被停止。如果 AWU 和 IWD 已被使能,则只有 LSI RC 与 HSE 仍处于运行状态,用以驱动 AWU 和 IWD 计数器。

　　为进入活跃停机模式,需首先使能 AWU(如 AWU 章节所述),然后执行 HALT 指令。

　　默认情况下,为了从活跃停机模式快速唤醒,主电压调节器处于激活状态,即默认为快速活跃停机模式,但其电流消耗是不可忽视的。

　　为进一步降低功耗,当 MCU 进入活跃停机模式时,先设置时钟寄存器 CLK_ICKR 的 REGAH 位为 1 关闭主电压调节器,即可进入慢速活跃停机模式,此时,仅 LSI RC 时钟源可用于 AWU,在唤醒时主电压调节器重新被打开,这需要一个比较长的唤醒时间。

快速唤醒时钟:

　　在活跃停机模式下,快速唤醒是很重要的。这可以提高 CPU 的执行效率,使 MCU 处于运行状态与低功耗模式之间的时间最短,从而减少整体平均功耗。

　　因此建议使用 HIS 作为 f_{MASTER} 或者置位 CLK_ICKR 寄存器的 FHWU 位。

12.3.3　附加的模拟功耗控制

1. 停机模式下的快速内存唤醒

　　默认情况下,微控制器进入停机模式后 FLASH 处于掉电状态。此时,漏电流可忽略不计,功耗是非常低的,但 FLASH 的唤醒时间较长(几微秒)。

如果用户需要从停机模式快速唤醒,可将 FLASH_CR1 的 HALT 位置 1。当微控制器进入停机模式时,这将确保 FLASH 处于等待状态,唤醒时间降至几纳秒,但功耗将增至几微安。

2. 活跃停机模式下的超低内存功耗

在活跃停机模式下,为加快唤醒时间,默认情况下 FLASH 处于工作状态,因此并没有降低功耗。为降低功耗,用户可将 FLASH_CR1 的 AHALT 位置 1。在进入活跃停机模式时,这将停止向 FLASH 供电以降低功耗,但唤醒时间将增至微秒级。

12.4 自动唤醒 AWU

AWU 是用来当 MCU 进入低功耗的活跃停机(Active Halt)模式时提供一个内部的唤醒时间基准。该时间基准的时钟是由内部的低速 RC 振荡器时钟(LSI)或者通过预分频的 HSE 晶振时钟来提供的。如图 12-9 所示,其中时钟源的选择是通过设置 OPTION 中的 CKAWUSEL 位来选择的。

当使用 LSI RC 128 KB 低速内部时钟时,为了确保最好的精度,它的频率可以通过 TIM3 的输入捕捉 1 来测定。如图 12-9 所示,将 AWU_CSR 寄存器中的 MSR 位置 1,就将此时钟信号与定时器的输入捕获相连了,这样就可以通过 TIM3 进行测量信号源的时钟频率了,进而可以进行相应的补偿校准,使得自动唤醒的时间更准确。

图 12-9 中信号源的信号经过 APR[5:0](其中 APR[5:0]位于异步预分频寄存器 AWU_APR 中)预分频后,再通过设置时基寄存器 AWU_TBR 中的 AWUTB[3:0]选择一个合适的时间间隔。最后,通过 AWUEN 位的设置使能 AWU 功能,此时执行 HALT 命令,系统就进入了活跃停机模式,同时 AWU 也启动定时工作,当时间到的时候,系统会从活跃停机模式中自动被唤醒。自动唤醒的时间设置情况参如表 12-4 所列。

表 12-4 自动唤醒时间计算表

AWUTB[3:0]	APR RANGE	INTERVAL TIME	$f_{ls}=f$	$f_{ls}=128\ \text{kHz}$
0001	2~64	APR_{DIV}/f_{LS}	$2/f\sim64/f$	$0.015625\sim0.5\ \text{ms}$
0010	32~64	$2\times APR_{DIV}/f_{LS}$	$2\times32/f\sim2\times2\times32/f$	$0.5\sim1\text{ms}$
0011	32~64	$2^2\times APR_{DIV}/f_{LS}$	$2\times64/f\sim2\times2\times64/f$	$1\sim2\ \text{ms}$
0100	32~64	$2^3\times APR_{DIV}/f_{LS}$	$2^2\times64/f\sim2^2\times128/f$	$2\sim4\ \text{ms}$
0101	32~64	$2^4\times APR_{DIV}/f_{LS}$	$2^3\times64/f\sim2^3\times128/f$	$4\sim8\ \text{ms}$
0110	32~64	$2^5\times APR_{DIV}/f_{LS}$	$2^4\times64/f\sim2^4\times128/f$	$8\sim16\ \text{ms}$

AWUTB[3:0]	APR RANGE	INTERVAL TIME	$f_{ls} = f$	$f_{ls} = 128\ \text{kHz}$
0111	32~64	$2^6 \times \text{APR}_{\text{DIV}} / f_{LS}$	$2^5 \times 64/f \sim 2^5 \times 128/f$	16~32 ms
1000	32~64	$2^7 \times \text{APR}_{\text{DIV}} / f_{LS}$	$2^6 \times 64/f \sim 2^6 \times 128/f$	32~64 ms
1001	32~64	$2^8 \times \text{APR}_{\text{DIV}} / f_{LS}$	$2^7 \times 64/f \sim 2^7 \times 128/f$	64~128 ms
1010	32~64	$2^9 \times \text{APR}_{\text{DIV}} / f_{LS}$	$2^8 \times 64/f \sim 2^8 \times 128/f$	128~256 ms
1011	32~64	$2^{10} \times \text{APR}_{\text{DIV}} / f_{LS}$	$2^9 \times 64/f \sim 2^9 \times 128/f$	256~512 ms
1100	32~64	$2^{11} \times \text{APR}_{\text{DIV}} / f_{LS}$	$2^{10} \times 64/f \sim 2^{10} \times 128/f$	512~1.024 s
1101	32~64	$2^{12} \times \text{APR}_{\text{DIV}} / f_{LS}$	$2^{11} \times 64/f \sim 2^{11} \times 128/f$	1.024~2.048 s
1110	26~64	$5 \times 2^{11} \times \text{APR}_{\text{DIV}} / f_{LS}$	$2^{11} \times 130/f \sim 2^{11} \times 320/f$	2.080~5.120 s
1111	11~64	$30 \times 2^{11} \times \text{APR}_{\text{DIV}} / f_{LS}$	$2^{11} \times 330/f \sim 2^{12} \times 960/f$	5.280~30.720 s

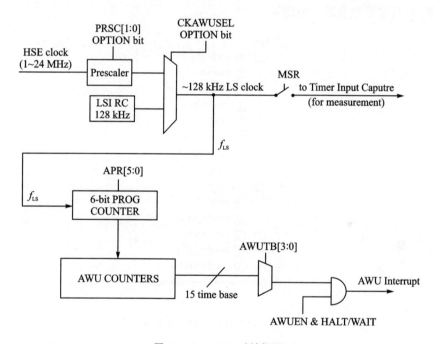

图 12 - 9　AWU 时钟框图

　　下面设计一个实验学习自动唤醒功能的使用方法。电路如图 12 - 10 所示。当程序正常执行时,LED0 发光二级管会闪烁,当按下按键 S0 时,程序进入停机模式,此时系统会自动启动事先设置好的自动唤醒模块开始计时,本设计中自动唤醒时间设置约为 2 s,所以,当按键按下后 LED0 发光二级管停止闪烁,证明程序已经进入了停机状态,但是 2 s 后 LED0 会重新开始闪烁,证明自动唤醒模块正常工作了,将程序从停机模式唤醒过来了。

　　本例中用户自己编写的程序及包含的库文件中的程序如图 12 - 11 所示。其中

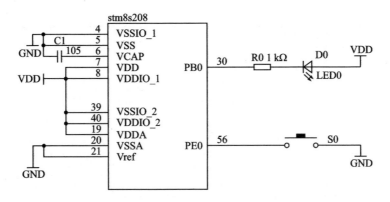

图 12 - 10   自动唤醒实验硬件电路图

main. c 和 stm8_it. c 文件中的程序是需要自己编写的,其他文件均为 ST 公司官方库提供的,只需要包含即可使用了。

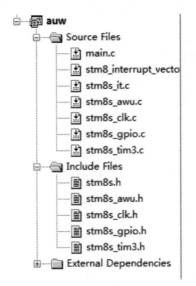

图 12 - 11   自动唤醒程序文件

main. c 文件中的具体程序代码如下:

```
/* Includes ---------------------------------------------------*/
# include "stm8s. h"
/* Private defines --------------------------------------------*/
/* Private function prototypes --------------------------------*/
void key_press(void);
void LedFlash(void);
void delay (uint16_t nCount);
```

```
uint32_t LSIMeasurment(void);
static void CLK_Config(void);
static void GPIO_Config(void);
void AWU_Config(void);
void main(void)
{
    CLK_Config();
    GPIO_Config();
    AWU_Config();
    enableInterrupts();
  while (1)
  {
        key_press();
        LedFlash();
  }


}
static void GPIO_Config(void)
{

    GPIO_Init(GPIOB, GPIO_PIN_0, GPIO_MODE_OUT_PP_HIGH_SLOW);
    GPIO_Init(GPIOE, GPIO_PIN_0, GPIO_MODE_IN_PU_NO_IT);
}
static void CLK_Config(void)
{

    CLK_HSIPrescalerConfig(CLK_PRESCALER_HSIDIV1);
}
void AWU_Config(void)
{

    /* Initialization of AWU */
    /* LSI calibration for accurate auto wake up time base */
    AWU_LSICalibrationConfig(LSIMeasurment());
    /* The delay corresponds to the time we will stay in Halt mode */
    AWU_Init(AWU_TIMEBASE_2S);
}
void key_press(void)
{
    /* 判断按键是否被按下 */
    if(GPIO_ReadInputPin(GPIOE, GPIO_PIN_0) == 0)
    {
        delay(13000);
```

```
                    if(GPIO_ReadInputPin(GPIOE, GPIO_PIN_0) == 0)//再次判断按键是否被按下
                    {
                        halt();
                    }
            }
    }
    void LedFlash(void)
    {
        GPIO_WriteHigh(GPIOB, GPIO_PIN_0);
        delay(60000);
        GPIO_WriteLow(GPIOB, GPIO_PIN_0);
        delay(60000);
    }
    u32 LSIMeasurment(void)
    {
        u32 lsi_freq_hz = 0x0;
        u32 fmaster = 0x0;
        u16 ICValue1 = 0x0;
        u16 ICValue2 = 0x0;
        /* Get master frequency */
        fmaster = CLK_GetClockFreq();
        /* Enable the LSI measurement: LSI clock connected to timer Input Capture 1 */
        AWU->CSR |= AWU_CSR_MSR;
            /* Measure the LSI frequency with TIMER Input Capture 1 */
        /* Capture only every 8 events!!! */
        /* Enable capture of TI1 */
        TIM3_ICInit(TIM3_CHANNEL_1, TIM3_ICPOLARITY_RISING, TIM3_ICSELECTION_DIRECTTI,
    TIM3_ICPSC_DIV8, 0);
        /* Enable TIM3 */
        TIM3_Cmd(ENABLE);
        /* wait a capture on cc1 */
        while ((TIM3->SR1 & TIM3_FLAG_CC1) != TIM3_FLAG_CC1);
            /* Get CCR1 value */
        ICValue1 = TIM3_GetCapture1();
        TIM3_ClearFlag(TIM3_FLAG_CC1);
        /* wait a capture on cc1 */
        while ((TIM3->SR1 & TIM3_FLAG_CC1) != TIM3_FLAG_CC1);
            /* Get CCR1 value */
        ICValue2 = TIM3_GetCapture1();
            TIM3_ClearFlag(TIM3_FLAG_CC1);
```

```
    /* Disable IC1 input capture */
    TIM3->CCER1 &= (u8)(~TIM3_CCER1_CC1E);
    /* Disable timer3 */
    TIM3_Cmd(DISABLE);
    /* Compute LSI clock frequency */
    lsi_freq_hz = (8 * fmaster) / (ICValue2 - ICValue1);
    /* Disable the LSI measurement: LSI clock disconnected from timer Input Capture 1 */
    AWU->CSR &= (u8)(~AWU_CSR_MSR);
    return (lsi_freq_hz);
}


void delay(uint16_t nCount)
{
    /* Decrement nCount value */
    while (nCount != 0)
    {
        nCount--;
    }
}


#ifdef USE_FULL_ASSERT

/**
  * @brief  Reports the name of the source file and the source line number
  *    where the assert_param error has occurred.
  * @param file: pointer to the source file name
  * @param line: assert_param error line source number
  * @retval : None
  */
void assert_failed(u8* file, u32 line)
{
    /* User can add his own implementation to report the file name and line number,
        ex: printf("Wrong parameters value: file %s on line %d\r\n", file, line) */

    /* Infinite loop */
    while (1)
    {
    }
}
#endif

/*********** (C) COPYRIGHT 2011 STMicroelectronics *****END OF FILE ****/
```

需要注意的是不要忘记修改 stm8s_it.c 文件中的 AWU 中断函数，修改后的函数如下所示：

```
INTERRUPT_HANDLER(AWU_IRQHandler, 1)
{
  /* In order to detect unexpected events during development,
     it is recommended to set a breakpoint on the following instruction.
  */
  AWU_GetFlagStatus();
}
```

12.5   简单实用的 Beep

当 LS 时钟工作在 128 kHz 时可以产生频率为 1 kHz，2 kHz 或者 4 kHz 的蜂鸣器信号。其中，BEEP_CSR 寄存器中的 BEEPSEL[1：0]这两位用来选择输出信号的频率。当这两位设置为"00"时，在 BEEP(STM8 单片机的 61 引脚)引脚输出 1 kHz 蜂鸣器信号；当设置为"01"时，输出 2 kHz 蜂鸣器信号；当这两位设置为"10"或"11"时，输出 4 kHz 蜂鸣器信号。当然，如果想让蜂鸣器信号顺利的输出，必须将寄存器 BEEP_CSR 中的 BEEPEN 这一位置"1"即使能蜂鸣器输出功能。

为了能够使输出的蜂鸣器信号比较精确，需要对 LS 时钟信号进行相应的校准。校准的方法是这样的：将 LSI 时钟信号输入到定时器的捕获单元，对该信号进行测频，根据测量所得到的结果，再通过设置寄存器 BEEP_CSR 中的 BEEPDIV[4：0]这 5 位进行校准。这 5 位的值是这样确定的，如图 12-12 中的信号 f_{LS} 的频率值除以 8 所得的整数部分和小数部分分别用 A 和 x 表示，当 x 小于或等于 A/(1+2×A)时，这 5 位设置的值为 A-2；否则这 5 位设置的值为 A-1。

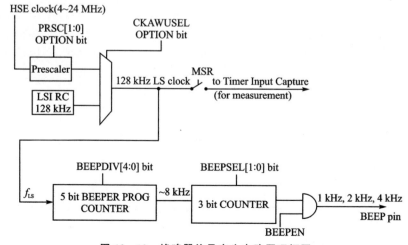

图 12-12   蜂鸣器信号产生电路原理框图

下面完成一个实验,通过按键控制,分别让 STM8 单片机的 BEEP 引脚输出 1 kHz,2 kHz 及 4 kHz 的蜂鸣器信号。每当按下一次按键就改变一下输出信号的频率。

硬件电路如图 12-13 所示。可以通过示波器测量 BEEP 引脚输出的蜂鸣器信号,通过按键 S1 改变蜂鸣器信号的频率。

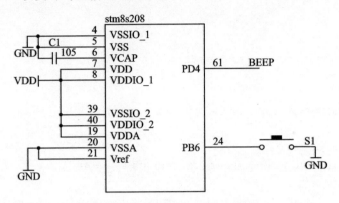

图 12-13　蜂鸣器信号产生电路

程序代码如下:初始化程序在初始化中分别设定系统时钟为内部高速 RC 振荡时钟,不分频,即 16 MHz。然后通过库函数 BEEP_LSICalibrationConfig 对蜂鸣器相关的寄存器进行设置,而这个函数中的参数是另一个函数 LSIMeasurment 的返回值,LSIMeasurment 这个函数就是通过定时器 3 的输入捕获功能对 LSI 时钟信号进行测频,把测量的真实值当做参数供函数 BEEP_LSICalibrationConfig 使用,从而完成对蜂鸣器输出信号的频率进行校正。BEEP_Init 函数设定蜂鸣器信号的频率,最后函数 BEEP_Cmd 使能蜂鸣器信号的输出,这时就可以应用示波器观看此输出信号了。之后程序进入主循环,在主循环中调用一个按键程序,通过按键修改当前蜂鸣器输出信号的频率。

```
#include "stm8s.h"
u8 frequency = 0;
u32 LSIMeasurment(void);
void key(void);
void delay(u16 i);
void main(void)
{
    GPIO_Init(GPIOB, GPIO_PIN_6, GPIO_MODE_IN_PU_NO_IT);
    CLK_HSIPrescalerConfig(CLK_PRESCALER_HSIDIV1);
    BEEP_LSICalibrationConfig(LSIMeasurment());
    BEEP_Init(BEEP_FREQUENCY_1KHZ);
```

```
        BEEP_Cmd(ENABLE);
    while (1)
    {
        key();
    }

}


//----------------------------//
void key(void)
{
    if((GPIO_ReadInputPin(GPIOB, GPIO_PIN_6)) == 0)
    {
        delay(5000);
        if((GPIO_ReadInputPin(GPIOB, GPIO_PIN_6)) == 0)
        {
            while((GPIO_ReadInputPin(GPIOB, GPIO_PIN_6)) == 0) ;
            frequency++ ;
            if(frequency == 3)
            {
                frequency = 0;
            }
            switch(frequency)
            {
                case 0:BEEP_Init(BEEP_FREQUENCY_1KHZ);break;
                case 1:BEEP_Init(BEEP_FREQUENCY_2KHZ);break;
                case 2:BEEP_Init(BEEP_FREQUENCY_4KHZ);break;
                default:break;
            }
        }
    }
}
//----------------------------//
void delay(u16 i)
{
    while(i--)
    ;
}
//----------------------------//
u32 LSIMeasurment(void)
```

```
{
    u32 lsi_freq_hz = 0x0;
    u32 fmaster = 0x0;
    u16 ICValue1 = 0x0;
    u16 ICValue2 = 0x0;
    /* Get master frequency */
    fmaster = CLK_GetClockFreq();
    /* Enable the LSI measurement: LSI clock connected to timer Input Capture 1 */
    AWU->CSR |= AWU_CSR_MSR;
/* Measure the LSI frequency with TIMER Input Capture 1 */
    /* Capture only every 8 events!!! */
    /* Enable capture of TI1 */
    TIM3_ICInit(TIM3_CHANNEL_1, TIM3_ICPOLARITY_RISING, TIM3_ICSELECTION_DIRECTTI,
TIM3_ICPSC_DIV8, 0);
    /* Enable TIM3 */
    TIM3_Cmd(ENABLE);
        /* wait a capture on cc1 */
    while ((TIM3->SR1 & TIM3_FLAG_CC1) != TIM3_FLAG_CC1);
        /* Get CCR1 value */
    ICValue1 = TIM3_GetCapture1();
    TIM3_ClearFlag(TIM3_FLAG_CC1);
    /* wait a capture on cc1 */
    while ((TIM3->SR1 & TIM3_FLAG_CC1) != TIM3_FLAG_CC1);
        /* Get CCR1 value */
    ICValue2 = TIM3_GetCapture1();
        TIM3_ClearFlag(TIM3_FLAG_CC1);
    /* Disable IC1 input capture */
    TIM3->CCER1 &= (u8)(~TIM3_CCER1_CC1E);
    /* Disable timer3 */
    TIM3_Cmd(DISABLE);
    /* Compute LSI clock frequency */
    lsi_freq_hz = (8 * fmaster) / (ICValue2 - ICValue1);
/* Disable the LSI measurement: LSI clock disconnected from timer Input Capture 1 */
    AWU->CSR &= (u8)(~AWU_CSR_MSR);
return (lsi_freq_hz);
}
#ifdef USE_FULL_ASSERT
void assert_failed(u8 * file, u32 line)
{
    /* Infinite loop */
```

```
    while (1)
    {
    }
}
# endif
```

12.6 看门狗

看门狗是 STM8 单片机的一个重要外设。看门狗的主要作用是监测单片机系统是否出现了软件或者硬件的故障。看门狗的工作原理与定时器类似,当程序正常执行时,需要在看门狗设定的时间内将其计数寄存器清零,即所谓的"喂狗",如果因为软件或者硬件故障问题,没能够及时"喂狗",则看门狗就发出复位信号,让系统复位。STM8S208 单片机内部提供了两个看门狗外设,分别是独立看门狗和窗口看门狗。

12.6.1 独立看门狗

独立看门狗模块可以用于解决处理器因为硬件或软件的故障所发生的错误。它由一个内部的 128 kHz 的 LSI 阻容振荡器作为时钟源驱动,因此即使是主时钟失效时它仍然照常工作。独立看门狗的框图如图 12-14 所示。独立看门狗计数寄存器的数值是递减计数的,当 8 位递减计数器的值减到 0 时,就会发出 WDGRESET 复位信号,那么该计数器的递减速度是怎么决定的呢?它由内部 128 kHz 的 LSI 时钟信号经过 2 分频后,再经过一个预分频寄存器 IWDG_PR 分频后的时钟频率决定。当系统正常工作时,为了防止看门狗发出复位信号,需要在规定时间内"喂狗",即将图中 IWDG_RLR 寄存器中的数据赋值给 8 位递减计数器,但是这个赋值以及修改预分频寄存器和重装载寄存器 IWDG_RLR 都不是随便进行的,需要操作键寄存器 IWDG_KR 来实现。例如,想防止看门狗发出复位信号,将重装载寄存器 IWDG_RLR 中的值赋值给看门狗递减计数器,需要给键寄存器 IWDG_KR 寄存器中写入 0XAA。此外,由于寄存器 IWDG_PR 和 IWDG_RLR 是写保护的寄存器,当需要修改这两个寄存器时,需要先在键寄存器 IWDG_KR 中写入数据 0X55,修改完以后再在键寄存器中写入数据 0XAA 即可恢复这两个寄存器的写保护功能。

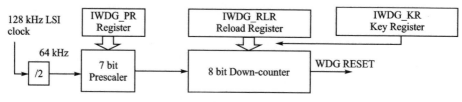

图 12-14 独立看门狗框图

下面结合一个具体实验练习一下独立看门狗的使用方法。电路如图 12 - 15 所示。测试方法是这样的,编写一个程序,在程序初始化中将涉及的 I/O 口的设置以及看门狗的相关寄存器设置好后,在程序的主循环中不断地"喂狗",这样系统就不会复位,系统实际工作时电路中的 LED 发光二级管没有任何反应,为了进一步验证看门狗是否起作用,可以将主循环中的喂狗程序去掉,这样会发现系统会反复执行程序初始化中让 LED 交替亮灭的程序,从而验证了看门狗的工作情况。本程序中所需要的文件如图 12 - 16 所示。

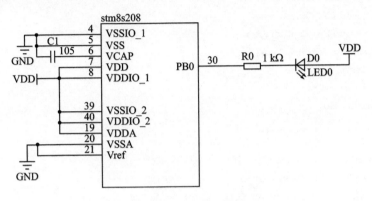

图 12 - 15 独立看门狗测试电路

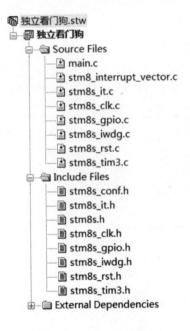

图 12 - 16 独立看门狗程序所需文件

具体程序代码如下:

```
#include "stm8s.h"
/* Private defines
---------------------------------------------------------------*/
uint32_t LsiFreq = 0;
/* Private function prototypes
-------------------------------------------------------------*/
void delay (uint16_t nCount);
uint32_t LSIMeasurment(void);
static void CLK_Config(void);
static void GPIO_Config(void);
void IWDG_Config(void);
/* Private functions
---------------------------------------------------------------*/
void main(void)
{
  CLK_Config();
GPIO_Config();
    /* Check if the system has resumed from IWDG reset */
  if (RST_GetFlagStatus(RST_FLAG_IWDGF) != RESET)
  {
    /* IWDGF flag set */
    /* Turn on LED1 */
    GPIO_WriteLow(GPIOB, GPIO_PIN_0);
    /* Clear IWDGF Flag */
    RST_ClearFlag(RST_FLAG_IWDGF);
  }
  else
  {
    /* IWDGF flag is not set */
    /* Turn off LED1 */
    GPIO_WriteHigh(GPIOB, GPIO_PIN_0);
  }
  /* get measured LSI frequency */
  LsiFreq = LSIMeasurment();
  /* IWDG Configuration */
  IWDG_Config();
  /* Infinite loop */
  while (1)
  {
    /* Reload IWDG counter */
```

```
      IWDG_ReloadCounter(); //如果注释掉本行,再做实验观察实验现象
    }
  }
  void IWDG_Config(void)
  {
    /* IWDG timeout equal to 250 ms (the timeout may varies due to LSI frequencydisper-
sion) */
    /* Enable write access to IWDG_PR and IWDG_RLR registers */
    IWDG_WriteAccessCmd(IWDG_WriteAccess_Enable);
    /* IWDG counter clock: LSI/128 */
    IWDG_SetPrescaler(IWDG_Prescaler_128);
    /* Set counter reload value to obtain 250ms IWDG TimeOut.
      Counter Reload Value = 250ms/IWDG counter clock period
                           = 250ms / (LSI/128)
                           = 0.25s / (LsiFreq/128)
                           = LsiFreq/(128 * 4)
                           = LsiFreq/512
    */
    IWDG_SetReload((uint8_t)(LsiFreq/512));
    /* Reload IWDG counter */
    IWDG_ReloadCounter();
    /* Enable IWDG (the LSI oscillator will be enabled by hardware) */
    IWDG_Enable();
  }
  static void GPIO_Config(void)
  {
      GPIO_Init(GPIOB, GPIO_PIN_0, GPIO_MODE_OUT_PP_HIGH_SLOW);
  }
  static void CLK_Config(void)
  {
    /* Initialization of the clock */
    /* Clock divider to HSI/1 */
    CLK_HSIPrescalerConfig(CLK_PRESCALER_HSIDIV1);
  }
  u32 LSIMeasurment(void)
  {
    u32 lsi_freq_hz = 0x0;
    u32 fmaster = 0x0;
    u16 ICValue1 = 0x0;
    u16 ICValue2 = 0x0;
```

```
    /* Get master frequency */
    fmaster = CLK_GetClockFreq();
    /* Enable the LSI measurement: LSI clock connected to timer Input Capture 1 */
    AWU->CSR |= AWU_CSR_MSR;
      /* Measure the LSI frequency with TIMER Input Capture 1 */
    /* Capture only every 8 events!!! */
    /* Enable capture of TI1 */
    TIM3_ICInit(TIM3_CHANNEL_1, TIM3_ICPOLARITY_RISING,
      TIM3_ICSELECTION_DIRECTTI, TIM3_ICPSC_DIV8, 0);
    /* Enable TIM3 */
    TIM3_Cmd(ENABLE);
    /* wait a capture on cc1 */
    while ((TIM3->SR1 & TIM3_FLAG_CC1) != TIM3_FLAG_CC1);
        /* Get CCR1 value */
    ICValue1 = TIM3_GetCapture1();
    TIM3_ClearFlag(TIM3_FLAG_CC1);
    /* wait a capture on cc1 */
    while ((TIM3->SR1 & TIM3_FLAG_CC1) != TIM3_FLAG_CC1);
      /* Get CCR1 value */
    ICValue2 = TIM3_GetCapture1();
     TIM3_ClearFlag(TIM3_FLAG_CC1);
    /* Disable IC1 input capture */
    TIM3->CCER1 &= (u8)(~TIM3_CCER1_CC1E);
    /* Disable timer3 */
    TIM3_Cmd(DISABLE);
    /* Compute LSI clock frequency */
    lsi_freq_hz = (8 * fmaster) / (ICValue2 - ICValue1);
      /* Disable the LSI measurement: LSI clock disconnected from timer Input Capture 1 */
    AWU->CSR &= (u8)(~AWU_CSR_MSR);
    return (lsi_freq_hz);
}


void delay(uint16_t nCount)
{
    /* Decrement nCount value */
    while (nCount != 0)
    {
        nCount--;
    }
}
```

```
# ifdef USE_FULL_ASSERT
/* *
  * @brief   Reports the name of the source file and the source line number
  *    where the assert_param error has occurred.
  * @param file: pointer to the source file name
  * @param line: assert_param error line source number
  * @retval : None
  */
void assert_failed(u8 * file, u32 line)
{
  /* User can add his own implementation to report the file name and line number,
    ex: printf("Wrong parameters value: file % s on line % d\r\n", file, line) */

  /* Infinite loop */
  while (1)
  {
  }
}
# endif
/***************** (C) COPYRIGHT 2011 STMicroelectronics **** *END OF FILE
****/
```

12.6.2 窗口看门狗

窗口看门狗用于监测由于外部干扰或不可预知的逻辑条件所产生的软件错误,这样的软件错误通常会导致应用程序不按照预期的方式运行。窗口看门狗框图如图 12 - 17 所示,从该图可以清楚地得知复位信号 RESET 的产生需要两个条件,一个是寄存器 WDGCR 的最高位 WDGA 要设置为 1,即开启看门狗功能;另一个条件是由或门输出的信号决定的,而或门的输入信号有两路,一个是 WDGCR 寄存器的 T6 位,即当递减计数器的 T6 位递减为 0 时产生的信号,即递减计数器的数值递减至 0X3F 时产生的信号,此信号可以让窗口看门狗产生系统复位信号;或门的另一路输入信号是由 WDGWR 与 WDGCR 寄存器比较产生的,如果在 7 位递减计数器数值达到窗口寄存器数值之前刷新递减计数器,同样会产生系统复位。这就意味着只能在一个有限的时间窗口内刷新递减计数器,即只能在递减计数器处于 0X3F 与窗口寄存器中所存储的数据之间实时刷新递减计数器,否则看门狗电路将产生系统复位。

既然窗口看门狗要求在一个区间内对递减计数器进行刷新,那么对应的超时时间是怎么样的呢? 如图 12 - 18 所示,下图显示了看门狗计数器(CNT)中的 6 位数值,与以毫秒为单位的超时时间的线性关系,这个表可以在不考虑时序变化时作为一个快速的粗略计算参考。需要注意的是,每次写入 WDGCR 寄存器时,首先要置 T6

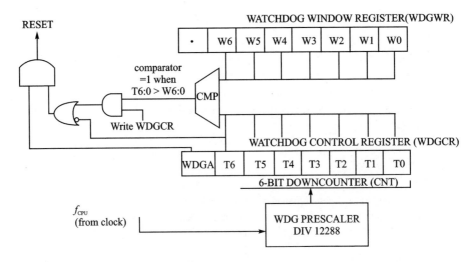

图 12-17　窗口看门狗框图

位为'1',以避免立刻产生看门狗复位。

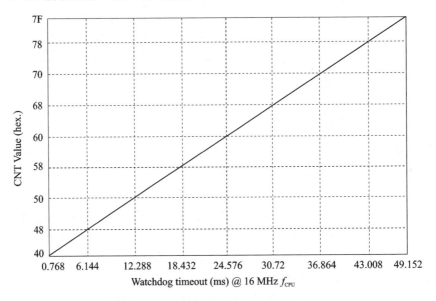

图 12-18　窗口看门狗超时时间对应图

　　了解了窗口看门狗的工作原理,现在完成一个实验,电路如图 12-19 所示,当程序正常执行时,会在窗口看门狗递减计数器处于 0X3F 和窗口寄存器之间时及时"喂狗",这样系统就不复位,而是正常执行,正常执行时 LED0 发光二级管以一个频率进行闪烁。当按下按键 S0 或者 S1 时,则喂狗时间就不是在递减计数器处于 0X3F 和窗口寄存器之间时进行的,这时就会系统复位,复位后,在初始化部分会执行一段 LED0 闪烁程序,这次的闪烁频率和程序正常执行时的频率不同,通过这个实验现象,可以知道系统出现了复位。这里需要注意的是,按键的程序采用的是外部中断方式。

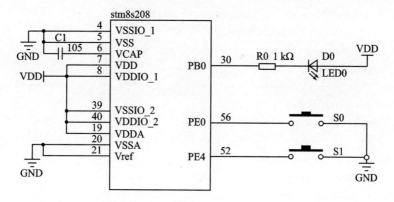

图 12-19 窗口看门狗实验电路

程序中需要包含的文件如图 12-20 所示,其中 main. c 和 stm8s_it. c 两个文件是需要我们编写程序代码的,其余的文件是官方库中提供的,只需要包含进入工程中即可。

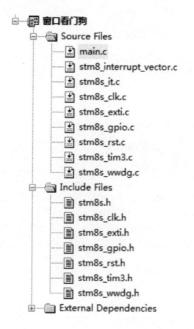

图 12-20 窗口看门狗程序文件

main. c 文件中的程序代码如下:

```
#include "stm8s.h"
#define WINDOW_VALUE        97
```

```
#define COUNTER_INIT        104
__IO FunctionalState NonAlowedRefresh = DISABLE;
__IO FunctionalState AllowedRefresh = ENABLE;
uint8_t Index;
/* Private defines
-----------------------------------------------------------*/

uint32_t LsiFreq = 0;
/* Private function prototypes
-------------------------------------------------------*/

void delay(uint16_t nCount);
uint32_t LSIMeasurment(void);
static void CLK_Config(void);
static void GPIO_Config(void);
static void WWDG_Config(void);
/* Private functions
-----------------------------------------------------------*/

void main(void)
{
    CLK_Config();
    GPIO_Config();
    /* enable interrupts */
    enableInterrupts();

    /* Check if the MCU has resumed from WWDG reset */
    if(RST_GetFlagStatus(RST_FLAG_WWDGF) != RESET)
    {
        /* WWDGF flag set */
        /* Toggle LED1 */
        for(Index = 7; Index != 0; Index--)
        {
            GPIO_WriteReverse(GPIOB, GPIO_PIN_0);
            delay(60000);
        }
        /* Clear WWDGF Flag */
        RST_ClearFlag(RST_FLAG_WWDGF);
    }
    /* WWDG Configuration */
    WWDG_Config();
    while(1)
    {
```

```
        /* Check if WWDG counter refresh is allowed in Allowed window */
        if (AllowedRefresh != DISABLE)
        {
            /* get WWDG counter value */
            /* wait until WWDG counter becomes lower than window value */
            while ((WWDG_GetCounter() & 0x7F) > WINDOW_VALUE);
            /* Refresh WWDG counter during allowed window so no MCU reset will occur */
            WWDG_SetCounter(COUNTER_INIT);
        }
        /* Check if WWDG counter refresh is allowed in non Allowed window */
        if (NonAlowedRefresh != DISABLE)
        {
            /* wait until WWDG counter becomes higher than window value */
            while ((WWDG_GetCounter() & 0x7F) < WINDOW_VALUE);
            /* Refresh WWDG counter during non allowed window so MCU reset will occur */
            WWDG_SetCounter(COUNTER_INIT);
        }
        /* Toggle LED2 */
        GPIO_WriteReverse(GPIOB, GPIO_PIN_0);
        delay(5000);
    }
}
static void WWDG_Config(void)
{
    /* WWDG configuration: WWDG is clocked by SYSCLK = 2MHz */
    /* WWDG timeout is equal to 251.9 ms */
    /* Watchdog Window = (COUNTER_INIT - 63) * 1 step
                       = 41 * (12288 / 2MHz)
                       = 251.9 ms
    */
    /* Non Allowed Window = (COUNTER_INIT - WINDOW_VALUE) * 1 step
                          = (104 - 97) * 1 step
                          = 7 * 1 step
                          = 7 * (12288 / 2MHz)
                          = 43.008 ms
    */
    /* So the non allowed window starts from 0.0 ms to 43.008 ms
    and the allowed window starts from 43.008 ms to 251.9 ms
    If refresh is done during non allowed window, a reset will occur.
    If refresh is done during allowed window, no reset will occur.
```

```
        If the WWDG down counter reaches 63, a reset will occur. */
        WWDG_Init(COUNTER_INIT, WINDOW_VALUE);
}
static void GPIO_Config(void)
{
        GPIO_Init(GPIOB, GPIO_PIN_0, GPIO_MODE_OUT_PP_HIGH_SLOW);
        GPIO_Init(GPIOE, GPIO_PIN_4, GPIO_MODE_IN_PU_IT);
        GPIO_Init(GPIOE, GPIO_PIN_0, GPIO_MODE_IN_PU_IT);
        EXTI_SetExtIntSensitivity(EXTI_PORT_GPIOE, EXTI_SENSITIVITY_FALL_ONLY);
}
static void CLK_Config(void)
{
        /* Initialization of the clock */
        /* Clock divider to HSI/8  */
        CLK_HSIPrescalerConfig(CLK_PRESCALER_HSIDIV8);
}
u32 LSIMeasurment(void)
{
    u32 lsi_freq_hz = 0x0;
    u32 fmaster = 0x0;
    u16 ICValue1 = 0x0;
    u16 ICValue2 = 0x0;
    /* Get master frequency */
    fmaster = CLK_GetClockFreq();
    /* Enable the LSI measurement: LSI clock connected to timer Input Capture 1 */
    AWU->CSR |= AWU_CSR_MSR;
        /* Measure the LSI frequency with TIMER Input Capture 1 */
    /* Capture only every 8 events!!! */
    /* Enable capture of TI1 */
    TIM3_ICInit(TIM3_CHANNEL_1, TIM3_ICPOLARITY_RISING,
        TIM3_ICSELECTION_DIRECTTI, TIM3_ICPSC_DIV8, 0);
    /* Enable TIM3 */
    TIM3_Cmd(ENABLE);
    /* wait a capture on cc1 */
    while ((TIM3->SR1 & TIM3_FLAG_CC1) != TIM3_FLAG_CC1);
        /* Get CCR1 value */
    ICValue1 = TIM3_GetCapture1();
    TIM3_ClearFlag(TIM3_FLAG_CC1);
    /* wait a capture on cc1 */
    while ((TIM3->SR1 & TIM3_FLAG_CC1) != TIM3_FLAG_CC1);
        /* Get CCR1 value */
```

```
    ICValue2 = TIM3_GetCapture1();
    TIM3_ClearFlag(TIM3_FLAG_CC1);
    /* Disable IC1 input capture */
    TIM3->CCER1 &= (u8)(~TIM3_CCER1_CC1E);
    /* Disable timer3 */
    TIM3_Cmd(DISABLE);
    /* Compute LSI clock frequency */
    lsi_freq_hz = (8 * fmaster) / (ICValue2 - ICValue1);
    /* Disable the LSI measurement: LSI clock disconnected from timer Input Capture 1 */
    AWU->CSR &= (u8)(~AWU_CSR_MSR);
    return (lsi_freq_hz);
}


void delay(uint16_t nCount)
{
    /* Decrement nCount value */
    while (nCount != 0)
    {
        nCount--;
    }
}
#ifdef USE_FULL_ASSERT
/**
  * @brief  Reports the name of the source file and the source line number
  *     where the assert_param error has occurred.
  * @param file: pointer to the source file name
  * @param line: assert_param error line source number
  * @retval : None
  */
void assert_failed(u8* file, u32 line)
{
    /* User can add his own implementation to report the file name and line number,
       ex: printf("Wrong parameters value: file %s on line %d\r\n", file, line) */
    /* Infinite loop */
    while (1)
    {
    }
}
#endif


/************ (C) COPYRIGHT 2011 STMicroelectronics ****END OF FILE ****/
```

stm8s_it. c 文件内容如下：

```
extern __IO FunctionalState NonAlowedRefresh;
extern __IO FunctionalState AllowedRefresh;
INTERRUPT_HANDLER(EXTI_PORTE_IRQHandler, 7)
{
  /* In order to detect unexpected events during development,
     it is recommended to set a breakpoint on the following instruction.
  */
    if(GPIO_ReadInputPin(GPIOE, GPIO_PIN_0) == 0)
    /* Disable refreshing WWDG in allowed window */
    AllowedRefresh = DISABLE;
    if(GPIO_ReadInputPin(GPIOE, GPIO_PIN_4) == 0)
    /* Enable refreshing WWDG in non allowed window */
  NonAlowedRefresh = ENABLE;
}
```

附　录

Cosmic 编译器

1. 数据类型

C 标准中并未规定不同数据类型所占用的内存大小,因此不同的编译器并不尽相同,各类型在 Cosmic 编译器中的占用情况如附表 1 所列。

2. Memory Models

Memory Models 的字面意思是存储器模型,实际上指规定了程序的寻址方式(2 字节寻址或 3 字节寻址)以及变量在 RAM 中的默认存储位置。

我们知道,当使用 1 字节寻址时,寻址范围为 2 的 8 次方即 256B;2B 寻址时,寻址范围为 2 的 16 次方即 64 KB;3 字节寻址时,寻址范围

附表 1　不同类型占用字节数

数据类型	占用字节数
char	1
int	2
short int	2
long	4
float	4

为 2 的 24 次方即 16 MB。这些对于 RAM 和 ROM 都使用,下面分别来看。

(1) 程序寻址方式

STM8 的 ROM 最大为 128 KB,这显然超过了 2 字节寻址的寻址范围,必须使用 3 字节寻址。但是,当每个程序的调用都使用 3 字节进行寻址的话非常浪费资源,因为大部分程序的寻址范围都是小于 64 KB 的,因此 Cosmic 编译器可以选择两种方式来寻址,当程序寻址范围小于 64 KB 时,使用 2 字节寻址,而当寻址范围超过 64 KB 时则可以配置为 3 字节寻址。而 STM8 的 Flash 从 0x8000 地址开始,因此,当程序代码大于 32 KB 时,就需要 3 字节寻址了。

通过 Project→Settings 或快捷键 Shift＋F7 打开 Project Settings 对话框,选择 C Compiler 面板,如附图 1 所示。

在 Memory 项的下拉菜单中,有 4 个可选项,其中两个带有数字 0,两个不带,如附图 2 所示。

这里带 0 的,则表示使用 2 字节寻址,不带 0 的则表示使用 3 字节寻址。

(2) 变量在内存中的默认存储位置

STM8 的 RAM 最大为 6 KB,这也超过了 1 字节的寻址范围,因此使用两字节寻址,但是为了提高程序的执行速度,小于 256 字节的部分还是使用 1 字节来寻址,我们称之为零页地址(Zero Page)。

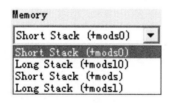

附图 1　Project Settings 对话框

从附图 2 可以看出,每种模式又分成两种情况,Short Stack 和 Long Stack。其中 Short Stack 指的是全局变量的默认存储位置为零页内,而 Long Stack 则为零页外。

当选择 Short Stack 模式时,如果 RAM 使用量超过 256 B,则需要使用 2 B 寻址来访问零页外的 RAM,同样,虽然 Long Stack 的默认存储位置是零页外,但也可以使用相应的关键字来把变量定义到零页内,毕竟零页内的访问效率更高。这里需要介绍 3 个关键字@tiny、@near 和@far,如附表 2 所列。

附图 2　Memory Models

附表 2　不同关键字对应指针大小

关键字	指针大小/字节
@tiny	1
@near	2
@far	3

当使用 Short Stack 模式时,"int a;"语句定义了一个整形变量 a,存放在零页内,而当变量超过 256 字节时,则需要使用语句"@near int b;"来定义变量到零页外。

当使用 Long Stack 模式时,"int a;"语句定义了一个整形变量在零页外,而想要定义变量到零页内则使用语句"@tiny int b;"。

将以上内容可以归纳为附表 3 所列。

附表 3　Memory Models 的 4 种模式总结

	mods0	modsl0	mods	modsl
名称	Short Stack 端堆栈模式	Long Stack 长堆栈模式	Short Stack 端堆栈模式	Long Stack 长堆栈模式
程序地址空间	程序所用到的地址空间在 64 KB 范围内（程序代码小于 32 KB）		程序所用到的地址空间超出 64 KB 范围（程序代码大于 32 KB）	
指针默认内省	函数指针和数据指针默认为@near(2 B)		函数指针默认为@far(3 B)；数据指针默认为@near	
全局变量默认类型	所有全局变量的地址默认为 1 B。对于地址超出 1 B 的变量，必须用 @ near 定义	所有全局变量的地址默认为 2 B。若要将变量地址定义为 1 B，必须用 @ tiny 定义	所有全局变量的地址默认为 1 B。对于地址超出 1 B 的变量，必须用 @ near 定义	所有全局变量的地址默认为 2 B。若要将变量地址定义为 1 B，必须用 @ tiny 定义

值得注意的一点是，当代码大小超过 32 KB，选择为 mods 或 modsl 模式时，需要修改相应的启动文件，修改方法是 Project Settings 对话框中的 Linker 面板，在 Start - up 下拉菜单中选择不带 0 的，一般选择 crtsi. sm8 即可，如附图 3 所示。

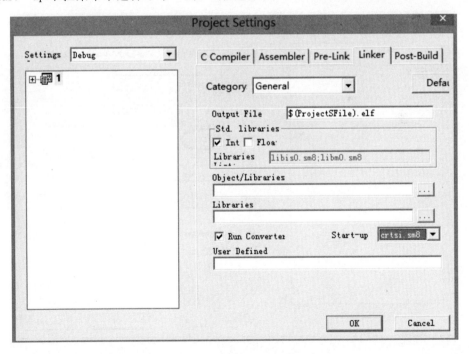

附图 3　修改启动文件

3. 定义变量到 EEPROM 中

因为 STM8 包含内部 EEPROM,因此可以方便地保存用户数据以便在掉点的时候数据不丢失。使用 Cosmic 编译器定义变量到 EEPROM 需要使用关键字 @eeprom。

```
/* 定义变量在 EEPROM 中 */
@eeprom char a;//定义 a 到地址 0x4000
@eeprom char b;//定义 b 到地址 0x4001
```

也可在变量后使用 @0X4000 关键字来自己定义变量存放地址,关键字 @eeprom 可以省略。

```
/* 定义变量在 EEPROM 的 0x4005 和 0x4006  */
@eeprom char a  @0x4005;//定义 a 到地址 0x4005
char b  @0x4006;      //定义 b 到地址 0x4006
```

4. 使用浮点型计算

在默认配置下,程序是无法进行浮点型运算的。必须修改 Project Settings 对话框 Linker 面板中的 Float 一项,在此选项上打上钩,如附图 4 所示。

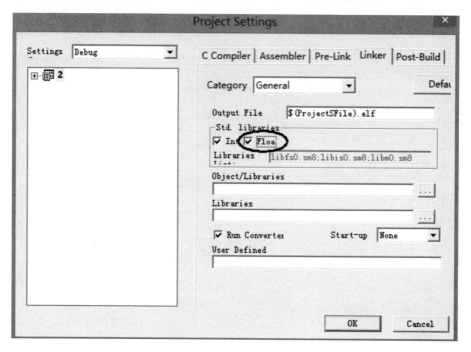

附图 4　使用浮点型计算

5. 查看 RAM、ROM 的使用情况

程序在编译结束后并没有在 build 面板中显示当前程序中 RAM 和 ROM 的使用情况，需要在程序所在目录中的 Debug 或 Release 目录中查看.map 文件，要使工程产生 map 文件需要保证 Project Settings 中 Linker 下的 Output 里 Generate Map File 前打上钩（默认配置），如附图 5 所示。

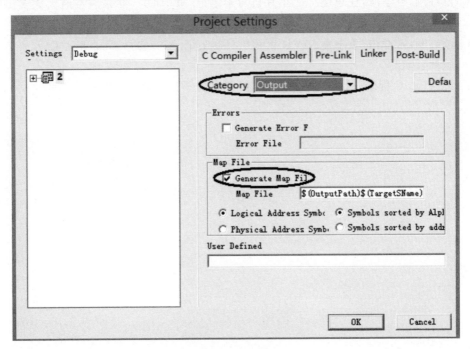

附图 5　产生 Map 文件

Map 文件中各段含义如附表 4 所列。

附表 4　各个段含义

段	描　述
.text	可执行代码（ROM 中）
.const	文本字符和常量（ROM 中）
.eeprom	EEPROM 中的变量（@eeprom）
.bsct	零页内的初始化变量（RAM 中，@tiny）
.ubsct	零页中未初始化变量（RAM 中，@tiny）
.bit	位变量（RAM 中，@tiny）
.share	（RAM 中，@tiny）
.data	零页外初始化变量（RAM 中，@near）
.bss	零页外未初始化变量（RAM 中，@near）

参 考 文 献

[1] ST 公司.STM8S 微控制器参考手册.2009.

[2] ST 公司.STM8S207xx、STM8S208xx 系列数据手册.2009.

[3] 范红刚,魏学海,任思璟.51 单片机自学笔记[M].北京:北京航空航天大学出版社,2010.

[4] 范红刚,宋彦佑,董翠莲.AVR 单片机自学笔记[M].北京:北京航空航天大学出版社,2012.

[5] 谭浩强.C 程序设计[M].2 版.北京:清华大学出版社,2002.